职业教育新形态融媒体教材
公共基础课系列教材

互联网+

信息技术项目教程

（WPS Office）（微课版）

主　编　李浩峰　刘秀萍　李明琦
副主编　马　鑫　刘红梅　黄　春　陈　松
参　编　陈桃琳　周　襄　米雪丰　徐　圣
　　　　王焕涛　桑　晨　谢锦欣

科 学 出 版 社
北 京

内 容 简 介

本书按照教育部办公厅印发的《高等职业教育专科信息技术课程标准（2021 年版）》的要求，以 Windows 10 + WPS Office 2019 为平台，采用"项目引领、任务驱动"和"基于工作过程"的职业教育课程改革理念进行编写。

本书包括课程导入部分和 5 个项目。课程导入部分介绍信息技术与计算机基础、新一代信息技术及信息素养与信息安全；项目 1～项目 5 分别介绍信息检索、文档处理、电子表格处理、演示文稿制作、数字媒体技术及应用。

本书由校企"双元"联合开发，强调"工学结合"，体现以人为本，落实课程思政，注重"岗课赛证"融通和信息化资源配套。

本书既可作为职业院校"信息技术"课程的教学用书，也可作为计算机相关行业从业者的参考书。

图书在版编目（CIP）数据

信息技术项目教程：WPS Office：微课版 / 李浩峰, 刘秀萍, 李明琦主编. -- 北京：科学出版社, 2024.6. --（职业教育新形态融媒体教材）（公共基础课系列教材）. -- ISBN 978-7-03-078683-8

Ⅰ. TP317.1

中国国家版本馆 CIP 数据核字第 2024JC4523 号

责任编辑：张振华 / 责任校对：马英菊
责任印制：吕春珉 / 封面设计：东方人华平面设计部

科学出版社出版

北京东黄城根北街 16 号
邮政编码：100717
http://www.sciencep.com

三河市骏杰印刷有限公司印刷

科学出版社发行　　各地新华书店经销

＊

2024 年 6 月第 一 版　　　开本：787×1092　1/16
2025 年 7 月第二次印刷　　　印张：13 1/4
字数：310 000

定价：49.60 元

（如有印装质量问题，我社负责调换）

销售部电话 010-62136230　编辑部电话 010-62135120-2005

前　言

党的二十大报告指出："加快建设国家战略人才力量，努力培养造就更多大师、战略科学家、一流科技领军人才和创新团队、青年科技人才、卓越工程师、大国工匠、高技能人才。"为了深入贯彻落实二十大报告精神，编者根据二十大报告和《职业院校教材管理办法》《高等学校课程思政建设指导纲要》《"十四五"职业教育规划教材建设实施方案》等相关文件精神，结合多年的教学经验、大赛经验和企业案例编写了本书。

在本书的编写过程中，编者紧紧围绕"培养什么人、怎样培养人、为谁培养人"这一教育的根本问题，以落实立德树人为根本任务，以培养学生综合职业能力为中心，以培养卓越工程师、大国工匠、高技能人才为目标。与同类图书相比，本书体例更加合理和统一，概念阐述更加严谨和科学，内容重点更加突出，文字表达更加简明易懂，典型案例和思政元素更加丰富，配套资源更加完善。

本书的特色主要表现在以下几个方面。

1. 校企"双元"联合编写，行业特色鲜明

本书是在行业专家、企业专家和课程开发专家的指导下，由校企"双元"联合编写而成的。本书编者均来自教学或企业一线，具有多年的教学或实践经验，多数人带队参加过国家级或省级的技能大赛，并取得了优异的成绩。在编写本书的过程中，编者紧扣课程标准、教学目标，遵循教育教学规律和技术技能人才培养规律，将信息技术发展的新理论、新标准、新规范和技能大赛要求的知识、能力与素养融入本书，符合当前企业对人才综合素质的要求。

2. 编写理念新颖，适应项目化教学要求

本书采用"项目引领、任务驱动"和"基于工作过程"的职业教育课程改革理念，以真实生产项目、典型工作任务、案例为载体组织教学，能够满足项目化、案例化等不同教学方式的要求。每个项目包含若干任务，每个任务包含"任务描述""任务目标""任务实施""相关知识"等模块，将知识、技能、素养的培育贯穿实例中，具有很强的针对性和可操作性。

本书中的任务涵盖了 WPS Office 2019、Photoshop 2020 及 Premiere Pro 2020 的技术应用。通过学习，学生能迅速掌握各任务的知识、技能与素养点，快速提升信息技术应用水平及信息技术素养，达到事半功倍的学习效果。

3. 体现以人为本，强调综合职业能力的培养

本书切实从职业院校学生的实际出发，摒弃了以往信息技术基础类书籍中过多的理论描述，以浅显易懂的语言和丰富的图示来进行说明，不过度强调理论和概念，从实用、专业的角度出发，剖析各知识点，强调动手能力和综合素质的培养。本书以练代讲，坚持"练

中学，学中悟"。学生只要跟随操作步骤完成每个实例的制作，就可以掌握相关应用的技术精髓。

4. 融入思政元素，落实课程思政

为落实立德树人的根本任务，充分发挥教材承载的思政教育功能，本书编写深入贯彻落实党的二十大报告精神，将文化自信、规范意识、效率意识、质量意识、职业素养、工匠精神、审美情趣等思政元素融入教学内容，使学生在学习专业知识的同时，潜移默化地提升思想政治素养。

5. 配套立体化教学资源，适应信息化教学

为了方便教师教学和学生自主学习，本书配套有免费的立体化教学资源包，包括多媒体课件、微课、视频等，下载地址：www.abook.cn。此外，本书中穿插有丰富的二维码资源链接，方便学生通过扫描观看相关的微课视频。

本书由天府新区通用航空职业学院李浩峰、刘秀萍及西昌民族幼儿师范高等专科学校李明琦担任主编，天府新区通用航空职业学院马鑫、电子科技大学成都学院刘红梅及西昌民族幼儿师范高等专科学校黄春、陈松担任副主编，天府新区通用航空职业学院陈桃琳、周襄、米雪丰、徐圣、王焕涛、桑晨及西昌民族幼儿师范高等专科学校谢锦欣参与编写。

华东师范大学职业教育与成人教育研究所为本书的编写提供了全程指导，成都黑石映画科技有限公司为本书的编写提供了典型案例和素材，在此表示感谢！

由于编者水平有限，书中难免存在疏漏和不足之处，恳请广大读者批评指正。

编 者

2024 年 5 月

目　　录

项目 5　数字媒体技术及应用 190

参考文献 206

课 程 导 入

信息技术在推动人类社会进步的同时，也悄然改变着人们生活、工作和学习的方式。随着信息技术的广泛应用和不断发展，人们的信息观念日益更新，信息意识逐渐增强，人类社会正步入一个崭新的信息时代。本部分将系统地介绍信息技术与计算机基础、新一代信息技术、信息素养与信息安全等内容。

学习目标

知识目标

- 了解信息技术的概念和应用。
- 熟练掌握计算机基础知识和计算机系统的组成。
- 了解信息的存储与表现形式，掌握各种数制之间的转换方法。
- 了解云计算、物联网、大数据、人工智能和虚拟现实的概念、特点及应用。
- 了解信息素养的基本概念及主要要素。
- 掌握信息伦理知识，了解相关法律法规与职业行为自律的要求。
- 熟练掌握目前信息安全的威胁形式和对应的防护措施。

能力目标

- 能对计算机硬件性能进行判断。
- 能根据说明书独立完成计算机的组装。
- 能列举新一代信息技术在日常生活、工作、学习中的应用案例。
- 能对外界获取的信息进行合理的判断。

素养目标

- 坚定技能报国、民族复兴的信念，自信自强、踔厉奋发。
- 坚定理想信念，树立正确的价值观，自立自强，勇挑时代重任。
- 具备信息意识、安全意识，增强信息素养与社会责任感。

0.1 信息技术与计算机基础

信息技术（information technology，IT）涵盖信息的获取、表示、传输、存储、加工和应用等方面，已成为经济社会转型发展的主要驱动力，是建设制造强国、网络强国、数字中国、智慧社会的基础。作为大学生，要不断提高信息化应用能力，增强信息技术素养，为今后的学习和工作打下坚实的基础；不断提升在信息社会中的适应力与创造力，从而成长为合格的信息社会数字公民。

通过学习，了解信息技术的概念和应用；熟练掌握计算机基础知识和计算机系统的组成；了解信息的存储与表现形式，掌握各种数制之间的转换方法；能够对计算机性能进行判断；坚定技能报国、民族复兴的信念，自信自强、踔厉奋发。

0.1.1 信息技术基础

信息技术是指用于管理和处理信息所采用的各种技术的总称。它主要是应用计算机科学和通信技术来设计、开发、安装和实施信息系统及应用软件。它也常被称为信息和通信技术（information and communications technology，ICT）。

微课：信息技术基础

1. 信息技术基础技术

信息技术基础技术涵盖了计算机技术、通信技术、感测与识别技术、多媒体技术、信息安全技术等多个方面。这些基础知识对于理解和应用信息技术至关重要，也是进一步深入学习和掌握信息技术的基石。

（1）计算机技术

计算机技术是信息技术的核心，包括计算机硬件、计算机软件、计算机网络、计算机安全等方面的技术。计算机硬件技术涉及计算机的基本构成部分，如中央处理器（central processing unit，CPU）、内存、硬盘、显卡等。计算机软件技术包括操作系统、应用软件、编程语言等。

（2）通信技术

通信技术是信息技术的重要组成部分，包括有线通信、无线通信、卫星通信、光纤通信等。通信技术的主要功能是实现信息快速、可靠、安全地转移。

（3）感测与识别技术

感测与识别技术的作用是扩展人获取信息的感觉器官功能，包括信息识别、信息提取、信息检测等技术。

（4）多媒体技术

多媒体技术是信息技术的新兴领域，包括音频、视频、图像、动画等多媒体信息的处理、存储和传输技术。

（5）信息安全技术

信息安全技术包括数据加密、防火墙、入侵检测等，旨在保护信息的机密性、完整性和可用性。

2. 信息技术的应用

信息技术正在广泛地渗透社会的各个领域，并对传统工业、传统教育、传统医疗、传统服务等行业造成极大的冲击。同时，它也促进了金融、房地产、物流、交通、电信等现代服务业的飞速发展，催生了众多新兴行业和新型经济模式，为全球带来了前所未有的发展机遇。

信息技术在现代社会中扮演着极其重要的角色，其作用深远且多方面。以下是信息技术在现代社会中的一些主要作用。

（1）推动经济发展

信息技术使商业活动更高效、精准和便利，创造了更多的传播媒介和传播方式，为经济发展带来了巨大的推动力。例如，网络推广、电子商务等技术手段为企业提供了更多的销售途径和品牌宣传方式，有助于企业扩大市场份额，提升竞争力。

（2）促进社会发展

信息技术在教育、医疗、农业等领域都有广泛的应用，从而推动了社会的整体进步。在教育领域，信息技术使多媒体教学、在线教育等新型教育模式成为可能，提高了教育的普及性和质量。在医疗领域，信息技术提升了医疗技术水平，促进了医疗卫生服务的网络化和智能化。在农业领域，信息技术促进了现代化农业的发展，提高了粮食产量和质量。

（3）提升生活质量

信息技术的发展改变了人们的生活方式，使生活更加便捷和高效。例如，网络电话、短信、社交媒体等信息交流方式已经成为人们生活中不可或缺的一部分，极大地丰富了人们的社交生活。同时，信息技术也为人们提供了更多的娱乐方式，如在线游戏、网络视频等，提升了人们的生活质量。

（4）促进信息传播与交流

信息技术使信息的传播和交流变得更为迅速和广泛。无论是新闻、知识还是观点，都可以通过互联网等信息技术手段迅速传播到世界各地，增强了人与人之间的交流和互动。

（5）提升工作效率

无论是在企业层面还是在个人层面，信息技术都极大地提升了工作效率。例如，自动化办公系统、云计算等技术使数据处理、文件存储等工作变得更加高效和便捷。

信息技术的应用非常广泛，它不仅是核心生产力，也是当今新军事变革的核心。它正在深刻地改变着人们的生活方式、工作方式和社会结构，推动着社会的快速进步和发展。随着全球信息化的快速推进，世界对信息资源的开发利用能力不断增强，信息技术在提升各国综合国力和增强经济竞争力方面的作用日益显著。对于个人来说，掌握信息技术不仅是适应时代的基本要求，也是提高个人工作效率和生活质量的重要手段。

▌0.1.2 计算机基础

计算机是一种用于高速计算的电子计算机器，能够快速、精确地进行数值计算和逻辑计算，并且具有存储和记忆功能。它能够按照程序自动处理海量数据，是现代化的智能电子设备。现代计算机还具备强大的网络通信功能，使得互联网上的所有计算机用户能够共享网上资料、交流信息和互相学习，实现全球信息互通。目前，计算机已成为人们学习、工作和生活中不可或缺的工具之一。

微课：计算机基础

1. 计算机的诞生与发展

计算机的诞生源于计算工具的不断改进，人们希望发明一种能进行科学计算的机器，因此称之为计算机。计算机一诞生，就迅速成为先进生产力的代表，推动了继工业革命之后的又一场新的科技革命。

图 0.1.1 ENIAC

世界上第一台真正意义上的电子计算机电子数字积分计算机（electronic numerical integrator and computer，ENIAC）于 1946 年 2 月在美国宾夕法尼亚大学诞生，如图 0.1.1 所示。它由莫奇利（John V. Mauchly）博士和他的学生埃克特（J. Presper Eckert）设计，中文译为"埃尼阿克"。ENIAC 的问世，标志着电子计算机时代的到来，具有划时代的伟大意义。

在现代计算机问世之前，计算机的发展经历了机械式、机电式的萌芽期发展过程，从简单的加减法运算，到"程序思想"的提出，从二极管、晶体管的发明到电子计算机的研发，从萌芽到快速发展。这一时期计算机发展取得的成就主要是在第一次和第二次工业革命时期。根据计算机采用的主要元器件的不同，可将计算机的发展划分为以下 4 个时代。

1）第一代计算机（电子管时代），1946—1957 年，采用电子管作为基本电子元件，体积大、功耗大、价格昂贵，可靠性不高，维修复杂，运行速度较慢。

2）第二代计算机（晶体管时代），1958—1964 年，采用晶体管作为基本电子元件，体积减小、功耗减少、可靠性增强、价格降低、运算速度显著提高，每秒可执行的加法运算达 10 万～100 万次。在这一时期，出现了操作系统，主要使用高级语言进行程序设计。

3）第三代计算机（集成电路时代），1965—1970 年，采用中小规模的集成电路作为基本电子元件，进一步减小了体积和质量，减少了功耗，增强了可靠性，提高了运算速度，每秒可执行的加法运算达 100 万～1000 万次。

4）第四代计算机（大规模、超大规模集成电路时代），1971 年至今，由于集成技术的发展，半导体芯片的集成度大幅提高，出现了微处理器和微型计算机，其功能和运算速度已经达到甚至超过了过去的大型计算机。

计算机从出现至今，经历了机器语言、程序语言、简单操作系统和 Linux、macOS、BSD、Windows 等现代操作系统，其运算速度也得到了极大的提升。未来，计算机将朝着巨型化、微型化、网络化和智能化的方向发展，应用范围也越来越广泛，成为工作、学习和生活中必不可少的工具。

2. 计算机的应用领域

计算机的应用领域广泛而多样。在科学计算方面，计算机可用于解决复杂的数值计算问题；在数据处理方面，计算机可用于数据采集、存储、加工、转换和传输。此外，计算机还广泛应用于辅助设计、过程控制、人工智能和网络应用等领域。无论是工程设计、生产制造、医疗诊断，还是金融分析、交通管理，甚至娱乐和教育，计算机都发挥着不可或缺的作用，极大地推动了社会的进步和发展。

3. 计算机的分类

按照不同的标准，计算机有多种分类方法，常见的分类有以下几种。

（1）按用途分类

按用途分类，计算机可分为通用计算机（用于解决一般问题的计算机）和专用计算机（用于解决某一特定领域问题的计算机）。

（2）按处理对象分类

按处理对象分类，计算机可分为模拟计算机（用于处理连续的电压、温度、速度等模拟数据的计算机）和数字计算机（用于处理数字信号的计算机）。

（3）按性能分类

按计算机的主要性能（如字长、存储容量、运算速度、外部设备、允许同时使用的用户数量）进行分类，它可分为超级计算机、大型计算机、小型计算机、微型计算机、工作站和服务器 6 类。这也是常用的分类方法。

4. 计算机系统的组成

计算机系统由硬件系统和软件系统两部分组成，如图 0.1.2 所示。硬件系统是计算机系统的物质基础，是计算机中能够看得见、摸得着的物理实体。软件系统建立在硬件系统之上，是硬件与用户之间的接口，包括系统软件和应用软件两部分。计算机中的硬件系统和软件系统相互协调、配合作业，二者缺一不可。

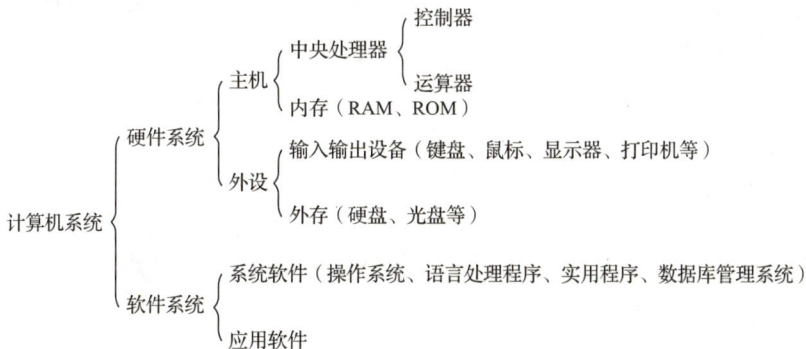

图 0.1.2　计算机系统的组成

现代计算机采用冯·诺依曼提出的"存储程序和程序控制"工作原理。存储程序是指人们必须事先把程序及运行过程中所需的数据，通过一定的方式输入并存储在计算机的存储器中。计算机在运行时会自动地逐一取出程序中的一条条指令，对其进行分析并执行规定的操作。这样，计算机在启动后能够按照程序指定的逻辑顺序从存储器中读取指令，并逐条执行，自动完成由程序所描述的处理工作。虽然计算机的功能各不相同，但当前使用的计算机仍遵循冯·诺依曼体系结构，因此冯·诺依曼被人们誉为"现代电子计算机之父"。

冯·诺依曼认为计算机由 5 个部分组成：输入设备、存储器、运算器、控制器和输出设备。每一部分按要求执行相关的功能，它们之间的关系如图 0.1.3 所示。

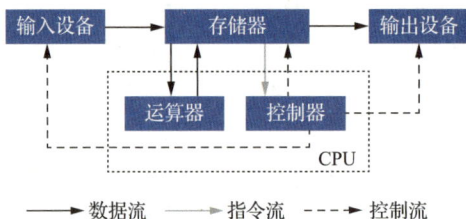

图 0.1.3　冯·诺依曼体系结构示意图

（1）计算机硬件系统

计算机硬件是指计算机系统中由电子、机械和光电元件等组成的各种计算机部件和计算机设备。这些部件和设备依据计算机系统结构的要求构成一个有机整体，称为计算机硬件系统。计算机硬件系统是计算机完成工作的物质基础，它主要由以下 5 部分组成。

1）控制器。控制器是计算机系统的指挥中心，保证各部分按规定的目标和步骤协调工作。计算机自动工作的过程，实际上是自动执行程序的过程，而程序中的每条指令都是由控制器来分析和执行的，它是计算机实现"程序控制"的主要部件。

2）运算器（arithmetic logic unit，ALU）。运算器的主要功能是对数据进行各种运算。这些运算除常规的加、减、乘、除等基本算术运算外，还包括能进行"逻辑判断"的逻辑运算。

3）存储器。存储器的主要功能是存储程序和各种数据信息，并在需要时提供这些信息。存储器是具有"记忆"功能的设备，包括内存和外存两部分。内存存储的是正在运行的程序和数据，其容量较小，但存取速度快，分为随机存储器（random access memory，RAM）、只读存储器（read only memory，ROM）和高速缓冲存储器（cache）。外存又称辅助存储器（简称辅存），可以长期存放计算机中的数据信息。

4）输入设备。输入设备将信息输入计算机中，并将其转换为二进制代码。在控制器的控制下，这些信息按地址有序地送入计算机内存，并转换成计算机能够识别的编码。常见的输入设备有键盘、鼠标、扫描仪、数字摄像机、条形码识别器、数字照相机等。

5）输出设备。输出设备负责将计算机的运算结果和处理的数据等信息，以人们容易识别的数字、图形、字符等形式表现出来。常见的输出设备有显示器、打印机、投影仪、音箱、绘图仪等。

（2）计算机软件系统

软件系统是为运行、管理和维护计算机而编制的各种程序、数据和文档的总称。软件系统主要分为系统软件和应用软件。

1）系统软件。系统软件是指控制和协调计算机及其外设，并支持应用软件开发和运行的系统，是无须用户干预的各种程序的集合。其主要的作用是调度、监控和维护计算机系统，并管理计算机系统中各种独立的硬件，使它们可以协调工作。系统软件主要包括操作系统（operating system，OS）、语言处理系统、数据库管理系统（database management system，DBMS）和各种服务型程序等。

2）应用软件。应用软件是为解决某个应用领域的问题而开发设计的计算机程序，如各类科学计算程序、自动控制程序、企业管理程序等。按照适用范围的不同，应用软件包括两大类：定制专用应用软件和通用应用软件。

5. 微型计算机的硬件系统

（1）主板

主板又称系统主板，也称母板，用于连接计算机的多个部件，它安装在主机箱内，是微型计算机基本且重要的部件之一，如图 0.1.4 所示。CPU、内存、显卡等部件通过插槽（或插座）安装在主板上，硬盘、光驱、显示器等外设通过接口连接到主板，目前主流的主板还集成了显卡、声卡、网卡、调制解调器（modem）等。个人计算机（personal computer，PC）中安装的主板类型对计算机的系统速度和扩展能力有很大的影响。目前，市场上的主板品牌有很多，如华硕、微星、技嘉、华擎等。

（2）CPU

CPU 也称微处理器，是将运算器、控制器和高速缓存集成在一起的超大规模集成电路，是计算机的核心部件，如图 0.1.5 所示。目前，CPU 的生产厂家有 Intel 公司和 AMD 公司等。目前 CPU 的主流产品有 Core（酷睿）系列、锐龙系列等。

图 0.1.4　主板

图 0.1.5　CPU

（3）内存与外存（硬盘）

内存由大规模集成电路组成，用于临时存放计算机运行时要执行的指令及需要的数据，也是 CPU 处理数据的中转站。内存的容量和存取速度直接影响 CPU 处理数据的速度。目前，微型计算机上配置的主存储器均采用动态随机存储器（dynamic RAM，DRAM），其外观如图 0.1.6 所示。

相比内存，外存具有读写速度慢、容量大、价格低、可长期保存数据的特点。常用的外存有硬盘、U 盘和光盘等。硬盘是微型计算机重要的外存，分为固态硬盘、机械硬盘和混合硬盘 3 种。机械硬盘如图 0.1.7 所示。

图 0.1.6　动态随机存储器　　　　　　　　　　　　图 0.1.7　机械硬盘

（4）键盘和鼠标

鼠标因其外形与老鼠类似，所以被称为鼠标。鼠标根据按键可以分为三键鼠标和两键鼠标，根据工作原理又可分为机械鼠标和光电鼠标，还可分为无线鼠标和轨迹球鼠标。

键盘是用户和计算机进行交流的工具，用户可以直接向计算机输入各种字符和命令，简化计算机的操作。不同生产厂商所生产出的键盘型号各不相同，目前常用的键盘有 107 个键位。

（5）显卡与显示器

显卡又称显示适配器或图形加速卡，如图 0.1.8 所示。其功能主要是先将计算机中的数字信号转换成显示器能够识别的信号（模拟信号或数字信号），再将显示的数据进行处理和输出，从而分担 CPU 的图形处理工作。

显示器是计算机的主要输出设备，如图 0.1.9 所示。其作用是将显卡输出的信号（模拟信号或数字信号）以肉眼可见的形式呈现出来。目前主要有两种显示器，一种是液晶显示器（liquid crystal display，LCD），另一种是使用阴极射线管（cathode ray tube，CRT）的显示器。

图 0.1.8　显卡　　　　　　　　　　　　　　　　图 0.1.9　显示器

6. 微型计算机的操作系统

操作系统是管理和控制计算机系统中各种软硬件资源，合理地组织计算机的工作流程，为用户使用计算机提供接口的一组程序集合，是计算机系统最基本的系统软件。为了便于用户操作计算机，操作系统提供了一个用户与系统交互的操作界面。用户可以根据实际需求选择合适的操作系统，以提高工作效率。

目前，市场上的主流操作系统有以下几种。

1）Windows。该操作系统是美国微软公司开发的应用于计算机的操作系统。本书以 Windows 10 操作系统为基础进行介绍。

2）macOS。该操作系统是运行在苹果 Macintosh 系列计算机上的操作系统。

3）鸿蒙 OS。2019 年 8 月 9 日，华为公司正式发布鸿蒙 OS 操作系统。鸿蒙 OS 的英文名是 Harmony OS。截至 2024 年 6 月，华为鸿蒙操作系统升级至 Harmony OS NEXT 版本。

4）Android。该操作系统主要用于移动设备，如智能手机和平板电脑。

5）iOS。它是由苹果公司开发的移动操作系统，最初用于 iPhone 系列产品，后来陆续应用到 iPod touch、iPad 产品上。

7. 计算机组装及操作系统的安装

（1）装机前的准备

装机前需准备各种尺寸的磁性十字螺钉旋具及防静电环或绝缘手套，认真阅读主板说明书或用户使用说明书，并对照实物熟悉部件，如 CPU 插座、电源插座、个人计算机接口（personal computer interface，PCI）插槽、内存插槽、集成设备电路（integrated drive electronics，IDE）接口、个人系统（personal system，PS）/2 接口、通用串行总线（universal serial bus，USB）接口、串行/并行口的位置及方向（即 1 脚所在的方位）、跳线的位置、机箱面板按钮和指示灯接口等。

（2）常规的装机顺序

组装计算机的常规步骤如下：首先安装机箱、电源、主板、CPU、内存、显卡和硬盘，然后连接机箱内的线缆，最后连接显示器、键盘、鼠标等外设，并安装操作系统。

（3）安装操作系统

以安装 Windows 10 操作系统为例，具体安装步骤如下。

1）准备一个容量至少为 8GB 的 U 盘。

2）在 Microsoft 官网上下载 Windows 10 操作系统的原版镜像（如果计算机的内存大于 4GB，则需要下载 Windows 10 操作系统的 64 位版本）。

3）下载 U 盘驱动程序，并安装到计算机上。

4）将 Windows 10 操作系统的镜像文件解压到 U 盘上。

5）将制作好的 U 盘插入需要安装操作系统的计算机。

6）进入计算机的 BIOS（basic input/output system，基本输入输出系统）设置界面，使计算机能够经 U 盘启动。需要注意的是，不同类型计算机的设置方法会有所不同。

7）计算机启动完成后，启动安装程序 setup.exe。设置语言、时间和货币格式、键盘和输入法等，建议选择默认值。

8）选择将操作系统安装到哪个分区，建议分区的大小为 50～80GB，以便后续安装应用程序，如果容量太小，则会导致计算机性能变差。

安装完毕后即可开始使用计算机。Windows 10 操作系统界面如图 0.1.10 所示。

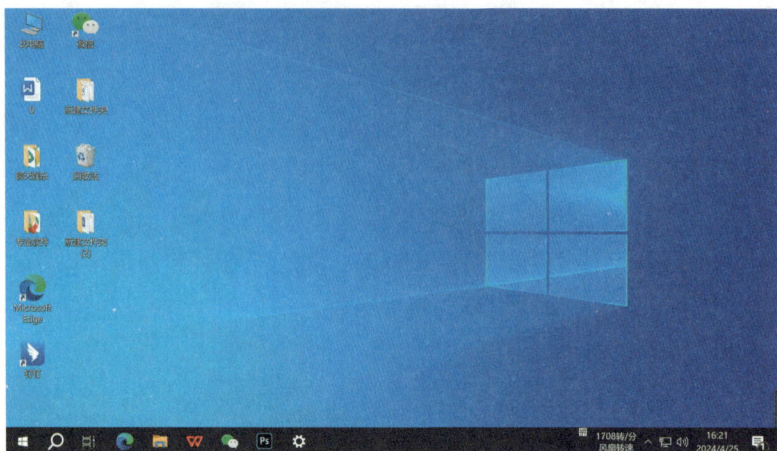

图 0.1.10　Windows 10 操作系统界面

0.1.3　信息在计算机中的表示

1. 信息与数据

微课：信息在计算机中的表示

信息可以定义为适合用通信、存储或处理的形式来表示的知识或消息。它是客观世界中各种事物的特征和变化的知识，是数据加工的结果，是有用的数据。在信息论中，信息是指消息中有意义的内容。可以认为，信息是以声音、语言、文字、图像、动画、气味等方式表示的实际内容，是事物表象及其属性标识的集合，是人们关心的事情的消息或知识，是由有意义的符号组成的。信息一般有 4 种形态：数据、文本、声音、图像。随着信息化的快速普及，信息同能源、材料一道，成为世界三大资源之一。

数据是对客观事物的符号表示，是信息的具体表现形式，而信息是数据的本质含义。信息处理包括信息收集、加工、存储、检索、传输等环节，每个环节都涉及各种类型的数据。因此，数据和信息是"形影不离"的，信息处理也称为数据处理。

2. 计算机中的数据及数据的单位

（1）计算机中的数据

冯·诺依曼提出在计算机中采用二进制的方法来表示数据。二进制只有"0"和"1"两个数字，相对于十进制而言，采用二进制表示不但运算简单、易于物理实现、通用性强，更重要的优点是所占用的空间和所消耗的能量小，可靠性高。

（2）计算机中数据的单位

1）位。位（bit）是计算机存储数据的最小单位。一个二进制位只能表示 2 种状态，要想表示更多的信息，就要把多个位组合起来作为一个整体，每增加一位，所能表示的信息量就增加 1 倍。例如，ASCII 码用 7 位二进制组合编码，能表示 $2^7=128$ 个不同的字符。

2）字节。字节（byte）是数据处理的基本单位，即以字节为单位存储和解释信息，简记为 B。规定 1 字节等于 8 位二进制数，即 1B=8bit。通常，1 字节可存放一个 ASCII 码，

2 字节可存放一个汉字国标码，整数用 2 字节组织存储，单精度实数用 4 字节组织成浮点形式，而双精度实数利用 8 字节组织成浮点形式，等等。存储器的容量大小是以字节数来度量的，字节单位包括 KB（千字节）、MB（兆字节）、GB（吉字节）、TB（太字节）、PB（拍字节）、EB（艾字节）、ZB（泽字节）、YB（尧字节）。

3）字长。计算机能够一次运行处理的二进制数称为该机器的字长，也称计算机的一个"字"。在计算机诞生初期，计算机一次能够同时处理 8 个二进制数。随着电子技术的发展，计算机的并行能力也越来越强。计算机的字长通常是字节的整数倍，如 8 位、16 位、32 位、64 位、128 位等。

3. 计算机中的数制与进制转换

数制也称计数制，是用一组固定的符号和统一的规则来表示数值的方法。人们通常采用的数制有十进制、二进制、八进制和十六进制。编码是信息从一种形式或格式转换为另一种形式或格式的过程。编码在计算、控制和通信等方面广泛使用。

（1）数制的基本概念

按进位的原则进行计数，称为进位计数制，简称数制。不论是哪一种数制，其计数和运算都有共同的规律和特点，通常包含数码、基数、位权 3 个要素。

1）数码：数制中用来表示基本数值大小的不同数字符号，如十进制由 0、1、2、…、8、9 这 10 个数码组成。

2）基数：表示该进制数数码的个数，如二进制的基数为 2，十进制的基数为 10。

3）位权：指一个数字在某个固定位置上所代表的值。处在不同位置上的数字所代表的值不同，每个数字的位置决定了它的值或位权。对于 N 进制数来说，第 i 位的位权为 N^{i-1}。

（2）常用的数制

常用的数制有多种，生活中我们大多数采用十进制，而在计算机中采用二进制。为了表示方便，人们还经常使用八进制和十六进制。

1）二进制。二进制的数码只有 0 和 1，基数为 2，其特点为逢二进一、借一当二。二进制的各位权值为 2^{i-1}。书写二进制数时，通常在数的右下角注上基数 2，或在后面加 B（binary）表示。

2）八进制。八进制由 0、1、2、3、4、5、6、7 这 8 个数码组成，即基数为 8，其特点为逢八进一，借一当八。八进制的各位权值为 8^{i-1}。书写八进制数时，通常在数的右下角注上基数 8，或在后面加 O（octonary）表示。为避免字母 O 被误认作数字 0，也可标识为 Q。

3）十进制数。十进制由 0、1、2、…、8、9 这 10 个数码组成，即基数为 10，其特点为逢十进一，借一当十。十进制的各位权值为 10^{i-1}。书写十进制数时，通常在数的右下角注上基数 10，或在后面加 D（decimalism）表示（后缀 D 一般可省略）。

4）十六进制。十六进制由 0、1、2、…、9、A、B、C、D、E、F 这 16 个数码组成（其中 A～F 分别对应十进制中的 10～15），基数为 16，其特点为逢十六进一，借一当十六。十六进制的各位权值为 16^{i-1}。书写十六进制数时，通常在数的右下角注上基数 16，或在后面加 H（hexadecimal）表示。

（3）各进制之间的转换

1）N 进制转换成十进制。将任意进制数转换为十进制数的方法很简单，只要将其各位数码按位权展开，用数码乘上该位的位权，再相加即可，即按位权展开的多项式的和为十进制数。

【例 1】将二进制数 10001.11 转换为十进制数。

$$(10001.11)_2 = 1 \times 2^4 + 1 \times 2^0 + 1 \times 2^{-1} + 1 \times 2^{-2} = (17.75)_{10}$$

【例 2】将十六进制数 4A.8 转换为十进制数。

$$(4A.8)_{16} = 4 \times 16^1 + 10 \times 16^0 + 8 \times 16^{-1} = (74.5)_{10}$$

2）十进制转换成 N 进制。先采用"除 N 取余法"对整数部分进行转换，结果倒读；再采用"乘 N 取整法"对小数部分进行转换，结果正读。

【例 3】将十进制数 27.125 转换为二进制数。

先采用"除 2 取余法"对其整数部分进行转换，过程如下。

		余数	
2	27		
2	13	1	最低位
2	6	1	
2	3	0	
2	1	1	
	0	1	最高位

即整数部分 27D=11011B。

再采用"乘 2 取整法"对小数部分进行转换，过程如下。

整数部分

0.125×2=0.250   0
0.250×2=0.500   0
0.500×2=1.000   1
0.000 转换结束   顺序排列

即小数部分 0.125D=0.001B。

将整数和小数部分组合，得出：27.125D=11011.001B。

3）二进制与八进制互转。二进制与八进制互转的方法是，将二进制数从小数点向左或向右每 3 位划分为一组，不足 3 位，用 0 补齐，每 3 位二进制数转换为八进制的 1 位，将八进制的 1 位转换为二进制的 3 位。

【例 4】将二进制数 11010110011101.11101 转换为八进制数。

011　010　110　011　101　.　111　010

3　2　6　3　5　.　7　2

即 $(11010110011101.11101)_2 = (32635.72)_8$。

注意：最左侧和最右侧的 0 予以省略。

4）二进制与十六进制互转。二进制与十六进制互转的方法是，将二进制数从小数点向左或向右每 4 位划分为一组，不足 4 位，用 0 补齐，每 4 位二进制数转换为十六进制的 1 位，将十六进制的 1 位转换为二进制的 4 位。

【例 5】 将十六进制数 5A9.B28 转换为二进制数。

5	A	9	.	B	2	8
↓	↓	↓		↓	↓	↓
0101	1010	1001	.	1011	0010	1000

即 $(5A9.B28)_{16} = (10110101001.101100101)_2$。

4. 计算机中的字符编码方式

（1）西文字符编码

目前国际上在计算机、通信设备和仪器仪表中广泛使用 ASCII（American standard code for information interchange，美国信息交换标准码）来表示西文字符信息，而对于我国的汉字字符则使用国标码来表示。ASCII 是由美国国家标准委员会（American National Standards Committee，ANSC）制定的一种包括数字、字母、通用符号、控制符号在内的字符编码集，是目前微型计算机中使用最普遍的字符编码集。

（2）汉字编码

使用计算机处理汉字时，必须先对汉字进行编码。与英文不一样，英文只有 26 个字母，采用不超过 128 个字符的字符集就能满足英文处理的需求，而中文汉字的种类繁多、数量大、字形复杂、同音字多，编码比英文困难得多。在汉字处理系统中，输入、存储、处理和输出等环节对汉字的编码要求也不尽相同。因此，在处理汉字时，需要进行一系列的汉字编码转换。汉字信息处理中的各编码及流程如图 0.1.11 所示。

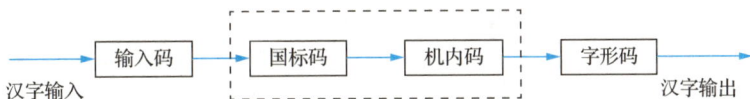

图 0.1.11　汉字信息处理中的各编码及流程

我国计算机的发展历程——飞速发展的中国科技力量

我国从 1956 年开始研制计算机，1958 年成功研制出第一台电子管计算机，填补了我国在计算机技术领域的空白，为我国计算机技术的发展奠定了基础。1964 年，我国自主研制出晶体管计算机，成为继美国和苏联之后，第三个能够自主研制计算机的国家。进入 20 世纪 80 年代，我国开始研发高性能计算机。1983 年，我国推出了第一台亿次巨型计算机——"银河"，这标志着我国在高性能计算机领域取得重大突破。此后，我国在高性能计算机领域持续发展，如 1992 年诞生的 10 亿次巨型计算机"银河 II"，以及 1997 年研制的每秒 130 亿浮点运算的巨型计算机"银河III"。巨型计算机的研制开发是一个国家综合国力和国防实力的体现。

2019 年，在德国法兰克福举行的国际超级计算大会上发布了全球超级计算机 500 强榜单。根据榜单来看，我国超级计算机上榜数量排名第一，其中"神威·太湖之光"（图 0.1.12）和"天河二号"分别位列第三名和第四名。

"神威·太湖之光"超级计算机，由国家并行计算机工程技术研究中心研制，安装在无锡国家超级计算中心，拥有超过 1000 万个 SW26010 处理器内核。"天河二号"超级计算机，由国防科技大学研制，部署在广州国家超级计算机中心。它结合使用 Intel Xeon 和 Matrix-2000 处理器，实现了 61.4 peta flops 的 HPL 结果。

我国的计算机发展历程是一个从起步到自主研发，再到与国际接轨的过程。在这个过程中，我国不仅取得了许多重要的技术成果，也为全球的计算机技术和产业发展做出了积极贡献。

图 0.1.12 神威·太湖之光

0.2 新一代信息技术

数字化、网络化、智能化是新一轮科技革命的突出特征，也是新一代信息技术的核心。以大数据、云计算、人工智能等为代表的新一代信息技术影响着社会各领域的发展和布局，将对人们的工作、生活、学习等产生积极的影响。新时代的大学生应深刻认识到大数据、云计算、人工智能等技术在科技强国中的重要性，面向世界科技前沿和国家重大需求，在今后的学习和工作中直面问题、迎难而上，肩负起时代赋予的重任，为实现我国高水平科技的自立自强贡献力量。

通过学习，了解云计算、物联网、大数据、人工智能和虚拟现实的概念、特征及应用；能够列举新一代信息技术在日常生活、工作、学习中的应用案例；坚定理想信念，树立正确的价值观，自立自强，勇挑时代重任。

微课：新一代信息技术

0.2.1 云计算

1. 云计算的概念

云计算被看作继个人计算机、移动互联网变革之后的第三次信息技术浪潮，已成为信息产业发展的重要支撑。作为企业数字化转型的核心驱动力，云计算推动了企业生产方式和商业模式的根本性改变，引发了整个产业变革。

云计算是一种基于网络的计算方式，它通过网络将庞大的数据计算处理程序分解成无数个小程序，然后由多台服务器组成的系统进行处理和分析，最终将结果返回给用户。云计算的核心思想是将计算能力和数据存储能力作为一种服务，通过互联网提供给用户，使用户能够按需获取、使用和付费。

云计算具有许多显著的特点和优势。首先，它具有大规模的特点，企业私有云一般拥有数百上千台服务器，能够提供前所未有的计算能力。其次，云计算支持虚拟化，用户可以在任意位置、使用各种终端获取应用服务，极大地提高了应用的灵活性和便捷性。此外，云计算还具有高可靠性、通用性、高可扩展性和按需服务等优势，能够满足各种复杂的业务需求。

云计算拥有 3 种部署模式，如图 0.2.1 所示，分别是公有云、私有云和混合云，每一种都具备独特的功能，可满足用户不同的要求。

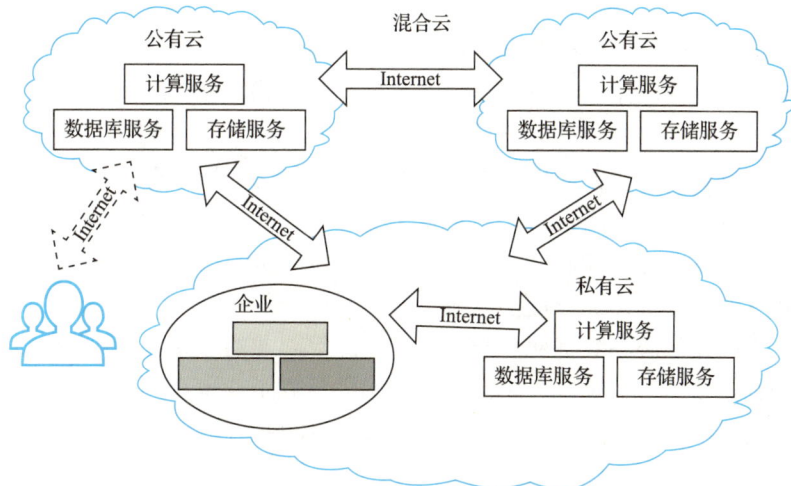

图 0.2.1　云计算的部署模式

2. 云计算的服务类型

云计算的服务类型主要包括 SaaS（software as a service，软件即服务）、PaaS（platform as a service，平台即服务）和 IaaS（infrastructure as a service，基础设施即服务），如表 0.2.1 所示。

表 0.2.1　云计算的服务类型

类型	定义	特点	举例
SaaS	通过互联网能直接使用软件应用，不需要本地安装	软件租赁，绿色部署，不需要额外的服务器，硬件、软件（应用服务）按需定制	阿里云提供的短信服务、邮件推送
PaaS	把服务器平台或开发环境作为一种服务提供给客户的一种云计算服务	按需服务、方便的管理与维护、按需计费、方便的应用部署	云数据库
IaaS	用户通过互联网可以获得 IT 基础设施硬件资源，并可以根据用户资源使用量和使用时间进行计费的一种能力与服务	节省费用、灵活、安全可靠，让用户从基础设施的管理活动中解放出来，专注核心业务的发展	云存储、云主机、云服务器

3. 云计算的应用

云计算在各领域都有广泛的应用。在企业应用方面，云计算可以提供强大的计算和存储能力，支持企业资源规划、客户关系管理、人力资源管理等应用。在数据备份与恢复方面，云计算可以提供安全的数据备份和恢复服务，防止数据丢失或损坏。在移动应用方面，云计算可以为移动应用提供后端支持，提高应用的性能和用户体验。在大数据分析方面，云计算可以支持大规模的数据分析和处理，帮助企业更好地理解和利用数据。此外，云计算还在互联网金融、智慧城市等领域发挥着重要作用。

4. 我国云计算的发展情况

云计算已成为推动制造业与互联网融合的关键要素，是推进制造强国、网络强国战略的重要驱动力量，也为大众创业、万众创新提供基础平台，对我国经济转型升级具有重要意义。

我国高度重视云计算产业的发展，国家层面和地方层面出台了多项政策以支持和推动云计算产业的发展。据统计，2023 年我国云计算市场规模已达 6165 亿元，较 2022 年增长 35.5%，预计在未来几年内将继续保持高速增长，到 2027 年将突破 2.1 万亿元。这一增长主要得益于企业对云计算服务需求的不断增加，以及云计算技术在各行业应用的不断拓展。

我国云计算技术不断创新，推动了数据中心、云计算平台、云存储、云安全等领域的不断进步，使云计算服务更加高效、稳定、安全。同时，我国云计算企业也在积极探索新兴应用场景，致力于为各行各业提供更加丰富的云计算服务。

我国云计算产业环境不断优化。政府对于云计算产业的支持力度不断加大，出台了一系列政策鼓励企业使用云计算服务。同时，我国云计算企业也在不断加强与国际先进企业的合作，引进先进技术和管理经验，提升我国云计算产业的国际竞争力。

0.2.2 物联网

1. 物联网的概念

物联网（internet of things，IoT）是指"万物相连的互联网"，是一种通过感知设备，按照约定的协议，连接物、人、系统和信息资源，实现对物理和虚拟世界的信息处理并做出反应的智能服务系统。其目的是实现物与物、物与人、所有物品与网络的连接、智能化识别和管理。它是智能感知识别技术与普适计算、泛在网络的融合应用。作为继计算机、互联网之后世界信息产业发展的第三次浪潮的标志，物联网正以极快的速度在世界范围内得到普及，改变着各行各业。物联网具有全面感知、可靠传输和智能处理 3 个主要特征。

2. 物联网的体系结构

物联网由感知层、网络层和应用层组成。

感知层主要实现对物理世界的智能感知识别、信息采集处理和自动控制，并通过通信模块将物理实体连接到网络层和应用层。感知层涉及的技术有射频识别（radio frequency identification，RFID）技术、条码技术、传感器技术、无线传感器网络（wireless sensor network，WSN）技术。

网络层主要实现信息的传递、路由和控制，包括延伸网、接入网和核心网。网络层可依托公众电信网和互联网，也可依托行业专用通信网络。网络层涉及的技术有 ZigBee 技术、Wi-Fi 技术、蓝牙技术、全球定位系统（global positioning system，GPS）技术。

应用层包括应用基础设施/中间件和各种物联网的应用。应用基础设施/中间件为物联网应用提供信息处理、计算等通用基础服务设施、能力及资源调用接口，并以此为基础实现物联网在众多领域的应用。应用层涉及的技术有云计算技术、软件和算法、信息和隐私安全技术、标识和解析技术。

物联网的体系结构如图 0.2.2 所示。

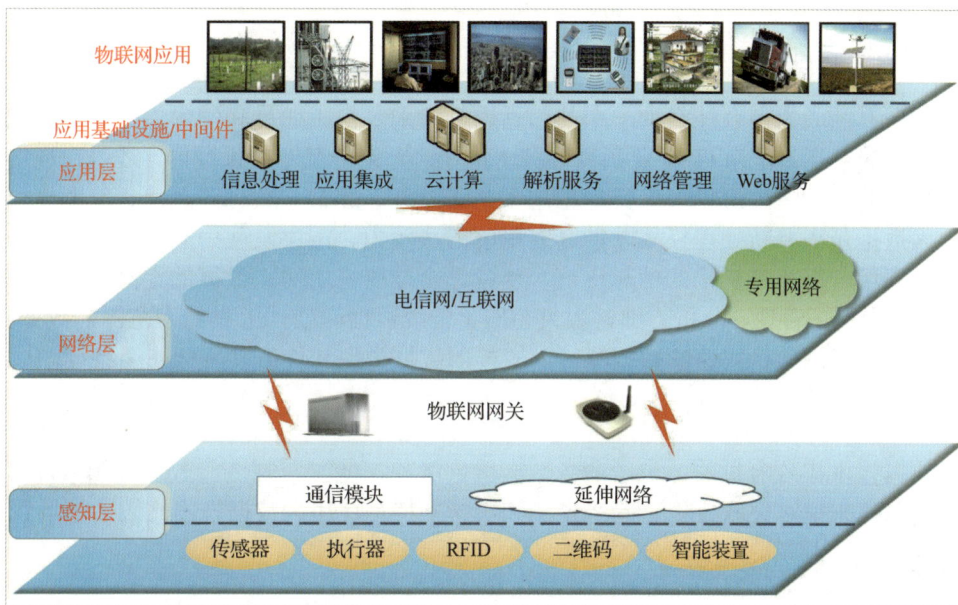

图 0.2.2　物联网的体系结构

3. 物联网的应用

物联网的应用遍及智能家居（如智能插座、智能照明、智能监控、智能门锁、智能冰箱）、智能穿戴（如智能手表/手环、智能眼镜）、车联网（如智能交通、无人驾驶）、智能医疗、环境保护、智慧城市等多个领域。

4. 我国物联网的发展情况

近年来，在政策支持和市场需求的双重推动下，我国物联网产业呈现出蓬勃发展的态势，市场规模持续扩大，展现出强劲的增长势头。据统计，2023 年我国物联网产业市场规模约为 3.6 万亿元，预计在未来几年内将保持高速增长，到 2025 年将突破 5 万亿元。我国物联网连接数持续增长，已经超过人的连接数，成为全球主要经济体中率先实现"物超人"的国家。这标志着我国物联网基础设施建设取得了显著成效。

我国政府高度重视物联网行业的发展，出台了一系列政策文件来鼓励和支持物联网产业的创新与发展。这些政策包括《工业能效提升行动计划》《"十四五"可再生能源发展规划》等，为物联网行业的发展提供了有力的政策保障。

根据中华人民共和国工业和信息化部等八部门印发的《物联网新型基础设施建设三年行动计划（2021—2023 年）》，我国已经完成全面感知、泛在连接、安全可信的物联网新型基础设施建设。这一建设成就有助于加快技术创新、壮大产业生态、深化重点领域应用，推动物联网全面发展。在"十三五"和"十四五"期间，政府明确提出推进物联网在能源等领域的应用，能源物联网建设向规模化方向发展。这为我国能源物联网行业的发展提供了明确的方向和政策支持。

0.2.3 大数据

1. 大数据的概念

大数据已经成为当今社会的一个热门话题，特别是在工业界和学术界，其早已成为人们争相讨论的热点。作为 IT 行业颠覆性技术之一，无论是在专业领域内，还是在现实生活中，大数据的身影随处可见，广泛地应用于电子商务、金融、教育、医疗、能源、交通等领域。大数据是需要新处理模式才能具有更强的决策力、洞察发现力和流程优化能力来适应海量、高增长率和多样化的信息资产。麦肯锡全球研究所对大数据的定义：一种规模大到在获取、存储、管理、分析方面，大大超出了传统数据库软件工具能力范围的数据集合，具有海量的数据规模、快速的数据流转、多样的数据类型和价值密度低 4 个特征。

2. 大数据的应用

大数据技术在政府机关、电子商务、金融、医疗、能源、制造、教育等领域都有广泛的应用。总体来说，关联分析、趋势预测和决策支持是使用大数据技术比较多的场景。

3. 我国大数据的发展情况

为了推动大数据产业的创新和发展，我国政府制定并出台了一系列相关政策。这些政策旨在促进经济社会数字化转型，将大数据列为战略性新兴产业，并制定相关的国家级规划，如《"十四五"数字经济发展规划》和《"十四五"大数据产业发展规划》等。

在规模上，我国大数据产业规模持续增长，2023 年我国大数据产业规模约为 1.9 万亿元，2024 年将增至 2.4 万亿元，增速远超全球平均水平。这主要得益于政府对大数据产业的重视和支持，以及各行业对大数据应用需求的不断增长。

在技术创新方面，我国大数据行业在人工智能、云计算等技术的推动下，实现了跨越式发展。技术实力已成为决定企业竞争力的核心因素，而大数据行业的技术门槛也在不断提高。

在应用场景上，大数据已经渗透到各行各业，如金融、医疗、交通等，为这些行业带来了深刻的变革。例如，在金融领域，大数据可以帮助银行更好地评估客户信用，提高贷款审批效率；在医疗领域，大数据可以用于疾病预测、健康管理等。

展望未来，我国大数据产业将继续保持高速增长态势，并在更多领域实现广泛应用，为经济社会发展注入新的动力。

0.2.4 人工智能

1. 人工智能的概念

人工智能（artificial intelligence，AI）是研究、开发用于模拟、延伸和扩展人类智力活动的理论、方法、技术及应用系统的一门新的技术科学，是计算机科学的一个分支。它企图了解智能的实质，并生产出一种新的能以与人类智能相似的方式做出行动的智能机器，目前已应用于机器人、智能控制、自动化技术、语言和图像理解等领域。人工智能的关键技术包括机器学习、知识图谱、自然语言处理、人机交互、计算机视觉、生物特征识别等。

数据、算法和算力是人工智能的三要素，也是其核心驱动力，用来支撑人工智能核心技术的应用。现阶段，数据、算法和算力生态条件日益成熟，人工智能将迎来新一轮的发展机遇。图 0.2.3 为百度公司推出的 AI 知识增强大语言模型"文心一言"。

图 0.2.3　文心一言

2. 人工智能的应用

人工智能的应用十分广泛，涉及医疗、金融、交通、工业自动化、家居生活、公共安全等多个领域。它可以通过数据分析、图像识别、自然语言处理等技术，实现疾病预测、金融投资、智能驾驶、智能制造、智能家居控制及安全监控等功能，极大地提高了效率，改善了人们的生活质量。

3. 我国人工智能的发展情况

我国人工智能的发展情况呈现出蓬勃的态势。近年来，在政策和技术双重驱动下，我国人工智能产业规模持续扩大，创新能力不断提升。据统计，2023 年中国人工智能核心产业规模已达到 5784 亿元，同比增长 13.9%，保持在全球高位。

在人工智能企业数量方面，我国也取得了显著成绩。截至 2024 年 3 月，我国的人工智能企业数量超过 4500 家，已有 714 个大模型完成生成式人工智能服务备案。这些企业在技术创新、应用落地、产业融合等方面均取得了积极进展。

此外，我国在人工智能教育和研发方面也投入了大量资源，培养了大量的人工智能人才，为人工智能产业的发展提供了坚实的人才支撑。未来，我国人工智能产业将继续保持高速增长态势，并在更多领域实现广泛应用。

0.2.5　虚拟现实

1. 虚拟现实的概念

虚拟现实（virtual reality，VR）是一种可以创建和体验虚拟世界的计算机仿真系统。它综合利用了计算机图形学、仿真技术、多媒体技术、人工智能技术、计算机网络技术、并行处理技术和多传感器技术，模拟人的视觉、听觉、触觉等感官功能，使人能够沉浸在计算机生成的虚拟环境中，并能够通过语言、手势等自然的方式与计算机进行实时交互，创建了一种适人化的多维信息空间。虚拟现实主要有 3 个特征，即沉浸感、交互性和构想性，这三者都与人密切相关，虚拟现实以三维可视化的直观展示形式实现人与对象的交互。

2. VR 技术的应用

VR 技术的应用广泛且多样。在游戏领域，VR 技术提供了沉浸式体验，使玩家能够完全融入虚拟世界。在医疗领域，VR 技术用于手术模拟、康复训练和医学教育等，有助于提高治疗效果和医生技能。在教育领域，VR 技术用于创建模拟实验和虚拟场景，学生可通过亲身体验来加深理解。图 0.2.4 所示为 VR 技术在教育领域的应用。此外，VR 技术还广泛应用于旅游、娱乐、商业展示等多个领域，为人们带来了全新的体验。

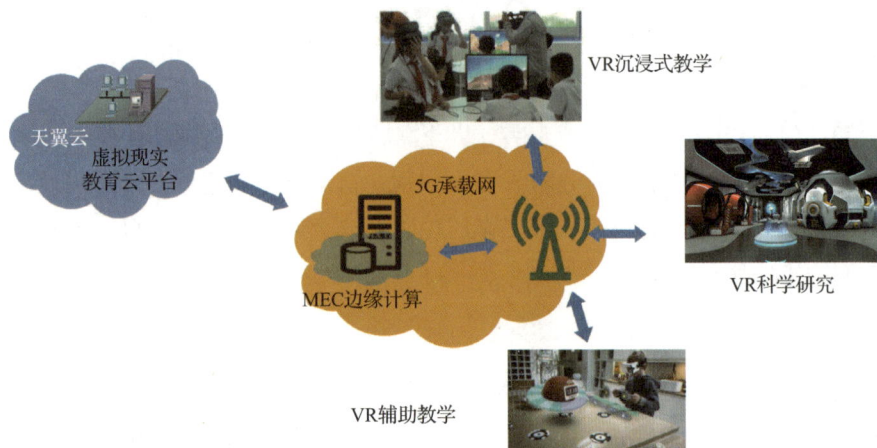

图 0.2.4　VR 技术在教育领域的应用

3. 我国 VR 的发展情况

近年来，我国 VR 产业取得了显著的发展。据预测，我国 VR 产业市场规模在未来几年内将持续快速增长，到 2026 年将超过 3500 亿元。同时，VR 在工业、文化、教育等领域的应用也呈现出多点开花的良好发展态势。

政府高度重视 VR 产业的发展，出台了一系列相关政策来推动其创新和发展。政府鼓励部门协同，加强统筹联动，推动 VR 企业与行业应用方合作交流，加速新技术、新产品应用落地。同时，政府还指导科研院所、产业联盟、行业协会加强协同配合，组建公共服务平台，推进产业资金有效供给，建立安全保障体系，加强个人及公共信息资源保护。

在技术研发方面，政府鼓励加大 VR 相关基础理论、关键技术与应用技术的研发投入，支持具有技术优势的龙头企业、高校、科研院所、标准组织、产业联盟等组建多元创新载体，加强关键核心技术与产业共性技术的供给。

此外，政府还积极开展应用试点，推动 VR 技术在各领域的广泛应用。例如，在文旅领域，政府鼓励开发景区配送、VR 空中实景体验等"无人机+文旅"特色商业运营场景，以激活生态文化旅游资源，带动产业规模化发展。

我国 VR 产业在政策支持和市场需求的推动下，正迎来快速发展的机遇期。未来，随着技术的不断进步和应用领域的不断扩展，VR 将在我国经济社会发展中发挥更加重要的作用。

0.3 信息素养与信息安全

随着信息技术的快速发展，信息素养已经成为现代社会公民的基本素养之一。掌握必要的信息素养技能，能使我们更好地适应信息化社会的发展，充分利用各种信息资源，提升个人的竞争力。信息素养与信息安全教育有助于提升国民整体素质和国家竞争力。通过普及信息素养和信息安全知识，可以增强

微课：信息素养与信息安全

全民的信息意识和信息安全意识，减少因信息不足或信息安全问题引发的社会矛盾和冲突。同时，培养具备高信息素养和信息安全意识的人才，对于推动国家信息化进程、提升国家信息安全防护能力具有重要意义。

通过学习，了解信息素养的基本概念及主要要素；掌握信息伦理知识，了解相关法律法规与职业行为自律的要求；熟练掌握目前信息安全的威胁形式和对应的防护措施；了解计算机病毒的概念和特征、计算机病毒的防治方式及常用杀毒软件；能对外界获取的信息进行合理的判断；具备信息意识、安全意识，增强信息素养与社会责任感。

0.3.1 信息素养与社会责任

1. 信息素养的概念

信息素养是指人们所具有的对信息进行识别、加工、利用、创新、管理的知识及能力与情意等各方面基本品质的总和，主要包括信息意识、信息能力、信息伦理道德等方面。其中信息能力，尤其是信息处理与创新能力是信息素养的核心。信息处理与创新能力是指能够有效地、高效地获取信息，精确地、创造性地使用信息，熟练地、批判地评价信息，并进行研究性的学习和创新实践活动。

信息素养是一个人的基本素养，它是传统个体基本素养的延续和拓展，它要求个体必须拥有各种信息技能，能够达到独立自学及终身学习的水平，能够对检索到的信息进行评估、处理，并以此做出决策。

2. 信息素养的主要要素及关系

随着信息技术的不断突破和发展，信息传播的范围及其影响面会不断扩大，虽然信息素养的内涵在此过程中也会有所发展，但是它的主要要素一般总是由信息意识、信息伦理道德、信息知识及信息能力4部分构成。

（1）信息意识

信息意识表现为人们对所关心的事物的信息敏感力、观察力、分析判断力，是人们对信息的感知和需求的主观反映。信息意识主要包括以下几个方面。

1）能认识到信息在信息时代的重要作用，树立尊重知识、终身学习、勇于创新的新观念。

2）对信息有积极的内在需求。每个人除了自身对信息的需求外，还应善于将社会对个人的要求自觉地转化为个人内在的信息需求，以适应社会发展的需要。

3）对信息具有敏感性和洞察力。能迅速有效地发现并掌握有价值的信息，善于从他人认为微不足道、毫无价值的信息中发现信息的隐含意义和价值，善于识别信息的真伪，善于将信息所反映的现象与实际工作、生活、学习迅速联系起来，善于从信息中找出解决问题的关键。

（2）信息伦理道德

信息伦理道德的兴起与发展根植于信息技术的广泛应用所引起的利益冲突和道德困境，以及建立信息社会新道德秩序的需要。

信息伦理道德，是指涉及信息开发、信息传播、信息的管理和利用等方面的伦理要求、伦理准则、伦理规约，以及在此基础上形成的伦理关系。信息伦理道德是调整人们之间及个人和社会之间信息关系的行为规范的总和。它不是由国家强行制定和执行的，而是在信息活动中以善恶为标准，依靠人们的内心信念和特殊社会手段维系的。信息伦理道德的内容可概括为主观和客观两个方面：主观方面是指人类个体在信息活动中以心理活动形式表现出来的道德观念、情感、行为和品质，如对信息劳动的价值认同，对非法窃取他人信息成果的鄙视等，即个人信息道德；客观方面是指社会信息活动中人与人之间的关系及反映这种关系的行为准则与规范，如扬善抑恶、权利义务、契约精神等，即社会信息道德。

作为信息社会中的一员，我们应认识到信息和信息技术的意义及其在社会生活中所起的作用与影响，要有信息责任感，能抵制不良信息污染，遵循一定的信息伦理道德，规范自身的信息行为活动，主动参与理想信息社会的创建。

（3）信息知识

信息知识是指一切与信息有关的理论、知识和方法。信息知识是信息素养的重要组成部分，一般来说它包括以下几个方面。

1）基本文化素养。基本文化素养包括传统的读、写、算的能力。虽然进入信息时代后，读、写、算方式产生了巨大的变革，被赋予了新的含义，但传统的读、写、算能力仍然是人们文化素养的基础。信息素养是基本文化素养的延伸和拓展。在信息时代，人们必须具备快速阅读的能力，以便在海量的信息中获取有价值的信息。

2）信息的基本知识。信息的基本知识包括信息的理论知识，对信息、信息化的性质、信息化社会及其对人类影响的认识和理解，以及信息的方法与原则（如信息分析综合法、系统整体优化法等）。

3）现代信息技术知识。现代信息技术知识包括信息技术的原理（如计算机原理、网络原理等）、信息技术的作用、信息技术的发展等。

4）多门语言素养。信息社会是全球性的，在互联网上有80%以上的信息是用英文来展现的，此外还有用其他语言展现的信息。要相互沟通，就要了解用不同语言传递的信息，这就要求信息素养人掌握1~2门外语，以适应国际文化交流的需要。

（4）信息能力

信息能力是指人们有效利用信息设备从信息资源中获取信息、加工处理信息及创造新信息的能力。这就是终身学习的能力，也是信息时代重要的生存能力。它包括以下几个方面。

1）信息工具的使用能力。它包括会使用文字处理工具、浏览器和搜索引擎工具、网页制作工具、电子邮件等。

2）获取识别信息的能力。它是个体根据自己特定的目的和要求，运用科学的方法，采用多种方式，从外界信息载体中提取自己所需要的有用信息的能力。在信息时代，人们生活在信息的"汪洋大海"中，面临着无数的信息选择，需要有批判性的思维能力，根据自己的需要选择有价值的信息。

3）加工处理信息的能力。个体应具有从特定的目的和新的需求的角度，对获得的信息进行整理、鉴别、筛选、重组，以提高信息的使用价值的能力。

4）创造、传递新信息的能力。获取信息是手段，而不是目的。个体应具备能站在新的角度对掌握的信息进行深层次加工处理并进行信息创新，从而产生新信息的能力。同时，需要通过各种渠道将新创造的信息传递给他人，与他人交流共享，从而促进更多新知识、新思想的产生。

构成信息素养的诸要素相互联系、相互依存，并构成一个统一的整体。信息意识在信息素养中起着先导作用，信息知识是基础，信息能力是核心，信息伦理道德是保证信息素养发展方向的指示器和调节器。它们之间特别是信息知识和信息能力之间的关系更为复杂。对信息的开发、利用和创造都需要一定的信息知识作为基本前提，因此信息知识是信息能力的基础；掌握信息知识有利于信息能力的形成和发展，而已形成的信息能力往往会影响对信息知识的掌握。在信息社会中，所有人都必须具备一定的信息知识和信息能力，否则就难以在信息社会中生存和发展。当然，信息知识和信息能力对不同层次、不同类型的人来说，有不同的标准和要求，这也是开展信息素养教育、提高公民信息素养的基本前提。不同层次信息素养的基本要求如表 0.3.1 所示。

表 0.3.1　不同层次信息素养的基本要求

层次要素	信息意识	信息知识	信息能力	信息伦理道德
基础性信息素养	养成使用技术、信息和软件的习惯	了解计算机基本工作原理和网络基本知识	熟练地使用网上资源，学会获取、传输、处理、应用信息的基本方法	了解与信息技术有关的伦理道德、文化和社会问题，负责任地使用信息
自我满足性信息素养	积极利用信息技术，将信息技术作为工作、生活的必要手段之一	了解各类信息技术工具的原理和使用技巧	能充分利用信息技术为自己的学习、生活、工作服务	关注与信息技术有关的伦理道德、文化和社会问题，自觉按照法律和伦理道德使用信息技术
自我实现性信息素养	信息技术成为实现自我价值的重要工具，成为工作、生活的重要内容	了解信息技术原理和知识，深入掌握某一领域或某方面的设计、开发、利用、管理和评价的知识	具有分析、加工、评价、创新信息的能力，具有设计和开发新的信息系统的能力	严格按照知识产权法等相关法律法规使用信息，做有知识、有责任感、有贡献的信息技术使用者、探求者、创造者

3. 个人信息素养提升

在信息社会，信息素养是每个公民必备的基本素质。个人应在掌握信息技术知识技能的基础上，合理利用信息技术，不断增强自身的信息意识和信息能力，学会学习、思考、合作、创造，具备较强的社会责任感，养成终身学习的习惯，成为一个全面发展的人。

4. 职业行为自律与社会责任

职业行为自律是一个行业自我规范、自我协调的行为机制，同时也是维护市场秩序、保持公平竞争、促进行业健康发展、维护行业利益的重要措施。职业行为自律也是个人或团体完善自身的有效方法，是自身修养的必备环节，是提高自身悟性、净化思想、强化素质、改善观念的有效途径。

我国各行各业制定的职业公约，如商业等服务行业的"服务公约"、科技工作者的"科学道德规范"及企业的"职工条例"中的一些规定，都属于职业行为自律的内容，它们在人们的职业生活中发挥了巨大的作用。在《中国互联网行业自律公约》中，总则第一条就指出：遵照"积极发展、加强管理、趋利避害、为我所用"的基本方针，为建立我国互联网行业自律机制，规范行业从业者行为，依法促进和保障互联网行业健康发展，制定本公约。该公约规定，互联网行业自律的基本原则是爱国、守法、公平、诚信。

在当今信息社会中，我们应自觉遵守相关法律法规及信息伦理道德，树立正确的职业理念，向身边的先进模范人物学习，时刻激励自己，自觉抵制拜金主义、享乐主义等腐朽思想的侵蚀，大力弘扬新时代的职业精神，不断提高参与信息社会的行为能力与社会责任感。

在个人的职业发展与行为自律方面，可充分发挥以下个人特质。

1）责任意识。具有强烈的责任感和主人翁意识，对自己的工作负责。

2）自我管理。培养自己良好的行为习惯，严于律己，为他人树立良好的行为榜样。

3）坚持不懈。面对激烈的竞争，尤其是在面临困境时，能够顽强坚持，不轻言放弃。

4）抵御诱惑。具有较高的职业道德素养和优秀的品格，能够在各种利益诱惑下坚守初心。

▌0.3.2　信息安全

随着信息技术的发展，虽然人们的生活变得越来越方便、快捷、高效，但其背后也伴有诸多信息安全隐患。例如，诈骗电话、大学生"裸贷"、推销信息等问题均对个人信息安全造成了影响。不法分子通过各类软件或程序来盗取个人信息，并利用这些信息来获利，严重影响了公民的生命和财产安全。

1. 信息安全的威胁形式

信息安全威胁的形式多种多样，主要包括以下几个方面。

1）勒索软件：这是一种流行的木马病毒，通过骚扰、恐吓甚至绑架用户文件等方式，使用户的数据资产或计算资源无法正常使用，并以此为条件向用户勒索钱财。这类用户数据资产包括文档、邮件、数据库、源代码、图片、压缩文件等。赎金形式包括真实货币、比特币或其他虚拟货币。

2）AI 驱动的攻击：AI 技术的使用使网络攻击更加复杂、高效且难以检测。攻击者利用 AI 技术能够更有效地进行渗透和破坏。

3）计算机病毒：这是一种在计算机系统中自我复制的有害软件，在用户不知情的情况下传播，并在受感染的计算机上执行恶意活动，如损坏或删除文件、占用计算机资源，甚至窃取敏感信息。

4）网络钓鱼：这是一种欺骗性行为，通过伪装为合法实体，诱使用户在网上提交个人敏感信息，如用户名、密码、信用卡信息等。

5）数据泄露：指未授权的、非法的或意外的方式导致敏感、私有或机密信息（如个人信息、财务数据、知识产权等）被暴露或被获取的事件。这种泄露可能是由于疏忽、恶意攻击、软件漏洞、硬件故障或内部人员的不当行为等原因导致的。数据泄露可能导致个人隐私被侵犯、金融损失或企业信誉受损。

6）拒绝服务攻击：旨在通过使目标系统资源不可用来中断正常的网络服务。

7）社会工程学攻击：利用心理学和社交技巧，诱使用户披露敏感信息或执行意外行为。

8）内部威胁：包括内部人员的泄密和破坏行为，他们可能通过网络窃取机密、泄露或更改信息及破坏信息系统。

此外，信息安全威胁还可能来自于自然因素，如自然灾害、恶劣的场地环境、电磁辐射、电磁干扰及网络设备自然老化等。

为了应对这些威胁，需要采取一系列的安全措施，如使用强密码、定期更改密码、保持软件和系统的及时更新、警惕社交工程学攻击和网络钓鱼、备份重要数据、使用可信任的安全软件和防病毒工具等。同时，实施安全政策和培训也是关键的防御措施。

2. 信息安全的防范措施

对于普通大众来说，信息安全的防范重点是个人信息和数据信息的保护，下面是一些基本的防范措施。

1）网上注册时不要填写个人隐私信息。互联网时代，用户数和用户信息量和企业盈利密切相关，企业希望尽可能多地获取用户信息，但是很多企业在用户数据保护上存在缺陷，时常会有用户信息泄露事件发生。对于普通用户而言，无法干预企业采取数据安全保护的措施，只能从自身着手，尽可能少地暴露自己的隐私信息。

2）尽量远离社交平台涉及的互动类活动。现在很多社交平台会有一些填写个人信息即可生成有趣内容并可以和朋友分享的活动，看似有趣的表面，实质上却以游戏的手段获取了大量的个人隐私信息。遇到那些奔着个人隐私信息去的"趣味"活动，建议不要参与。

3）安装病毒防护软件。不管是计算机还是智能手机，都可能成为信息泄露的高发地带，往往由于无意间单击一个链接、下载一个文件，就会被不法分子成功地攻破，因此安装防病毒软件进行病毒防护和病毒查杀成为使用信息设备时的必要手段。

4）不要连接未知 Wi-Fi。现在公共场所常常会提供免费 Wi-Fi，有些是为了提供便利而专门设置的，但不能忽视的是不法分子也会在公共场所设置钓鱼 Wi-Fi，一旦连接到钓鱼 Wi-Fi，人们的设备就会被他们反扫描，如果在使用过程中输入账号、密码等信息，就会被对方获得。

5）警惕手机诈骗。警惕手机短信里的手机账户异常、银行账户异常、银行系统升级等信息，有可能是骗子利用伪基站发送的诈骗信息。遇到这种短信不要理会，应联系官方工作人员询问情况。

6）妥善处理好涉及个人信息的单据。在快递单上会有人们的手机、地址等信息，一些消费小票上也包含部分姓名、银行卡号、消费记录等信息，对于要废弃的单据，需要进行妥善处置。

7）关注网络安全相关新闻。关注网络安全相关新闻，看到有网站发生信息泄露，及时修改自己的密码；看到他人受骗的遭遇，对照检查自己是否也受到类似威胁，从而保护个人信息安全。

拓展阅读

安装国家反诈中心 App——维护社会和谐稳定

在当今数字化时代，网络诈骗犯罪层出不穷，给人们的财产安全和信息安全带来了严重威胁。为了有效防范和打击网络诈骗犯罪，我国推出了国家反诈中心 App，成为维护公众权益的重要工具。

国家反诈中心 App 由中华人民共和国公安部刑事侦查局开发，旨在为用户提供全面而有效的防骗保护。该 App 不仅具有高度的权威性，还集合了多种先进的技术手段，以应对日益猖獗的网络诈骗犯罪。

安装国家反诈中心 App，是对自身安全负责的重要体现。这款 App 集成了多种先进的技术手段，能够实时监测和识别各种诈骗信息，为用户提供及时、准确的预警。通过安装并正确使用国家反诈中心 App，用户可以第一时间了解最新的诈骗手法和防范措施，避免上当受骗。

安装国家反诈中心 App，也是对他人安全贡献力量的表现。每个人的安全都是相互关联的，只有大家共同努力，才能构建一个安全、和谐的网络环境。通过分享反诈知识和经验，我们可以帮助更多的人提高警惕，避免成为诈骗分子的下一个目标。

此外，安装国家反诈中心 App 还有助于提升整个社会的安全意识。随着越来越多人加入到反诈行动中，网络诈骗犯罪的空间将被进一步压缩，社会风气也将更加清明。这种积极的影响不仅体现在个人层面，更对整个社会的稳定和发展具有重要意义。

安装国家反诈中心 App 是我们每个人应尽的责任和义务。它不仅是保护自身安全的有力武器，更是维护社会和谐稳定的重要举措。让我们积极行动起来，共同营造一个安全、健康的网络环境。

信 息 检 索

▌项目导读

　　信息检索是人们获取信息的重要方法和手段，也是人们查找信息的主要方式。掌握网络信息的高效检索方法，是现代信息社会对高素质技术技能人才的基本要求。

▌学习目标

知识目标

- 熟悉信息检索系统的基本流程。
- 掌握信息检索的基本术语和常用的检索语言、检索工具。
- 掌握检索途径和检索方法的基本类别。
- 掌握专利信息检索、学位论文信息检索及会议论文与会议信息检索的基本术语。
- 掌握计算机网络的相关知识。
- 掌握搜索引擎、电子邮件等网络工具的使用方法。

能力目标

- 能利用中图分类法确定文献信息所属的学科领域。
- 能根据需要利用信息外部特征语言和内部特征语言进行信息检索。
- 能利用常用专利搜索平台进行专利信息检索。
- 能根据需要利用不同检索方式进行学术论文、会议论文及会议信息检索。
- 能利用搜索引擎在互联网上检索信息。
- 能利用互联网制定详细的旅行方案。

素养目标

- 树立效率意识、规范意识，精益求精，讲求实效。
- 培养严谨的治学态度和勇于探索的科学精神。
- 树立信息意识、信息安全意识、法治意识，合法合规地获取信息。

任务 *1.1* 认知信息检索

☞ 任务描述

本任务要求检索"计算机技术在各领域的应用"，需要合理选用信息检索语言、检索工具、检索途径与检索方法，制定合适的检索方案。本任务中检索的信息包括计算机技术的应用、计算机的应用领域、计算机的主要应用领域、计算机技术在视频剪辑领域的应用等。

☞ 任务目标

1）熟悉信息检索系统的基本流程。

2）掌握信息检索的语言、工具、途径与方法。

3）能利用中图分类法确定文献信息所属的学科领域。

4）能根据需要利用信息外部特征语言和内部特征语言进行信息检索。

5）具备逻辑分析、系统设计等计算思维。

6）树立效率意识、规范意识，精益求精，讲求实效。

任务实施

1. 围绕任务要求，灵活构建检索词，进行一次信息检索

1）打开搜索引擎，如百度、搜狗、360 搜索等，检索"计算机技术在各领域的应用"，如图 1.1.1 所示。

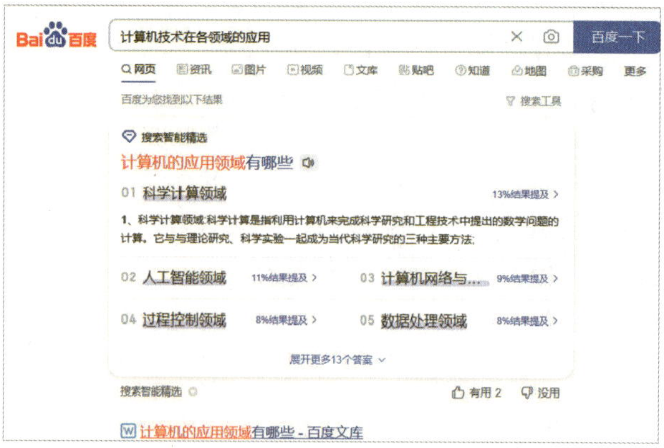

图 1.1.1　百度检索"计算机技术在各领域的应用"

核心检索词的选取决定了信息检索的目标精准度。根据检索标题"计算机技术在各领域的应用",可以提取核心检索词"计算机应用领域""计算机主要应用领域",如图 1.1.2 和图 1.1.3 所示。

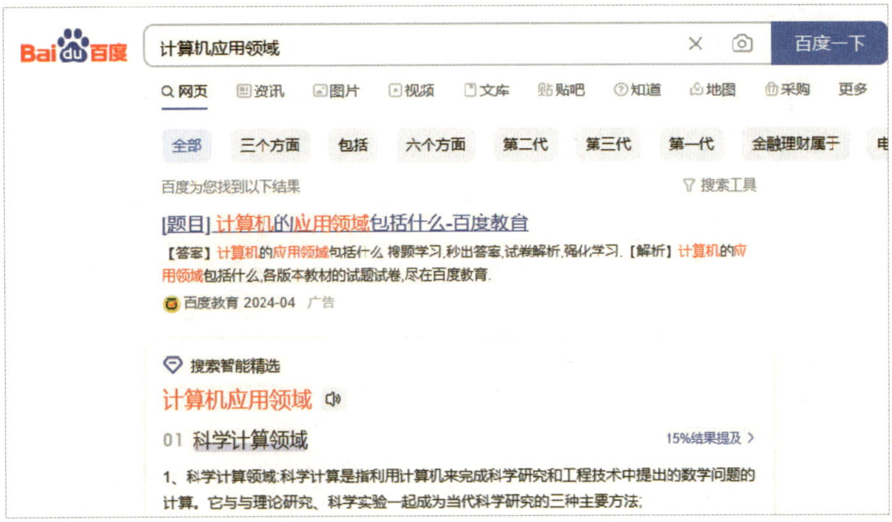

图 1.1.2 百度检索"计算机应用领域"

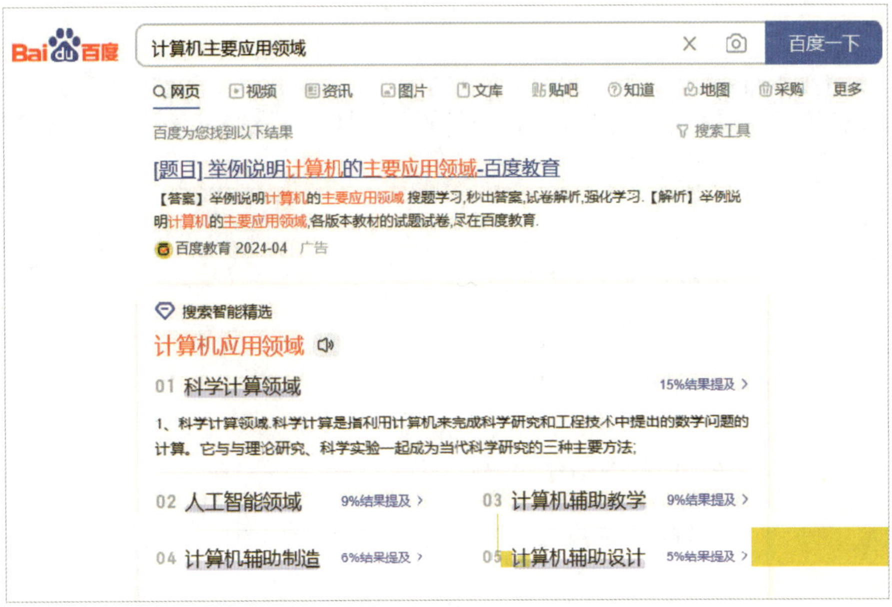

图 1.1.3 百度检索"计算机主要应用领域"

2)从标题中提取的核心检索词检索范围过大、针对性不强、指向性比较弱,因此可以根据实际任务要求,提取关键的信息节点,构成核心检索词。核心检索词的检索范围仍然存在检索集过大的情况,可先利用组合构词法进一步收缩检索范围。确定核心检索词后,再根据检索标题和任务要求,提取系列的次检索词并与核心检索词进行组合,从而缩小检索范围。例如，本任务中可以提取的次检索词有"计算机应用领域""计算机主要应用领域"等。

3）动态构词法可以帮助我们通过平台大数据优选组合构词中的次检索词。在信息检索网站上，输入构造的组合检索词，根据检索结果记录中的相关词和检索框中平台自动推荐的检索长尾词，及时调整、优化组合搜索词的选取及序列，使信息检索结果与检索目标更接近，通过动态构词的迭代优选，最终检索到需要的信息。

2. 进行二次信息检索

以"中国计算机在各领域的应用"构建检索词进行二次信息检索，确定计算机技术的应用、计算机的应用领域、计算机的主要应用领域、计算机技术在视频剪辑领域的应用等。

3. 进行"计算机技术在各领域的应用"研究热度调研

打开中国知网（以下简称知网）或万方数据知识平台，以"计算机技术在各领域的应用"作为主题词，进行事件相关研究热度的调研。在信息检索框中输入事件名并进行文献检索。在检索结果页，从信息检索结果的相关度、发表时间、引用量、下载量等维度进行综合判断，找出人气最高的作者及文献，如图1.1.4所示。

图 1.1.4　知网检索"计算机技术在各领域的应用"

4. 使用中图分类法查询信息对应的学科领域

中图分类法是以目录索引形式编制文献信息的综合性分类法，可以通过在线中图分类号查询，快速确定信息所属的学科领域，同时也可以通过目录检索确定信息的中图分类号。中图分类号如图1.1.5所示。

A 马克思主义、列宁主义、 毛泽东思想、邓小平理论	**B** 哲学、宗教	**C** 社会科学总论
D 政治、法律	**E** 军事	**F** 经济
G 文化、科学、教育、体育	**H** 语言、文字	**I** 文学
J 艺术	**K** 历史、地理	**N** 自然科学总论
O 数理科学和化学	**P** 天文学、地球科学	**Q** 生物科学
R 医药、卫生	**S** 农业科学	**T** 工业技术
U 交通运输	**V** 航空航天	**X** 环境科学、安全科学
Z 综合性图书		

图 1.1.5　中图分类号

相关知识

1. 信息检索的含义及分类

（1）信息检索的含义

信息检索（information retrieval）是用户进行信息查询和获取的主要方式，是查找信息的方法和手段。

狭义的信息检索仅指信息查询（information search），即用户根据需要，采用一定的方法，借助检索工具，从信息集合中找出所需信息的过程。

广义的信息检索是指将信息按一定的方式进行加工、整理、组织并存储起来，再根据信息用户特定的需要将相关信息准确地查找出来的过程，又称信息的存储与检索。一般情况下，信息检索指广义的信息检索。

（2）信息检索的分类

1）按存储与检索对象划分，信息检索可以分为文献检索、数据检索、事实检索。

① 文献检索。文献检索是以文献（包括题录、文摘和全文）为检索对象的检索。凡是查找某一主题、时代、地区、著者、文种的有关文献，以及这些文献的出处和收藏处所等，都属于文献型信息检索的范畴。完成文献型信息检索时主要借助于各种书目型数据库。

② 数据检索。数据检索是以数值或数据为对象的一种检索，包括文献中的某一数据、公式、图表，以及某一物质的化学分子式等，数据检索分为数值型与非数值型。完成数值型信息检索时主要借助于各种数值数据库和统计数据库。

③ 事实检索。事实检索是以某一客观事实为检索对象，查找某一事物发生的时间、地点及过程的检索，其检索结果主要是客观事实或为说明事实而提供的相关资料。完成事实型信息检索时主要借助于各种指南数据库和全文数据库。

三者的主要区别在于：数据检索和事实检索是要检索出包含在文献中的信息本身，而文献检索则检索出包含所需要信息的文献即可。

2）按存储的载体和实现查找的技术手段划分，信息检索可以分为手动检索、机械检索、计算机检索。

① 手动检索。手动检索是指以手动翻检的方式，通过图书、期刊、目录卡片等工具来检索信息的一种手段。其优点是回溯性好，没有时间限制；缺点是费时、效率低。

② 机械检索。机械检索是指利用计算机检索数据库的过程。其优点是速度快；缺点是回溯性不好，并且有时间限制。

③ 计算机检索。其中发展比较迅速的计算机检索是网络信息检索，也即网络信息搜索，是指互联网用户在网络终端，通过特定的网络检索工具或通过浏览的方式，查找并获取信息的行为。

2. 信息检索的基本术语

（1）信息检索系统

信息检索系统（information retrieval system），是指根据特定的信息需求而建立的一种有关信息搜集、加工、存储和检索的程序化系统。信息检索系统具有信息存储与信息检索功能，是一种可以向用户提供信息检索服务的系统。

（2）检索语言

检索语言，又称标引语言、索引语言，是信息存储与检索过程中用于描述信息特征和用户提问的一种专门的人工语言，是根据信息加工、存储和检索而编制的人工语言，是依据一定的规则对自然语言进行规范的一种受控语言。在信息检索领域，检索语言是用来描述信息的外部特征和内部特征，并表达信息检索提问的专用语言。检索语言由语词与语法构成，语词即检索词，是检索的标识。

（3）检索工具

检索工具是用于报道、存储和查找信息线索的工具和设备的总称。检索工具须具备三大功能：报道信息、存储信息、检索信息。与此相对应，检索工具具有三大特点，即详细描述信息的内部特征、外部特征；每条信息记录必须有检索标识；信息条目按一定顺序形成一个有机整体，能够提供多种检索途径。

（4）检索途径

检索途径，又称检索点，是指通过信息的何种特征进行检索。检索途径的选择会影响检索的效果。

（5）检索方法

检索方法，是为实现检索方案中的检索目标而采用的具体操作方法和手段的总称。

3. 检索语言类型

不同的信息资源有不同的特征，这些特征构成了信息检索语言的具体内容。在图书馆的馆藏书目系统中，书名、责任者、主题词、分类号、ISBN（国际标准书号）、出版社这些特征被用作描述书籍的具体字段。从用户的角度来看，这些特征也构成了检索的途径。信息资源的类型不同，相应的特征也不同，对应的检索途径也不同。有些特征与信息资源的外在形式有关，称为外表特征，如信息资源的名称、责任者等；有些特征与信息资源的内容有关，称为内容特征，如分类号、关键词等。相应地，信息检索语言也分为描述外表特征的检索语言和描述内容特征的检索语言。

信息检索语言一般分为分类检索语言、主题检索语言及分类主题一体化语言。

分类检索语言是指用分类号和类名来表达信息内容的主题概念，并将各种概念按照学科性质和逻辑层次结构进行分类和系统排列的语言。中图分类法是分类检索语言的典型代表。

主题检索语言也称主题语言、主题法，是以表达文献主题内容的语词作为概念标识，并按字顺编排的一种检索语言。主题语言使用的语词统称为主题词，由于主题词来自自然语言，多半经过规范化处理可形成主题词表，并可作为标引与检索的依据。主题检索语言是一种用于在文本中查找特定主题的语言。根据选词原则、词的规范化处理、编制方法和使用规则的不同，主题检索语言可分为关键词语言、标题词语言、单元词语言和叙词语言。

分类检索语言和主题检索语言的功能各有优势和不足，可以互相取长补短。分类主题一体化语言是两者的有机结合。分类主题一体化语言是指具有分类和主题两种标引和检索功能的检索语言。分类主题一体化，就是对分类表和叙词表的术语、标识、参照、索引等实行统一控制，并根据相应的转换规则建立一一对应的关系，将分类表和叙词表融合成一体化词表，发挥两种检索语言的优势。从标引来说，利用一体化词表可同时完成文献信息的分类标引和主题标引，提高标引的质量和效率；从检索来说，可以提高检索效率，可同时进行分类和主题两种方式的检索，实现分类检索和主题检索的互补。

4. 检索工具类型

根据特征的不同，可将检索工具分为不同的类型，分类依据有设备类型、检索词类型、信息载体形态、收录范围、时间范围、编制范围等。检索工具分类依据及对应的类型如表 1.1.1 所示。

表 1.1.1　检索工具分类依据及对应的类型

分类依据	检索工具类型
设备类型	手动检索工具、机械检索工具、计算机检索工具
检索词类型	目录型检索工具（如馆藏目录、联合目录、国家书目、出版社与书店目录等检索工具）、题录型检索工具、文摘型检索工具（如知识型文摘、报道型文摘等检索工具）、索引型检索工具
信息载体形态	书本式检索工具（如期刊式、单卷式和附录式等检索工具）、卡片式检索工具、缩微式检索工具、磁性材料式检索工具
收录范围	综合性检索工具（如知网 CNKI、维普、万方等）、专科性检索工具（如化学文摘、生物学文摘、工程索引等）、专题性检索工具、全面性检索工具、单一性检索工具
时间范围	预告性检索工具、现期通报性检索工具、回溯性检索工具
编制范围	目录、文摘、索引、年鉴等

5. 检索途径的类别

检索途径可分为外部类、内部类与其他类三大类，如表 1.1.2 所示。

表 1.1.2　检索途径的类别

检索途径大类	外部类	内部类	其他类
检索途径类别	著者途径、题目途径、机构途径、代码途径	分类途径、主题途径	号码索引——专利号、报告号等，专用符号代码索引——元素符号、分子式、结构式等，专用名词术语索引——地名、机构名、商品名、生物属名等

6. 信息检索方法

信息检索方法，简单地说就是查找信息资源的方法，选择检索方法的目的在于寻找一种省时省力，又可获得最佳检索效果的有效方法。常用的信息检索方法有常规法、追溯法、循环法、浏览法。

（1）常规法

常规法是指利用检索工具，通过一定的检索条件查找信息资源的方法。这是最常见的检索方法。一般包括 3 个步骤：首先确定检索工具或检索系统；其次设置检索条件，涉及选择检索点、输入检索词等环节；最后查阅检索结果，如浏览、下载等。

（2）追溯法

追溯法是指根据已知信息资源提供的线索，追溯查找信息资源的信息检索方法。追溯法通常用于学术文献的检索。学术论文一般会著录参考文献，查找文献的时候，可以追溯既定文献的参考文献，若有必要，则继续追溯新获取文献的参考文献。

（3）循环法

循环法是指将常规法和追溯法交替使用来进行信息检索的一种综合检索方法。先用常规法找到一些信息资源，然后根据这些信息资源提供的线索进行追溯查找，以便获得更多的相关文献，两种方法交替使用，循环进行，直到满足检索需求。

（4）浏览法

浏览法是指不借助检索工具，直接查看原始信息资源的一种信息检索方法。例如，不借助搜索引擎直接浏览新闻网站内容、不用检索系统直接查看期刊的全文等。在信息需求不是很明确的情况下，可以使用浏览法获取信息资源。

7. 外部特征检索操作

外部特征检索操作可以利用文献的题名语言、著者语言、代码语言、引文语言实现信息检索。

8. 内部特征检索操作

内部特征检索操作可以利用文献的分类语言、主题语言实现信息检索。

9. 中图分类法的基本构成

中图分类法根据图书资料的特点，按照从总到分、从一般到具体的编制原则，确定分类体系，具体分为 5 个基本部类，22 个基本大类。它用一个字母表示一个大类，以字母的顺序反映大类的序列。字母后用数字表示大类以下类目的划分。数字的编号使用小数制。

任务 1.2 利用专用平台检索信息

微课：利用专用平台
检索信息

☞ 任务描述

本任务要求使用知网查找作者单位为天府新区通用航空职业学院、第一作者为马鑫的论文。

☞ 任务目标

1）掌握专利信息检索的基本术语，能利用常用专利搜索平台进行专利信息检索。

2）掌握学术论文检索的基本术语，能使用不同的检索方式进行学术论文检索。

3）掌握图书信息检索的相关知识。

4）能利用网络信息资源平台进行信息检索。

5）培养严谨的治学态度和勇于探索的科学精神。

🖥 任务实施

步骤 1：找到 CNKI 论文数据库。

步骤 2：进行检索。在这里使用知网首页的一框式检索进行检索时只能有一个选择条件，因此不能使用该检索方式，要使用高级检索。在使用高级检索时，注意不同检索点之间的布尔逻辑连接关系要用 AND，如图 1.2.1 所示。

图 1.2.1　利用知网高级检索检索内容

步骤 3：查看结果详情。单击论文标题，进入详情页面，可以查看这篇论文的题录信息，如图 1.2.2 所示。

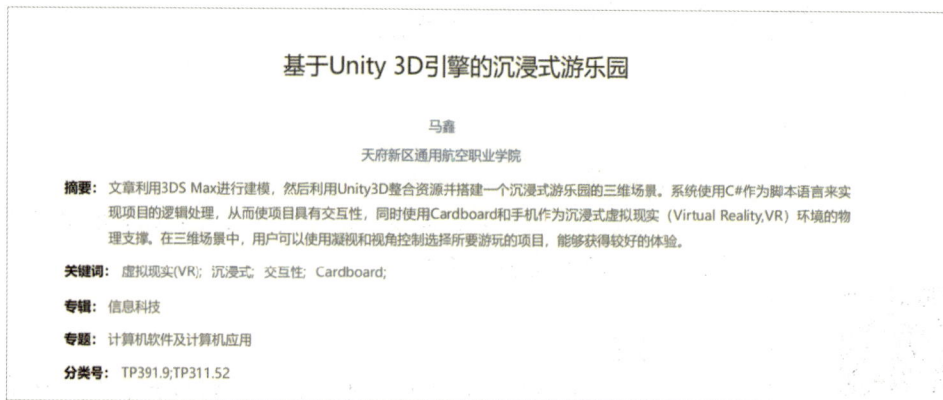

图 1.2.2　查找结果详情页

相关知识

1. 学术论文信息检索

（1）学术论文的分类

学术论文可以根据其研究内容、写作形式、出版方式等多个方面进行分类。本书主要介绍按照出版方式的不同，学术论文的分类：期刊论文、学位论文、会议论文。

1）期刊论文。期刊论文是指发表在各种学术期刊上的论文，按照学科分类。国际标准连续出版物号（International Standard Serial Number，ISSN）是根据国际标准组织 1975 年制定之 ISO 3297 的规定，由设于法国巴黎的国际期刊资料系统（International Serial Data System，ISDS）中心所赋予申请登记的每一种刊物一个具有识别作用且通行国际间的统一编号。每组 ISSN 由 8 位数字构成，分前后两段，每段 4 位数，段与段间用"-"相连，其中后段的最末一位数字为检查号，如 ISSN 0211-9153。

获取期刊论文的途径主要有 3 种：纸质期刊、电子期刊、期刊论文数据库。

2）学位论文。学位论文是作者为获得某种学位而撰写的研究报告或科学论文，一般分为学士论文、硕士论文、博士论文 3 个级别。它一般不在刊物上公开发表，只能通过学位授予单位、指定收藏单位和私人途径获得。北京图书馆、中国科技情报所和中国社会科学院文献情报中心是指定的博士论文收藏单位。

3）会议论文。会议论文是指在会议等正式场合宣读首次发表的论文。会议论文是属于公开发表的论文，一般正式的学术交流会议都会出版会议论文集，这样发表的论文一般也会作为职称评定等的考核内容。

（2）常用的中文学术论文数据库

知网、万方、维普是 3 个比较常用的中文学术数据库，其中维普是期刊论文数据库，知网和万方属于综合性学术数据库，包括期刊论文数据库、学位论文数据库、会议论文数据库。

1）知网。知网始建于 1999 年 6 月，是中国核工业集团资本控股有限公司控股的同方股份有限公司旗下的学术平台。知网是基于国家知识基础设施（national knowledge infrastructure，NKI）的概念，该概念由世界银行于 1998 年提出。CNKI 工程是以实现全社会知识资源传播共享与增值利用为目标，由清华大学、同方股份有限公司共同发起的信息化建设项目，始建于 1999 年 6 月。

知网收录的文献涵盖期刊论文、学位论文、会议论文、专利文献、标准文献、科技成果、电子报纸、统计年鉴、工具书等诸多类型。

使用知网检索时，可以在官网首页使用一框式检索方式进行检索，也可以使用高级检索、专业检索、作者发文检索、句子检索、知识元检索、引文检索等，如图 1.2.3 和图 1.2.4所示。

图 1.2.3 知网检索页面

图 1.2.4　知网高级检索页面

2）万方。万方数据库是由万方数据公司开发的，涵盖期刊、会议纪要、论文、学术成果、学术会议论文的大型网络数据库，也是和知网齐名的中国专业的学术数据库。

使用万方检索时，可以在官网首页使用一框式检索方式进行检索，也可以使用高级检索、专业检索、作者发文检索、句子检索、知识元检索、引文检索等，如图 1.2.5 和图 1.2.6 所示。

图 1.2.5　万方检索页面

图 1.2.6　万方高级检索页面

3）维普。维普网，原名"维普资讯网"，是重庆维普资讯有限公司建立的网站，该公司是中文期刊数据库建设事业的奠基者。从 1989 年开始，它一直致力于对海量的报刊数据进行科学严谨的研究、分析、采集、加工等深层次开发和推广应用。自 1993 年成立以来，公司的业务范围已涉及数据库出版发行、知识网络传播、期刊分销、电子期刊制作发行、网络广告、文献资料数字化工程及基于电子信息资源的多种个性化服务。

使用维普网检索时，可以在官网首页使用一框式检索方式进行检索，也可以使用高级检索、专业检索、作者发文检索、句子检索、知识元检索、引文检索等，如图 1.2.7 和图 1.2.8 所示。

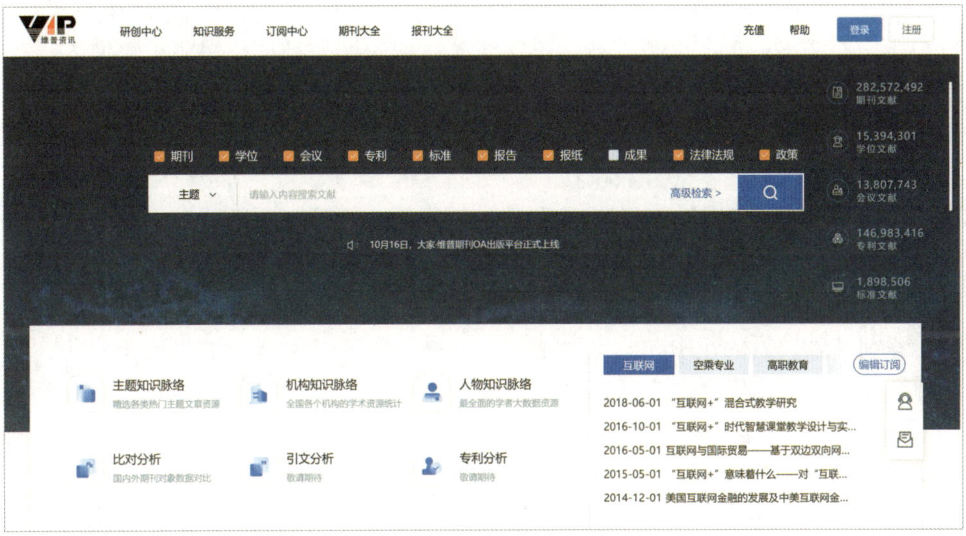

图 1.2.7　维普检索页面

图 1.2.8　维普高级检索页面

2. 专利检索

（1）专利

专利，从字面上是指专有的权利和利益，通常是指一项发明创造的首创者所拥有的受保护的独享权益。专利在中国分为发明专利、实用新型专利和外观设计专利 3 种类型。

1）发明专利：主要指对产品、方法或其改进所提出的新的技术方案。发明专利体现了新颖性、创造性和实用性。取得专利的发明又分为产品发明（如机器、仪器设备、用具）和方法发明（制造方法）两大类。

2）实用新型专利：指对产品的形状、构造或其结合所提出的适于实用的新的技术方案。专利法中对实用新型的创造性和技术水平要求较发明专利低，但实用价值大，在这个意义上，实用新型有时会被人们称为小发明或小专利。

3）外观设计专利：主要是指对产品的整体或局部的形状、图案等的新设计。它主要用于保护产品的装饰性或艺术性外表设计。

这 3 种专利在保护范围、审查标准和保护期限等方面都有所不同。发明专利的保护范围最广，审查标准也最严格，保护期限相对较长；实用新型专利和外观设计专利的保护范围相对较窄，审查标准较为宽松，保护期限也较短。

（2）专利文献检索的作用

专利文献检索应用广泛，主要包括以下几方面。

1）查新检索。通过检索专利文献，判断某技术主题是否具有专利法中规定的新颖性和创造性。

2）专题检索。针对某技术主题进行世界范围的专利和非专利文献检索，检索出所有相关文献，可以对该技术主题在同领域技术中的水平给出定位，同时对同领域技术的更新速度、竞争程度和发展趋势做出一定的判断。

3）同族专利检索。通过检索，可以了解到同一主题的技术在多个国家申请专利的情况，以确定这一专利的区域保护范围。

4）法律状态检索。法律状态检索包括专利的侵权检索、有效性检索，可以得知该专利的真实性、合法性和有效性，判断侵权行为或避免侵权行为，了解相关专利的时效性等。

5）跟踪检索。对某专利进行定期跟踪检索，了解相关技术的发展方向，掌握最新的专利信息。

除了这些，专利检索还有很多用途，如了解一个公司，可以查一下这个公司的专利，以便对这个公司的技术实力和发展前景做出判断；学习产品设计，专利说明书中大量的产品设计图纸是很好的学习素材。

（3）专利文献的获取渠道

专利制度"以公开换保护"的核心理念，使专利文献的获取比较容易，主要有以下几类渠道。

1）官方机构的专利检索系统。多数国家有相应的专利管理机构，国际上也有专门负责专利事务的组织，这些机构和组织一般会通过互联网提供专利文献检索和获取服务，而且大多是免费的。

① 中国国家知识产权局网站。国家知识产权局是我国负责专利事务的部门，提供多个与专利相关的检索系统，如专利检索及分析系统。

a. 专利检索及分析系统。国家知识产权局旗下的专利检索及分析系统是集专利检索及专利分析于一体的综合性专利服务系统。该系统依托丰富的专利数据资源，提供了既便捷又专业的专利检索及分析服务，并且提供了丰富的数据接口和多种专利工具。

b. 中国专利公布公告系统。它是国家知识产权局旗下的另一个专利文献检索平台，收录的是我国 1985 年以来的专利申请和专利授权文献，提供基本检索、高级查询、IPC（国际专利分类）分类查询、LOC（洛迦诺分类表）分类查询、事务数据查询等功能。

② 美国专利商标局网站。它是由美国专利商标局免费向公众提供的全文数据库，包括授权专利数据库和公开专利申请数据库两部分。

③ 世界知识产权组织网站。世界知识产权组织网站通过官方网站面向全球提供专利检索服务。PCT 国际专利数据库是查询专利的主要平台，提供简单检索、高级检索、字段组合、跨语种扩展等多种检索方式。

2）专利文献商业数据库。除了官方的专利检索系统，一些机构也提供商业化的专利文献数据库，如知网专利全文数据库、万方专利数据库等。

3. 图书信息检索

（1）图书的类型

按照学科划分，图书可以分为社会科学图书和自然科学图书；按照文种划分，图书可以分为中文图书和外文图书；按照内容划分，图书可以分为小说、儿童读物、非小说类书籍、专业书、工具书、手册、书目、剧本、报告、日记、文集、摄影绘画集；按照用途划分，图书可以分为普通图书和工具书；按照特征划分，图书可以分为线装书、精装书、平装书、袋装书、电子书、有声读物、盲文书籍、民族语言书籍。

（2）图书的编号

图书一般涉及多个编号，每个编号都有特定的含义和作用，其中比较重要的有国际标准书号（International Standard Book Number，ISBN）、图书在版编目（cataloguing in publication，CIP）、分类号、索书号、条形码等。

1）ISBN。ISBN 是专门为识别图书等文献而设计的国际编号。采用 ISBN 编码系统的出版物包括图书、音像制品、非连续型电子出版物等。

中国标准书号（简称书号）由以 ISBN 为前缀的 5 段、13 位阿拉伯数字组成，如图 1.2.9 所示。

① EAN·UCC 前缀：由 3 位数字组成，是国际物品编码协会分配的产品标识编码。中国的 EAN·UCC 前缀为 978。EAN、UCC 分别是 European Article Numbering Association（欧洲商品编号协会）和 Uniform Code Council（统一代码委员会）的英文缩写。

图 1.2.9　国际标准书号

② 组区号：代表一个语言或地理区域、国家或集团的代码，由国际标准书号中心分配。中国大陆的组区号为 7，香港为 962，澳门为 972，台湾为 957。

③ 出版者号：代表具体的出版者，由所在国家或地区的 ISBN 中心设置，并按出版社出版量越大，出版者号越短的原则分配。图 1.2.9 中的"03"代表科学出版社。

④ 出版序号：一个图书一个号码，由出版社自行分配。出版者号和出版序号连在一起须共为 8 位数字。

⑤ 校验号：固定用一位数字。采用模数 10 的加权算法对前 12 位数字计算后得出。

2）CIP。CIP 需要依据相关的国家标准《图书在版编目数据》（GB/T 12451—2023）、《信息与文献　资源描述》（GB/T 3792—2021）、《文献主题标引规则》（GB/T 3860—2009）及《中国图书馆分类法》和《汉语主题词表》对图书进行著录、分类标引、主题标引。CIP 数据是指依据一定的标准，为在出版过程中的图书编制书目数据，经图书在版编目产生的并印刷在图书主书名页背面或版权页上方的书目数据，如图 1.2.10 所示。

图书在版编目（CIP）数据

信息技术项目教程：WPS Office：微课版 / 李浩峰, 刘秀萍, 李明琦主编. -- 北京 ：科学出版社, 2024.6. --（职业教育新形态融媒体教材）（公共基础课系列教材）. -- ISBN 978-7-03-078683-8

Ⅰ. TP317.1

中国国家版本馆 CIP 数据核字第 2024JC4523 号

图 1.2.10　CIP 数据

3）分类号。分类号是以类型的形式赋予档案实体的、用以固定和反映档案排列顺序的一组代码。《中国图书馆分类法》体系中的分类号，由字母和数字组成。在图 1.2.10 中，TP317.1 就是该书在《中国图书馆分类法》体系中的分类号。

4）索书号。索书号也称书码或索取号，由类号和书号组成，必要时加冠号。它表明藏书的排索位置，是图书馆排书、检书、借书、还书、登记、统计的编码，是文献外借和馆藏清点的主要依据。它一般由分行排列的几组号码组成，常被印在目录卡片的左上角、书脊下方的书标上及图书书名页或封底的上方。一个索书号只能代表一种书。由于图书馆藏书排架方法基本上可分为分类排架和形式排架两大类，所以索书号也基本上可分为分类索书号和形式索书号两大类。

索书号的第一部分是根据图书的学科主题所取用的分类号码。索书号的第二部分是按照图书作者姓名所编排的著者号码，或者是按照图书进入馆藏时间的先后所取用的顺序号码。通过采用著者号码，一位作者所著的同一学科主题的图书会被集中在一起，也方便了读者查找资料。

5）条形码。在图书的封底，我们通常可以看到一种由规律排列的线条组成的图案，这就是条形码。条形码的线条宽度不同、黑白相间、平行线相邻。它记录了图书的信息，通过扫描条形码就可以获取书名等信息。图书条形码与 ISBN 号码一致，即一个书号对应一个条形码。书号和条形码都是唯一的，不会重复。条形码由中国国家版本馆 CIP 数据管理中心统一管理。图书的条形码也由出版社根据 ISBN 号在 CIP 数据管理中心申领。申领之后可以借助条形码生成软件进行批量生成，生成图书条形码的前提是必须要有 ISBN 号。

4. 网络信息资源检索

网络信息资源是指以电子资源数据的形式，将文字、图像、声音、动画等多种形式的信息储存在光、磁等非印刷质的介质中，利用计算机通过网络进行发布、传递、储存的各类信息资源的总和，也就是可以通过网络获取的各种数字化信息资源的总称。这些信息以数字化的形式存储在互联网上的各种服务器中，资源提供方基于超文本传输协议（hypertext transfer protocol，HTTP）、文件传输协议（file transfer protocol，FTP）等协议，通过网络对外提供信息服务，用户可以利用计算机、智能手机等网络终端设备对这些信息进行获取或利用。

（1）网络信息资源的特点

1）存储数字化。信息资源由纸张上的文字变为磁性介质上的电磁信号或光介质上的光信息，使信息的存储和传递、查询更加方便，而且所存储的信息密度高、容量大，可以无损耗地被重复使用。以数字化形式存在的信息，既可以在计算机内高速处理，又可以通过信息网络进行远距离传送。

2）共享程度高。由于信息存储形式及数据结构具有通用性、开放性和标准化的特点，网络信息资源的复制、分发更容易，因此，在不考虑版权的情况下一份资源可以以无限多个复本同时服务于无限多的用户。网络打破了传递的时空界限，用户可以在任何时间、任何地点获取信息资源，使网络信息资源传播的时间和空间范围得到了最大程度的延伸和扩展。数位用户可以同时共用同一份信息资源。

3）表现形式多样化。传统信息资源主要是以文字或数字形式表现出来的信息。而网络信息资源则可以是文本、图像、音频、视频、软件、数据库等多种形式，涉及领域从经济、科研、教育、艺术到具体的行业和个体，包含的文献类型从电子报刊、电子工具书、商业信息、新闻报道、书目数据库、文献信息索引到统计数据、图表、电子地图等。

4）信息源复杂。网络共享性与开放性使人人都可以在互联网上索取和存放信息，由于没有质量控制和管理机制，这些信息没有经过严格的编辑和整理，良莠不齐，各种不良和无用的信息大量充斥在网络上，形成了一个纷繁复杂的信息世界，给用户选择、利用网络信息带来了障碍。

5）以网络为传播媒介。传统的信息存储载体为纸张、磁带、磁盘，而在网络时代，信息的存在是以网络为载体、以虚拟化的姿势状态展示的，人们得到的是网络上的信息，而不必过问信息是存储在磁盘上还是磁带上的，体现了网络资源的社会性和共享性。

6）数量巨大，增长迅速。随着互联网的迅猛发展，网络信息资源在数量和内容两个方面都得到了长足发展。任何机构、任何人都可以将自己拥有的信息上网与他人共享。所以，互联网的信息资源几乎无所不包，且类型丰富多样，如学术信息、商业信息、政府信息、个人信息、娱乐信息、新闻信息等。它一方面给用户提供了较大的信息选择空间；另一方面，大量毫无价值的冗余信息也给用户造成了很大的麻烦。

（2）网络信息资源的分类

1）按信息来源，网络信息资源可分为政府信息资源、公众信息资源和商用信息资源。

2）按信息资源的加工形式，网络信息资源可分为网络资源指南和检索引擎、联机馆藏目录库、网络数据库，电子出版物（电子图书、电子期刊、电子报纸）、电子参考工具、软件资源及动态信息等。

3）按不同的网络传输协议，网络信息资源可分为 WWW 信息资源、FTP 信息资源、Telnet 信息资源、用户通信或服务组信息资源、Gopher 信息资源。

（3）网络信息检索的特点

1）检索范围广泛。互联网作为一个全球性的信息平台，使网络信息检索可以覆盖整个网络，检索对象包括全球各地的服务器和主机上的信息。

2）超文本技术的运用。基于超文本技术，网络信息检索通过链接将不同地点的相关信息有机地联系起来，使用户可以通过单击链接访问相关文档，实现交互式和跳跃式的浏览检索。

3）检索方式多样。网络信息检索提供了多种检索方法，包括关键词搜索、交互式查询等，用户可以根据自己的需求选择不同的检索方式。

4）多媒体检索能力。支持文本、图像、音频、视频等多种形式的信息检索，丰富了检索的内容，提升了用户体验。

5）用户界面友好。网络信息检索系统通常提供友好的用户界面，使用户可以方便地进行信息检索，即使是非专业用户也能轻松使用。

6）检索空间的扩展。与传统信息检索相比，网络信息检索突破了地域空间的限制，大大扩展了检索的空间范围。

7）操作的简易性。网络信息检索工具一般采用客户端/服务器（client/server）结构，通过交互式的图形界面提供友好的信息查询服务。系统会自动向相应的服务器发送请求。

（4）网络信息资源的检索方法

1）漫游法：指在日常网络浏览中偶然发现有用信息，以及利用网页中的链接从一网页跳转到另一相关网页。这种方法的目的性不强，可能带来意外发现，但也可能偏离检索目标。

2）直接查找法：直接在浏览器的地址栏中输入特定网址进行查找的方法，适用于知道所需信息大致位置的情况。这种方法的目标性强，但信息量少。

3）搜索引擎法：使用搜索引擎，如 Google、百度等，进行关键词、词组或自然语言检索。搜索引擎可以提供广泛的检索范围和及时更新的信息，但检索准确性可能受限于软件的智能性。

4）网络资源指南法：利用网络资源指南或专题书目进行查找，如 Yahoo 目录等。这些工具由专业人员编制，提供对网络信息资源的组织和管理，但可能存在收录不全、更新不及时的问题。

5）常规检索法：也称工具检索法，包括直接检索法和间接检索法。直接检索法直接利用检索工具（如词典、手册等）进行查找，间接检索法则包括顺查法、倒查法和抽查法。

任务 *1.3* 利用互联网制定旅游方案

微课：利用互联网
制定旅游方案

☞ 任务描述

　　家在重庆的马先生一家计划在今年六一儿童节去成都的武侯祠、春熙路等景点游玩。在出发前，马先生需要根据行程计划查找到达目的地的旅行路线，提前预订酒店房间，并利用搜索引擎在互联网上采购旅行所需的物品。本任务要求先利用高德地图搜索引擎确定目的地的具体位置并查找旅行路线，然后根据旅行路线估算到达目的地所需的时间及到达时间，并根据预计时间提前预订酒店房间，最后利用购物网站采购旅行所需的物品。

☞ 任务目标

　　1）掌握计算机网络的应用。
　　2）掌握利用搜索引擎在互联网上搜索信息的方法。
　　3）能利用互联网制定详细的旅行方案。
　　4）树立信息意识、信息安全意识、法治意识，合法合规地获取信息。

任务实施

1. 利用高德地图搜索引擎查询最佳自驾游行车路线

　　步骤 1：在互联网浏览器地址栏中输入高德地图搜索引擎的统一资源定位符（uniform resource locator，URL）地址。手机用户可以在应用商城里下载高德地图 App，打开 App 即可开始使用。

　　步骤 2：在高德地图搜索引擎的检索文本框中输入"成都"，找到四川省成都市的地图，然后在四川省成都市的地图中搜索"武侯祠"，选取地图上的"武侯祠"或附近的一个地点，以此作为旅行终点打开路线检索，此时高德地图搜索引擎会列出多种（省钱、省时、距离等）可到达目的地的方案供用户选择。根据高德地图搜索引擎推荐的 3 种方案合理选择行车路线。

　　步骤 3：利用同样的方法在高德地图中检索从"武侯祠"到"春熙路"的行车路线。

2. 通过携程网预订酒店房间

　　步骤 1：打开互联网浏览器，在地址栏中输入携程网的官方 URL 地址，或使用百度搜索引擎检索携程官网。手机用户可以在应用商城里下载携程 App，打开 App 即可开始使用。

步骤 2：在携程网主页选择"酒店"选项，再选择"国内酒店"选项，在"目的地/酒店名称"文本框中输入"成都"，选择"入住"日期和"退房"日期，在"关键词"文本框中输入"春熙路"，如图 1.3.1 所示。

图 1.3.1　利用携程网检索酒店

步骤 3：单击"搜索"按钮，在打开的页面中会显示所有符合检索条件的酒店，可以根据酒店的位置、价格、星级等选择适合自己的酒店，如图 1.3.2 所示。

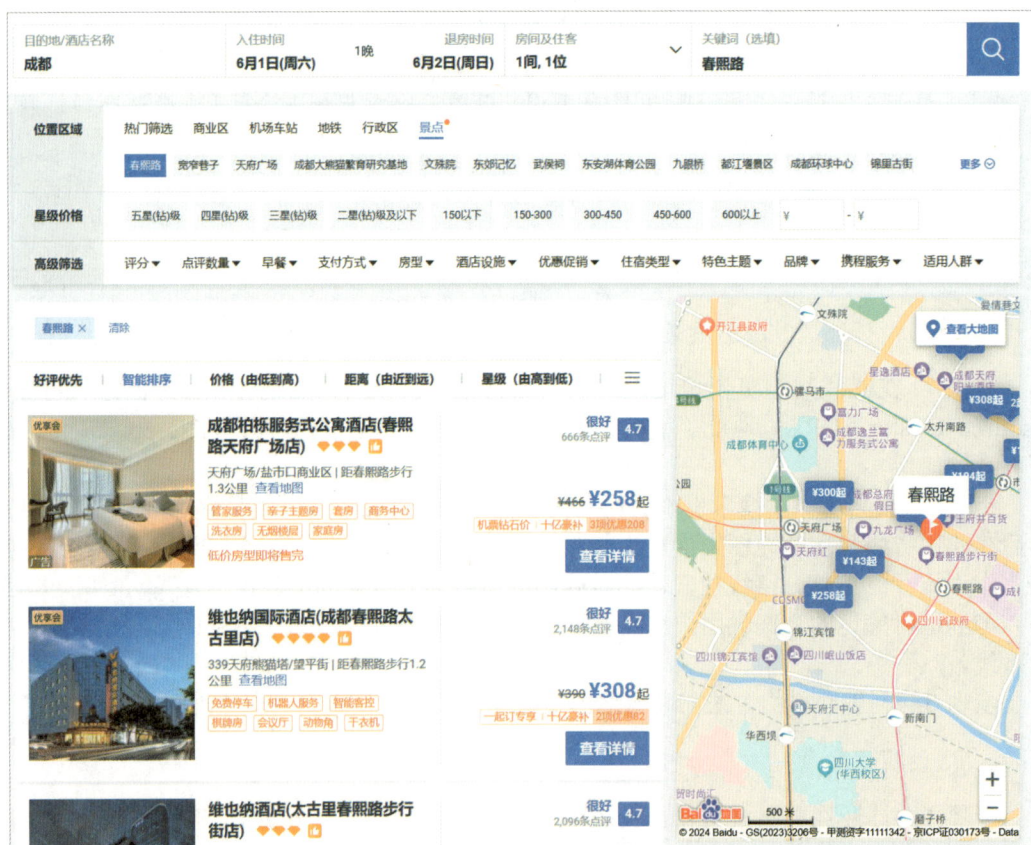

图 1.3.2　酒店信息页面

3. 利用淘宝网购买旅行所需物品

步骤 1：打开互联网浏览器，在地址栏中输入淘宝网的官方 URL 地址，或使用百度搜索引擎检索淘宝官网。手机用户可以在应用商城里下载淘宝 App，打开 App 即可开始使用。在"搜索"文本框中输入旅行所需采购物品"旅行背包"，如图 1.3.3 所示。

图 1.3.3 淘宝网首页

步骤 2：单击"搜索"按钮，在打开的页面中会显示所有符合检索条件的旅行背包，可以根据品牌、材质、适用人数、产地等选择自己满意的背包，如图 1.3.4 所示。

图 1.3.4 "旅行背包"检索页面

📖 **相关知识**

1. 计算机网络概述

（1）计算机网络的概念

计算机网络是计算机技术与通信技术结合的产物，就是把分布在不同地理区域的计算机、终端及其附属设备用通信线路互联成一个规模大、功能强的系统，从而使众多的计算机可以方便地互相传递信息，共享硬件、软件、数据信息等资源。简单来说，计算机网络就是由通信线路互相连接的许多自主工作的计算机构成的集合体。

计算机网络具有信息交流、资源共享、提高计算机的可靠性和可用性，以及分布式处理等功能。这些功能使计算机网络在科研、教育、工业、交通、医疗等领域发挥了重要作用，成为计算机应用的高级形式，也是办公自动化的主要手段。

（2）计算机网络的发展历程

计算机网络出现以后，它的发展速度与应用的广泛程度十分惊人，纵观计算机网络的发展，其经历了以下 4 个阶段。

1）面向终端的计算机网络系统阶段。20 世纪 60 年代，出现了将独立的计算机技术与通信技术结合，以单个计算机为中心的远程联机系统。主机具有独立处理数据的能力，而终端设备无独立处理数据的能力。在通信软件的控制下，由一台中央主机通过通信链路连接大量分散的终端设备，构成面向终端的通信网络，终端分时访问中央主机的资源，中央主机将处理结果返回给终端设备。如果在中央主机上增加通信功能，则构成具有联机通信功能的批处理系统。

此阶段的系统共享主机资源，但存在两方面问题：①连接的远程终端设备数目不断增加，导致主机的负荷加重，系统效率下降；②终端设备处理数据的速率低，每个终端设备独占一条通信链路，线路利用率低，费用也较高。

2）具有通信功能的多机系统阶段。20 世纪 60 年代中期至 70 年代中期，出现了多台计算机通过通信系统互联的系统，开创了"计算机—计算机"通信时代，这样数据处理和数据通信实现了分工协作，彼此之间交换数据、传递信息。

此阶段的网络连接主要有两种形式：①通过通信链路将主机直接连接，主机既承担数据处理工作又承担数据通信工作；②将通信任务从主机中分离出来，设置通信控制处理机（communication control processor，CCP），主机间的通信通过 CCP 的中继功能间接完成。

3）开放式标准化网络阶段。1974 年国际标准化组织颁布了"开放系统互连参考模型"，该模型通常被称为 OSI（open system interconnection）参考模型，如图 1.3.5 所示。该模型按层次结构划分为 7 个子层，已被国际社会普遍接受，是目前计算机网络系统结构的基础。开放的 OSI 参考模型的提出引导着计算机网络走向开放的标准化道路，同时也标志着计算机网络的发展步入了成熟的阶段。从此，开创了一个具有统一网络体系结构、遵循国际标准化协议的计算机网络时代，加速了计算机网络的发展。

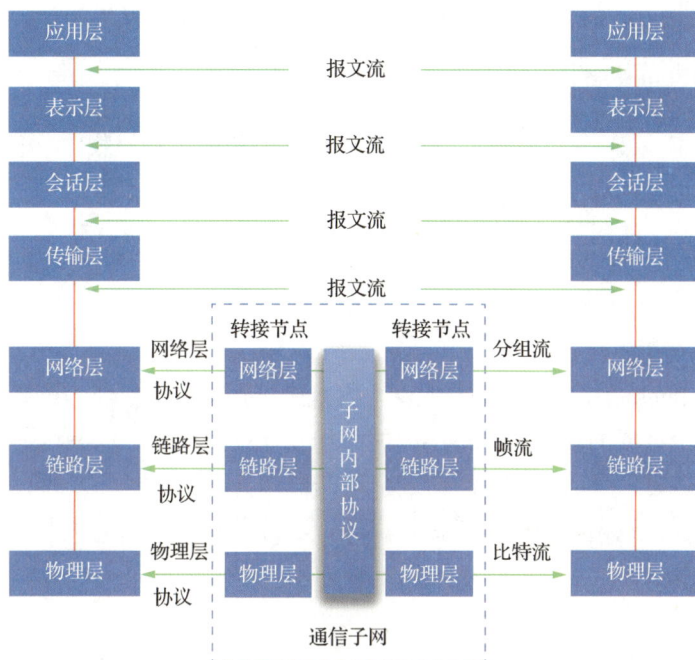

图 1.3.5　OSI 参考模型

4）面向全球互联的计算机网络阶段。20 世纪 90 年代以后，随着数字通信的出现，局域网技术发展成熟，计算机网络进入第 4 个发展阶段，其主要特征是智能化、全球化、综合化及高速化。这一时期的计算机通信与网络技术方面以速率高、可靠性高、服务质量高等为指标，出现了高速以太网、无线网络、虚拟专用网络（virtual private network，VPN）、对等网络（peer-to-peer，P2P）等技术，计算机网络的发展与应用逐渐渗入人们生活的各方面，进入一个多层次的发展阶段。各个国家都建立了自己的高速互联网，这些互联网的互联构成了面向全球互联的计算机网络，并且渗透到社会的各个层次。

（3）计算机网络的分类

1）按地理范围划分。当前获得普遍认可的计算机网络划分标准是按照地理范围进行划分。据此标准，可以把各种网络类型划分为局域网（local area network，LAN）、城域网（metropolitan area network，MAN）和广域网（wide area network，WAN）。

LAN 通常是一个单位、企业的计算机之间为了互相通信、共享某些外设（如打印机等）而组建的、地理区域有限的计算机网络，其通信线路一般使用双绞线或同轴电缆。LAN 的特点是：连接范围窄、用户数少、配置容易、连接速率高。IEEE 802 标准中定义的 LAN 包括以太网、令牌环网、光纤分布式接口网络、异步传输模式网及无线局域网。

MAN 的覆盖范围介于 LAN 和 WAN 之间，可覆盖一个城市，通常使用光纤或微波作为网络的主干通道。

WAN 覆盖的范围比 MAN 更广，一般用于将不同城市之间的 LAN 或 MAN 实现互联，地理范围可从几百千米到几千千米，其通信传输装置一般由电信部门提供。

2）按物理连接方式划分。计算机或设备通过传输介质在计算机网络中形成的物理连接方式称为网络拓扑结构。根据拓扑结构的不同，计算机网络可分为星形、树形、环形、总线型和网状型。

3）按传输介质划分。网络传输介质是指在网络中传输信息的载体。根据传输介质的不同，计算机网络可分为有线网和无线网两大类。其中，有线网采用双绞线、同轴电缆和光纤作为传输介质；无线网采用红外线、微波和光波作为传输载体。

2. 互联网概述

（1）互联网的概念

互联网又称 Internet，也称国际互联网，它是全球最大、连接能力最强、最开放的计算机网络，由遍布全世界的众多大大小小的网络相互连接而成。互联网可使网络上的各计算机相互交换各种信息。目前，互联网通过全球的信息资源和覆盖五大洲的 160 多个国家的数百万个网点，提供数据、电话、广播、出版、软件分发、商业交易、视频会议及视频节目点播等服务。互联网在全球范围内提供了极为丰富的信息资源。一旦连接到 Web 节点，就意味着计算机已经进入互联网。

（2）互联网的起源和发展

互联网是在美国早期的军用计算机网 ARPANET 的基础上经过不断发展变化而形成的。互联网的发展主要可分为以下几个阶段。

1）互联网的雏形阶段。1969 年，美国国防部高级研究计划局（Advance Research Projects Agency，ARPA）开始建立一个名为 ARPANET 的网络。当时建立这个网络的目的是出于军事需要，计划建立一个计算机网络，当网络中的一部分被破坏时，其余网络部分会很快建立新的联系。这也就是现在的互联网的雏形。

2）互联网的发展阶段。美国国家科学基金会（National Science Foundation，NSF）在 1985 年开始建立计算机网络 NSFNET。NSF 规划建立了 15 个超级计算机中心，支持用于科研和教育的 NSFNET，并以此为基础，实现同其他网络的连接。NSFNET 成为互联网上主要用于科研和教育的主干部分，代替了 ARPANET 的骨干地位。

1989 年，MILNET（由 ARPANET 分离出来）实现和 NSFNET 的连接后，就开始采用互联网这个名称。自此以后，其他部门的计算机网络相继并入互联网，ARPANET 宣告解散。

3）互联网的商业化阶段。20 世纪 90 年代初，商业机构开始进入互联网，使互联网开始了商业化的新进程，成为互联网大发展的强大推动力。1995 年，NSFNET 停止运作，互联网已彻底商业化。

（3）互联网协议（internet protocol，IP）地址及域名解析

1）IP 地址。互联网中分配给每台主机或网络设备的一个 32 位二进制数字标识称为 IP 地址，即 IPv4。一个 IP 地址由 4 字节（32 位）组成，中间使用符号"."隔开，称为点分十进制表示法，其中每字节可用一个十进制数来表示。每字节的数字由 0～255 的数字组成，如 192.168.2.11 就是一个 IP 地址。

IP 地址通常可分成两部分，第一部分是网络位，第二部分是主机位。根据网络规模和应用的不同，IP 地址分为 A、B、C、D 和 E 共 5 类，其中常用的是 A、B、C 这 3 类，如图 1.3.6 所示。

图 1.3.6 IP 地址的分类

① A 类 IP 地址。一个 A 类 IP 地址由 1 字节（每字节是 8 位）的网络地址和 3 字节的主机地址组成，网络地址的最高位必须是 "0"，即第一段数字范围为 0~127，常用于大型网络。

② B 类 IP 地址。一个 B 类 IP 地址由 2 字节的网络地址和 2 字节的主机地址组成，网络地址的最高位必须是 "10"，即第一段数字范围为 128~191，常用于中型网络。

③ C 类 IP 地址。一个 C 类 IP 地址由 3 字节的网络地址和 1 字节的主机地址组成，网络地址的最高位必须是 "110"，即第一段数字范围为 192~223，常用于小型网络。

④ D 类 IP 地址。D 类 IP 地址常用于多点播送。它的第一个字节以 "1110" 开始，即第一段数字范围为 224~239，是多点播送地址，用于多目的地信息的传输和作为备用。全零（0.0.0.0）的 IP 地址对应当前主机，全 "1" 的 IP 地址（255.255.255.255）是当前子网的广播地址。

⑤ E 类 IP 地址。E 类 IP 地址的第一个字节以 "1111" 开始，即第一段数字范围为 240~254。E 类地址保留，仅用于实验和开发。

由于 IPv4 提供的网络地址资源有限，随着网络的迅速发展，已不能满足用户的需要，所以提出了用于替代 IPv4 的下一代 IP，即 IPv6。IPv6 采用 128 位地址长度，不仅能解决网络地址资源不足的问题，而且能克服多种接入设备连入互联网的障碍。

2）子网掩码。子网掩码不能单独存在，它必须结合 IP 地址一起使用。子网掩码只有一个作用，就是将某个 IP 地址划分成网络地址和主机地址两部分，其设定必须遵循一定的规则。与 IP 地址相同，子网掩码的长度也是 32 位，左侧是网络位，用二进制数字 "1" 表示；右侧是主机位，用二进制数字 "0" 表示。默认情况下，A、B、C 这 3 类网络的子网掩码分别是 255.0.0.0、255.255.0.0 和 255.255.255.0。

3）网关。网关是一个网络通向其他网络的 IP 地址。在没有路由器的情况下，两个网络之间是不能进行 TCP（transmission control protocol，传输控制协议）/IP 通信的，即使是两个网络连接在同一台交换机（或集线器）上，TCP/IP 也会根据子网掩码（255.255.255.0）判定两个网络中的主机处在不同的网络中，而要实现这两个网络之间的通信，则必须通过网关。

如果网络 A 中的主机发现数据包的目的主机不在本地网络中，则把数据包转发给它自己的网关，再由网关转发给网络 B 的网关，网络 B 的网关再转发给网络 B 的某个主机。

现在主机使用的网关，一般指的是默认网关。默认网关的意思是一台主机如果找不到可用的网关，就把数据包发给默认网关，由这个网关来处理数据包。默认网关必须是计算机自己所在的网段中的 IP 地址，而不能填写其他网段中的 IP 地址。例如，若 IP 地址为 10.42.14.100，则其默认网关常设置为 10.42.14.254。

4）域名系统。由于数字形式的地址难以记忆，所以在实际使用时采用字符形式来表示 IP 地址，即域名系统（domain name system，DNS），这样能够更方便地访问互联网。

域名系统由若干域名构成，它们之间用圆点"."隔开，并采用"主机名.三级域名.二级域名.顶级域名"的形式，以标识互联网中某一台计算机或计算机组的名称。

① 顶级域名：顶级域名采用国际上通用的标准代码，分为组织机构和地理模式两大类。机构域名包括表示商业机构的 com、表示网络提供商的 net、表示教育机构的 edu 等；地理域名使用 1503166 中指定的国家代码，如 cn 代表中国、uk 代表英国。

② 二级域名：我国的二级域名分为类别域名和行政区域名两类。类别域名共 6 个，com 用于企业，edu 用于教育机构，gov 用于政府机构，mil 用于军事部门，net 用于互联网络及信息中心，org 用于非营利性组织等。行政区域名有 34 个，分别对应于我国各省、自治区、直辖市及特别行政区。例如，scu.edu.cn 是一个域名地址，其中 scu 表示四川大学，edu 表示教育机构，cn 表示中国。

③ 三级域名：三级域名用字母（A～Z、a～z 等）、数字（0～9）和连字符（-）组成，长度不得超过 20 个字符。

5）域名解析。由于机器之间只认 IP 地址，所以要由专门的域名解析服务器 DNS 将域名地址转换为 IP 地址，这个过程称为域名解析。每台 DNS 服务器中保存着自身网络内部所有主机的域名和对应的 IP 地址。

3. 接入互联网

用户的计算机接入互联网的方法有多种，一般是通过互联网服务提供商（internet service provider，ISP）。目前，接入互联网的方法主要有非对称数字用户线路（asymmetric digital subscriber line，ADSL）拨号上网和光纤宽带上网两种，下面分别介绍这两种方法。

1）ADSL。ADSL 可直接利用现有的电话线路，通过 ADSL Modem 进行数字信息传输，ADSL 连接理论速率可达到 1～8Mbit/s。它具有速率稳定、带宽独享、语音数据不干扰等优点，适用于家庭、个人等用户的大多数网络应用需求。它可以与普通电话线共享一条通信链路，接听、拨打电话的同时能进行 ADSL 传输，而又互不影响。

2）光纤。光纤是目前宽带网络中多种传输媒介中最理想的一种，具有传输容量大、传输质量好、损耗小及中继距离长等优点。现在光纤接入互联网的方法一般有两种：一种是通过光纤接入小区节点或楼道，再由网线连接到各共享点上；另一种是光纤到户将光缆直接扩展到每一台计算机终端上。

4. 互联网的应用

目前互联网上提供的服务已经融入人们生活的方方面面，随着互联网的不断发展，它为人们提供的服务也将会不断增加。

（1）万维网

万维网是环球信息网的缩写（也称 Web、WWW、W3，英文全称为 world wide web），中文名字为万维网。Web 分为 Web 客户端和 Web 服务器程序。用户可以通过 Web 客户端（常用浏览器）访问浏览 Web 服务器上的页面。Web 是一个由许多互相链接的超文本组成的系统，通过互联网进行访问。在这个系统中，每个有用的事物称为一种"资源"，并且由一个 URI 标识，这些资源通过 HTTP 传送给用户，而用户通过单击链接来获得资源。

（2）电子邮件

电子邮件是一种用电子手段提供信息交换的通信方式，是互联网应用最广的服务。通过网络的电子邮件系统，用户可以以非常低廉的价格（不管发送到哪里，都只需负担网费）、非常快速的方式（几秒之内就可以发送到世界上任何指定的目的地），与世界上任何一个角落的网络用户联系。

电子邮件可以是文字、图像、声音等多种形式。同时，用户可以得到大量免费的新闻、专题邮件，并实现轻松的信息检索。电子邮件的存在极大地方便了人与人之间的沟通与交流，促进了社会的发展。

（3）FTP

FTP 用于在互联网上控制文件的双向传输，同时，它也是一个应用程序。不同的操作系统有不同的 FTP 应用程序，而所有这些应用程序都遵守同一种协议来传输文件。在 FTP 的使用过程中，用户经常遇到两个概念："下载"（download）和"上传"（upload）。下载文件是指从远程主机复制文件至自己的计算机上；上传文件是指将文件从自己的计算机中复制至远程主机上。用互联网语言来说，就是用户可通过客户机程序向（从）远程主机上传（下载）文件。

（4）即时通信

即时通信（instant message，IM）是指能够即时发送和接收互联网消息等的业务。在我国使用该种服务的用户量非常大，常用的该类软件有微信、QQ、钉钉等。

（5）电子公告牌

电子公告牌系统（bulletin board system，BBS）常称为网络论坛。通过在计算机上运行服务软件，允许用户使用终端程序通过互联网来进行连接，执行下载数据或程序、上传数据、阅读新闻、与其他用户交换消息等功能。

（6）电子商务

电子商务是指通过网上交易平台，采用基于浏览器/服务器的方式，进行网上营销、网上购物、在线电子支付的一种新型商业运营模式。电子商务可提供网上交易和营销等全过程的服务，它具有广告宣传、网上订购、网上支付、电子账户、交易管理等功能，与传统的商务形式相比，电子商务具有低成本、全球化、快捷化、精简化的优势，是商业发展的一种必然趋势。

（7）网络影音

网络影音是指通过网络平台传播并欣赏音频、视频、动画等。网络影音将音乐作品、电视剧、电影及动画通过互联网和移动网络等各种形式传播，形成了数字化的影音产品制作、传播和消费模式。

（8）其他功能

除以上所说的服务外，Internet 还提供了网络新闻组、网络会议、远程登录、博客、微博等服务。

5. 网络资源的使用

（1）浏览器的使用

浏览器是一种软件，用于显示网页服务器或文件系统中的超文本标记语言（hypertext mark language，HTML）文件内容，并让用户与这些文件进行交互。它可以显示万维网或局域网内的文字、图像及其他信息。这些文字或图像，可以包含超链接，用户通过单击这些链接可迅速浏览各种信息。大部分网页为 HTML 格式。

浏览器的种类非常多，主流的浏览器就有几十种。常见的浏览器有 Microsoft Edge、360 浏览器、QQ 浏览器、百度浏览器、猎豹浏览器、Google 浏览器、火狐浏览器、搜狗浏览器等。

1）使用 Microsoft Edge 访问网址。在浏览器的地址栏中输入需要访问的网址，如现在需要访问腾讯网，则在地址栏中输入腾讯网的网址后按 Enter 键或是单击地址栏后面的"搜索"按钮就可以进入腾讯网的页面，如图 1.3.7 所示。

图 1.3.7　使用 Microsoft Edge 浏览器访问腾讯网

2）收藏夹。收藏夹便于用户在上网的时候将自己喜欢、常访问的网站收藏起来，以便想访问的时候可以快速地打开。

3）搜索引擎。搜索引擎是指根据一定的策略，运用特定的计算机程序从互联网上搜集信息，在对信息进行组织和处理后，为用户提供检索服务，将检索到的相关信息展示给用户的系统。

搜索引擎包括全文索引、目录索引、元搜索引擎、垂直搜索引擎、集合式搜索引擎、门户搜索引擎等类型。

（2）电子邮件

电子邮件（electronic mail，E-mail）又称电子邮箱、电子邮政。它是一种用电子手段提供信息交换的通信方式，是互联网应用最广的服务。电子邮件地址的格式由 3 部分组成：第一部分"用户名"表示用户信箱的账号，对于同一个邮件接收服务器来说，这个账号必须是唯一的；第二部分"@"是分隔符；第三部分是用户信箱的邮件接收服务器域名，用以标示其所在的位置。

电子邮件的格式：用户名+@+域名。

1）申请电子邮件。在使用电子邮件之前，需要先申请一个电子邮箱账号。提供电子邮件服务的网站有很多，有付费的，也有免费的。常见的免费电子邮箱有 QQ 邮箱、126 邮箱、163 邮箱等。

打开一个电子邮件服务网站（如 http://www.126.com），单击页面中的"去注册"按钮进行账号注册。在注册页面按照要求填写相应的信息，并提交账号申请。

2）电子邮件的使用。根据自己申请的邮箱服务商，打开其网站邮箱登录页面（如www.126.com），在页面中输入申请成功的账号及密码，然后单击"登录"按钮，进入电子邮箱主界面。

收信：用于查看电子邮箱中接收到的电子邮件，查看电子邮件的内容，以及回复接收到的电子邮件。

写信：用于新建电子邮件，编辑新的电子邮件并发送给对方。

收件箱：存放接收到的电子邮件，可以随时查看已接收的电子邮件。

草稿箱：存放未编辑完成的电子邮件。

已发送：存放已经发送出去的电子邮件。

项目 2

文 档 处 理

项目导读

在日常工作中，办公软件已经成为人们必不可少的办公助手，尤其是文档处理软件。WPS 文字集编辑与打印为一体，具有丰富的全屏幕编辑和强大的图文混排功能，提供了各种控制输出格式和打印功能，能够满足各类文件编辑和打印的需求。本项目主要介绍 WPS 软件在文档编排中的实际应用。

学习目标

知识目标

- 掌握文档编辑、字符格式设置、段落格式设置的方法。
- 掌握"插入"选项卡的使用方法和页面布局的设置方法。
- 掌握表格的创建与编辑方法、文本与表格的转换方法、表格数据的运算等。
- 掌握图片、脚注、尾注、批注、题注的插入方法。
- 掌握长文档编辑、文档目录创建的方法等。
- 掌握快捷键的使用方法。

能力目标

- 能够按要求制作学习计划书并转换为 PDF 格式。
- 能结合实际应用，设计制作图文并茂的招新海报等文档。
- 能灵活使用表格编辑功能，熟练制作各种表格类文档。
- 能熟练完成对长文档的目录提取、页码设置、图表编号等操作。

素养目标

- 树立计划意识和时间管理意识，培养良好的学习习惯。
- 培养设计意识，传承和发扬中华体育精神。
- 树立正确的求职观，实事求是地展示个人的能力与特长。
- 养成认真细致的工作态度和严谨的工作作风。

任务 *2.1* 制作学习计划书

☞ **任务描述**

微课：制作学习
计划书

学习计划书是一份学习者确定学习方向、制定实施步骤的重要文件。本任务要求制作一份针对大学生涯的电子版学习计划书，利用 WPS 的文字功能完成文档的编辑，完成效果如图 2.1.1 所示，整体清晰、美观。

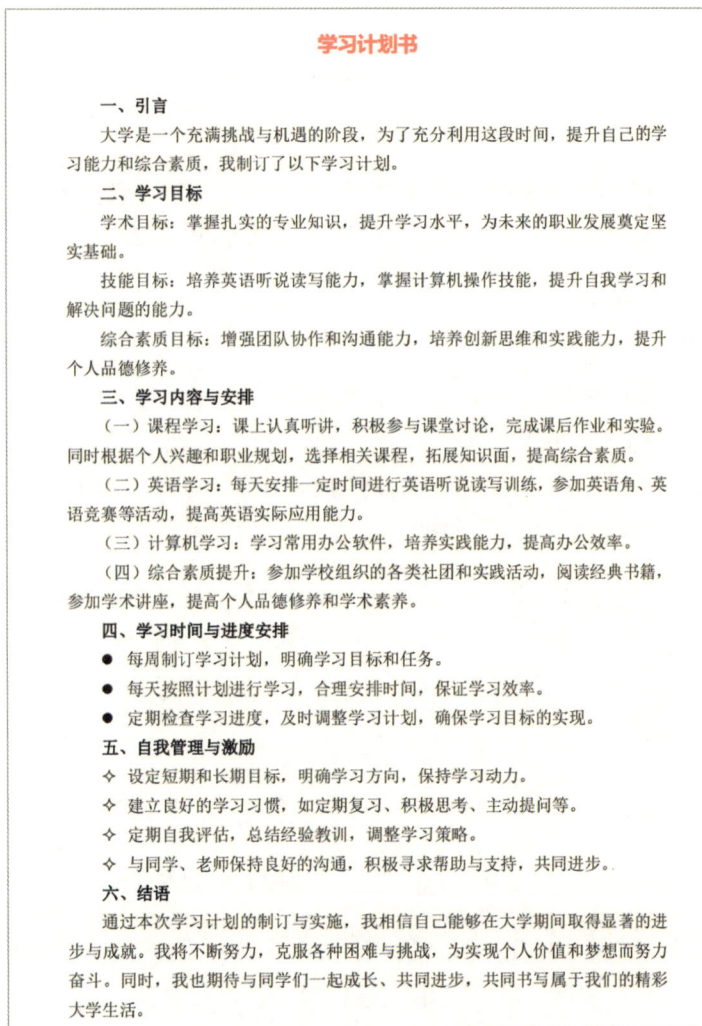

学习计划书

一、引言

大学是一个充满挑战与机遇的阶段，为了充分利用这段时间，提升自己的学习能力和综合素质，我制订了以下学习计划。

二、学习目标

学术目标：掌握扎实的专业知识，提升学习水平，为未来的职业发展奠定坚实基础。

技能目标：培养英语听说读写能力，掌握计算机操作技能，提升自我学习和解决问题的能力。

综合素质目标：增强团队协作和沟通能力，培养创新思维和实践能力，提升个人品德修养。

三、学习内容与安排

（一）课程学习：课上认真听讲，积极参与课堂讨论，完成课后作业和实验。同时根据个人兴趣和职业规划，选择相关课程，拓展知识面，提高综合素质。

（二）英语学习：每天安排一定时间进行英语听说读写训练，参加英语角、英语竞赛等活动，提高英语实际应用能力。

（三）计算机学习：学习常用办公软件，培养实践能力，提高办公效率。

（四）综合素质提升：参加学校组织的各类社团和实践活动，阅读经典书籍，参加学术讲座，提高个人品德修养和学术素养。

四、学习时间与进度安排

● 每周制订学习计划，明确学习目标和任务。

● 每天按照计划进行学习，合理安排时间，保证学习效率。

● 定期检查学习进度，及时调整学习计划，确保学习目标的实现。

五、自我管理与激励

◇ 设定短期和长期目标，明确学习方向，保持学习动力。

◇ 建立良好的学习习惯，如定期复习、积极思考、主动询问等。

◇ 定期自我评估，总结经验教训，调整学习策略。

◇ 与同学、老师保持良好的沟通，积极寻求帮助与支持，共同进步。

六、结语

通过本次学习计划的制订与实施，我相信自己能够在大学期间取得显著的进步与成就。我将不断努力，克服各种困难与挑战，为实现个人价值和梦想而努力奋斗。同时，我也期待与同学们一起成长、共同进步，共同书写属于我们的精彩大学生活。

图 2.1.1 学习计划书的最后效果

☞ **任务目标**

1）熟悉 WPS 文字的界面组成及各部分功能。

2）掌握 WPS 文字的基本操作方法，如新建和保存文档等。

3）掌握内容的输入编辑与格式化处理方法，如文本输入、字体与段落设置、页面布局设置、项目符号的使用等。

4）掌握 WPS 中快捷键的使用方法。

5）能根据 WPS 文字的基本操作，并按照要求完成学习计划书的制作及 PDF 的转换。

6）树立计划意识和时间管理意识，培养良好的学习习惯。

💻 **任务实施**

1. 新建文档

双击桌面的 WPS Office 快捷方式图标，启动 WPS 应用程序，新建空白文字文档，并将其保存到桌面，文件名为"学习计划书"，如图 2.1.2 所示。

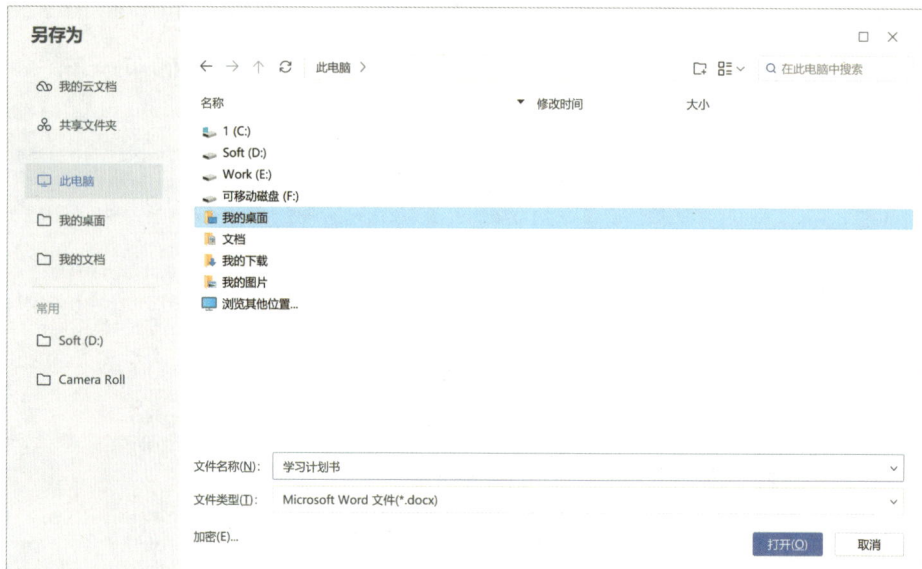

图 2.1.2　保存文件

2. 输入文本

定位光标的位置，将输入法切换至中文输入法，输入文档标题"学习计划书"，再按 Enter 键换行，输入正文文本。输入完成后的效果如图 2.1.3 所示。

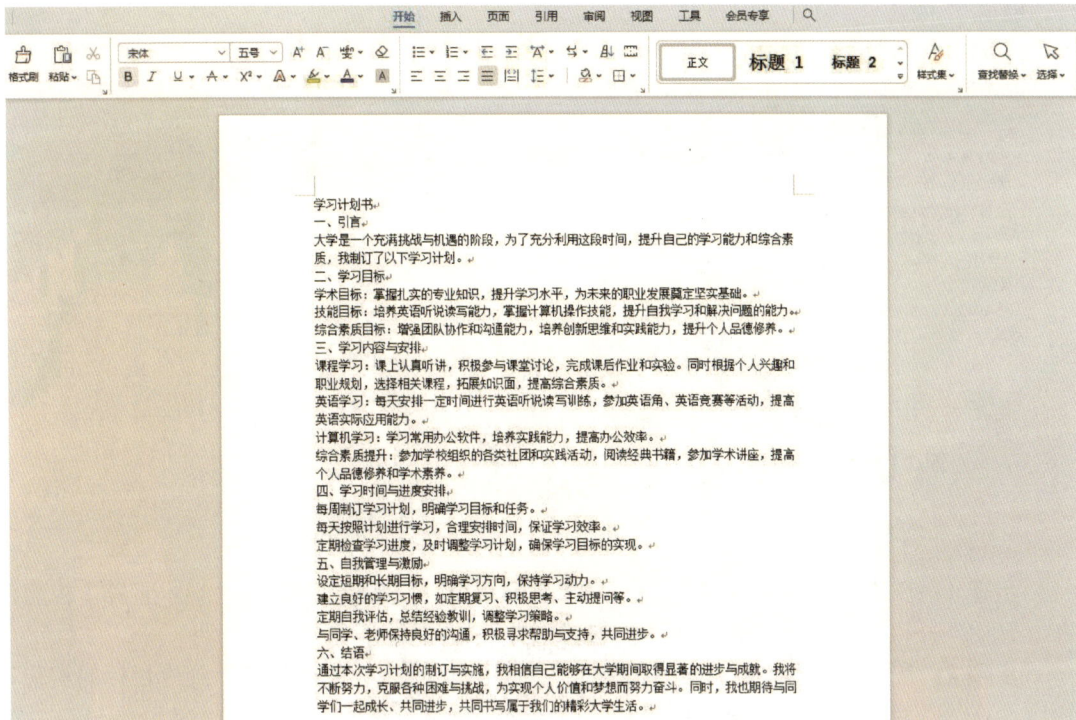

图 2.1.3　文本输入完成后的效果

3. 设置字体

选中标题字体，在"开始"选项卡中设置字体为微软雅黑，字号为四号，加粗，字体颜色为标准红，如图 2.1.4 所示；选中正文字体，将其设置为宋体、小四号，如图 2.1.5 所示；选中"一、引言"，将其设置为加粗，并使用格式刷功能将每个段落的标题加粗。

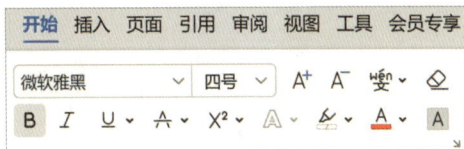

图 2.1.4　设置标题字体

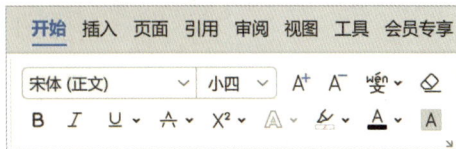

图 2.1.5　设置正文字体

4. 设置段落格式

选中标题，打开"段落"对话框，将标题段落设置为居中对齐、行间距为 1.5 倍行距，段后 1 行，如图 2.1.6 所示，然后单击"确定"按钮完成设置。选中正文，打开"段落"对话框，将正文段落设置为两端对齐、首行缩进 2 字符、行间距为固定值 20 磅，如图 2.1.7 所示，然后单击"确定"按钮完成设置。

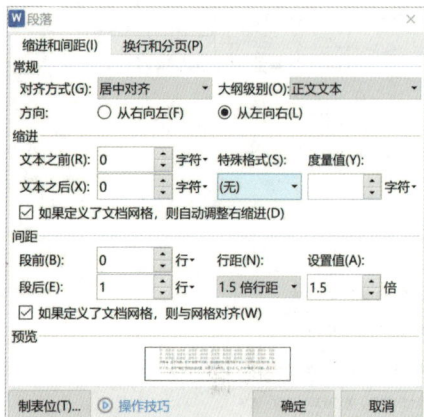

图 2.1.6　标题的段落设置

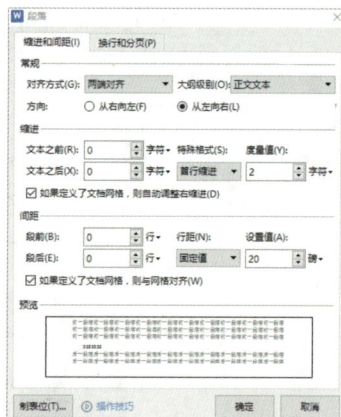

图 2.1.7　正文的段落设置

5. 添加项目符号、编号

步骤 1：在"三、学习内容与安排"标题下，选中"课程学习"到"学术素养"内容，在"开始"→"段落"→"编号"下拉列表中，添加编号"（一）——（四）"。

步骤 2：在"四、学习时间与进度安排"标题下，选中"每周制定"到"目标的实现"内容，在"项目符号"下拉列表中添加项目符号"●"。

步骤 3：在"五、自我管理与激励"标题下，选中"设定"到"共同进步"内容，在"项目符号"下拉列表中添加项目符号"◇"。

6. 将文档输出为 PDF

选择"文件"→"输出为 PDF"选项，打开"输出为 PDF"对话框，如图 2.1.8 所示。设置输出文件名为"学习计划书"，输出范围为"1-1"，设置"输出选项"为"PDF"，并设置保存位置，然后单击"开始输出"按钮，完成将文档输出为 PDF 的操作。

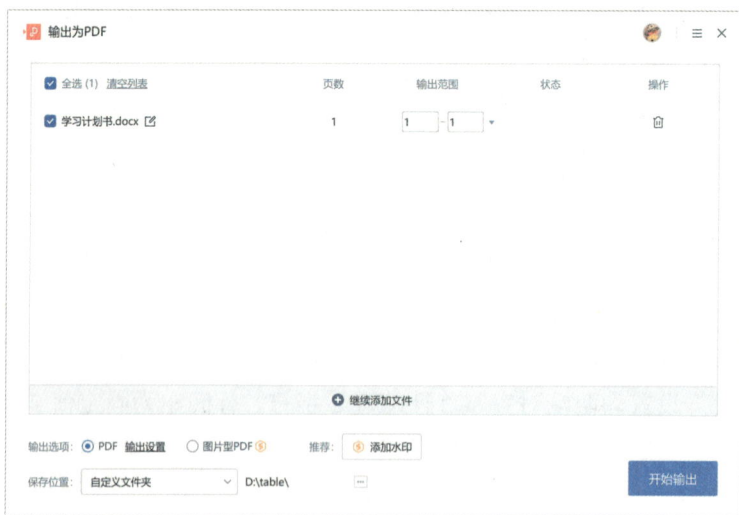

图 2.1.8　将文件输出为 PDF

相关知识

1. WPS 的启动与退出

（1）WPS 的启动

WPS 是一个程序集合，若要启动 WPS 文字则必须启动 WPS 程序，一般有以下两种启动方法。

1）双击桌面上的 WPS Office 快捷方式图标 。

2）选择"开始"→"WPS Office"选项，启动程序。

（2）WPS 的退出

结束文档编辑并保存后，可以选择下列操作方法退出 WPS 文字。

1）单击窗口右侧的"关闭"按钮。

2）单击标题栏中的关闭图标。

3）选择"文件"→"退出"选项。

4）按 Alt+F4 组合键关闭所有文档，按 Ctrl+F4 组合键关闭当前文档。

2. WPS 的界面结构

WPS 文字的工作界面主要由标题栏、快速访问工具栏、选项卡标签栏与功能区、状态栏等组成。

（1）标题栏

标题栏位于窗口最上方，用于完整显示文档名称。在 WPS 文字中可以同时打开多个文档进行编辑，WPS 文字会以文档标签的形式将文档依次排列。用户正在编辑的文档，WPS 文字会以高亮的方式进行提示，若用户需要转向其他文档进行操作，则只要单击相应的文档标签即可。

（2）快速访问工具栏

快速访问工具栏中包含一组常用的快捷按钮。在默认情况下，从左到右依次为"保存""将文件输出为 PDF 格式文档""打印""打印预览""撤销""恢复"按钮，单击这些按钮可以执行相应的操作。单击"自定义快速访问工具栏"下拉按钮，在弹出的下拉列表中选择需要的选项，可以自定义快速访问工具栏中的按钮。

（3）选项卡标签栏与功能区

选项卡标签栏位于标题栏的下方，是 WPS 文字对各种文档命令重新组合后的一种新的呈现方式。默认情况下包含"开始""插入""页面""引用""审阅""视图""工具"等选项卡，选择某个选项卡可展开相对应的功能区。例如，"开始"选项卡由"剪贴板""字体""段落""格式和样式"等选项组组成。这些选项组将相关功能选项集中显示。

此外，当在文档中选中图片、艺术字或表格等对象时，功能区会显示与所选对象设置相关的选项卡。例如，在文档中选中图片后，会显示"图片工具"选项卡，选项卡下方是相对应的功能区。

有些功能区的右下角有一个小图标"↘"，可将其称为功能扩展按钮，也称对话框启动器按钮。当鼠标指针移动到该按钮上时，可预览对应的对话框或任务窗格；单击该按钮，可打开对应的对话框或任务窗格，会为该选项组提供更多的功能选项。

（4）状态栏

状态栏位于文档的最下方，显示了当前编辑文档的一些基本信息，如鼠标指针所在的行列位置、字数和计量单位等；右侧还设置了视图切换按钮和文档显示比例。

（5）快捷视图访问按钮

快捷视图访问按钮可用于更改正在编辑文档的视图模式，以符合操作者的要求。WPS 文字中提供了 7 种不同的版式视图，即护眼模式、页面视图、大纲视图、阅读版式、Web 版式、写作模式和全屏显示。

1）护眼模式，界面与页面视图一致，只是文档编辑区会使用一种柔和的色调，让使用者的眼睛更舒服。

2）页面视图，采用了所见即所得的方式来展示文档，主要包括页眉、页脚、图形对象、分栏设置、页面边距等元素，是最接近打印结果的视图模式。

3）大纲视图，主要用于 WPS 文字文档的设置和显示标题的层级结构，并可以方便地折叠和展开各种层级的文档。大纲视图广泛用于 WPS 文字长文档的快速浏览和设置。

4）阅读版式，以图书的分栏样式显示 WPS 文字文档，"文件"选项卡、功能区等窗口元素被隐藏起来。在阅读版式视图中，功能区会出现阅读相关工具供用户选择使用。

5）Web 版式，以网页的形式显示 WPS 文字文档，适用于发送电子邮件和创建网页。

6）写作模式，能显示目录，清晰展示文章结构。

7）全屏显示，可以隐藏界面上文档内容外的所有部分，方便用户集中精力关注文档内容。单击"退出"按钮可以恢复到原先的视图。

在不同视图之间切换，除可以通过视图快捷按钮实现外，还可以通过"视图"选项卡来实现，视图的切换不会改变文档的格式，只是改变文档的显示方式。

3. 新建文档

新建空白文档的方法有以下 3 种。

1）启动 WPS 文字程序，按 Ctrl+N 组合键，立即创建一个新的空白文档并打开。

2）在桌面空白处右击，在弹出的快捷菜单中选择"新建"选项，在其级联菜单中选择"DOCX 文档"或"DOC 文档"选项，即可新建一个 WPS 文字文档。

3）WPS 程序启动后，在 WPS 主页面的左上方单击"新建"按钮，然后单击"文字"按钮，如图 2.1.9 所示，最后单击"新建空白文档"按钮，即可新建空白文档。

图 2.1.9　新建空白文档界面

4. 编辑文档

（1）输入文本

启动 WPS 文字后，自动建立名为"文字文稿 1"的空白文档，工作窗口中间的空白区域是文本编辑区，切换到适当的输入法软件，通过输入法软件在文档中输入英文、汉字或其他字符。编辑区中的"I"状闪烁光标就是文本输入的起始位置。在文本编辑区中输入如图 2.1.10 所示的内容，输入完毕后光标在文件结尾。

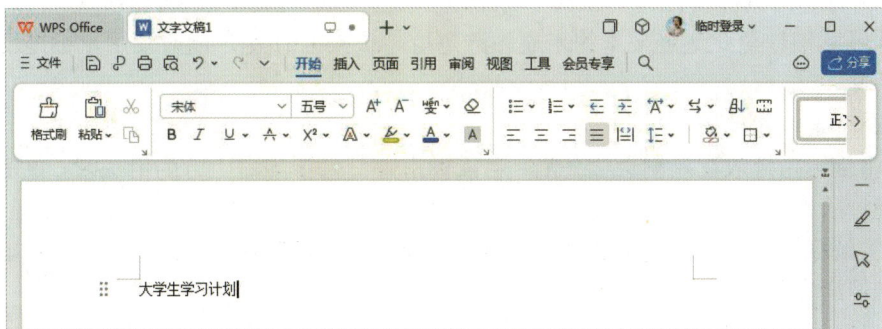

图 2.1.10　输入文字

在编辑区单击，可以实现光标的定位。也可以使用键盘控制光标的位置，在 WPS 中使用键盘控制光标的方式如表 2.1.1 所示。

表 2.1.1　在 WPS 中使用键盘控制光标的方式

键盘按键	作用	键盘按键	作用
↑、↓、←、→	光标上、下、左、右移动	Shift+F5	返回到上次编辑的位置
Home	光标移至行首	End	光标移至行尾
PageUp	向上滚过一页	PageDown	向下滚过一页
Ctrl+↑	光标移至上一段段首	Ctrl+↓	光标移至下一段段首

续表

键盘按键	作用	键盘按键	作用
Ctrl+→	光标向右移动一个汉字（词语）或英文单词	Ctrl+←	光标向左移动一个汉字（词语）或英文单词
Ctrl+Home	光标移至文档起始处	Ctrl+End	光标移至文档结尾处
Ctrl+PageUp	光标移至上页顶端	Ctrl+PageDown	光标移至下页顶端

（2）选定文本

选定文本即选中部分或全部的文本，以便进行格式设置或文字处理等。选定文本的方法主要有以下几种。

1）鼠标指针拖动。将鼠标指针移动至要选定的文本首字，然后长按鼠标左键，同时拖动鼠标指针至选定文本的末端，如图 2.1.11 所示。这种方法适合选定连续的文本。

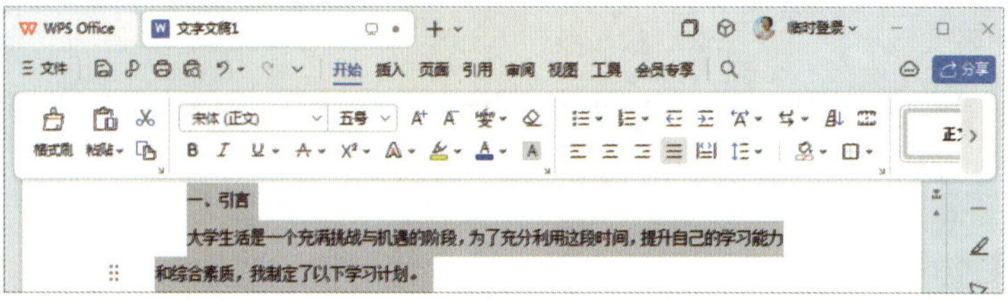

图 2.1.11　使用鼠标指针拖动的方式选定文本

2）使用 Ctrl+A 组合键。打开对应的文档，按 Ctrl+A 组合键，此时将选定整个文档。

3）常用 Ctrl 键与鼠标指针拖动相结合的方式选定文本。这种方法适用于选定不连续的文本。方法：将鼠标指针移动至其中一个或一段要选定的文本首字，然后长按鼠标左键，同时拖动鼠标指针至此选定文本的末端。选定后，长按 Ctrl 键，同时使用鼠标拖动的方式选定其他文本。

4）在特定位置单击。

① 将鼠标指针放在左侧页边外沿，当鼠标指针变为指向右上方的箭头时，单击即可选定鼠标指针所在的一行。

② 将鼠标指针放在左侧页边外沿，当鼠标指针变为指向右上方的箭头时，双击即可选定鼠标指针所在的段。

③ 将鼠标指针放在左侧页边外沿，当鼠标指针变为指向右上方的箭头时，三击即可选定整篇文档。

（3）移动、复制、粘贴文本

移动文本是指将现有的文本移到所需要的位置，原来位置不再保留内容。复制文本是指在不删除原文本的情况下再生成文本，除文本内容本身外，文本的格式也可以复制。

无论是移动文本还是复制文本都可以通过拖动的方式来完成，方法如下。

① 打开 WPS 文字文档窗口，选中需要移动或复制的文本内容。

② 将鼠标指针移动到被选中的文本区域，按住鼠标左键并拖动到目标位置。如果要复制被选中的文本，则需要在拖动的同时按住 Ctrl 键。

③ 将被选中的文本移动或复制到目标位置后释放鼠标左键即可（如果在拖动文本的同时按住 Ctrl 键，则需要同时释放 Ctrl 键）。

移动与复制操作除用拖动方式完成外，还有以下几种方法。

① 使用 Ctrl+X 或 Ctrl+C 组合键进行文本的剪切或复制。

② 单击"开始"选项卡"剪贴板"选项组中的"剪切"或"复制"按钮。

③ 在选定的文本上右击，在弹出的快捷菜单中选择"剪切"或"复制"选项。

无论是移动文本还是复制文本，对计算机来说都是将文本临时存入内存，要想应用这些内容就必须进行"粘贴"操作。在粘贴前，先选好插入点，再按 Ctrl+V 组合键即可。在执行粘贴操作时，还可以选择粘贴的方式，就是以何种形式将已经剪切或复制的内容放入插入点，这个功能被称为选择性粘贴。"粘贴"的选择类型如图 2.1.12 所示。

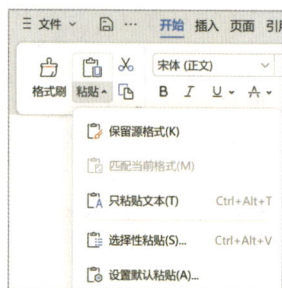

① 保留源格式：保留原始文档格式粘贴到新文档或新位置。

② 匹配当前格式：将要粘贴的内容按照新文档或新位置的字体、段落格式显示。

③ 只粘贴文本：将复制的内容格式全部去除，以默认的格式粘贴到新文档或新位置。

图 2.1.12 "粘贴"的选择类型

④ 选择性粘贴：在粘贴内容时，可以选择不同的粘贴选项，如粘贴为带格式文本、无格式文本、图片等。

⑤ 设置默认粘贴：选择该选项，在打开的"选项"对话框中设置默认粘贴。

（4）删除文本

删除文本是指将选定的文本内容进行删除。删除文本的方法有以下几种。

1）按 Backspace 键可以删除插入点左侧的单个字符，按 Ctrl+Backspace 组合键可以删除插入点左侧的一个单词或词语。

2）按 Delete 键可以删除插入点右侧的单个字符，按 Ctrl+Delete 组合键可以删除插入点右侧的一个单词或词语。

3）如果要删除的文本较多，则可以先选中这些文本，然后按 Backspace 键或 Delete 键将它们一次性删除。

（5）查找和替换文本

使用查找和替换功能，可以很方便地找到文档中的文本、符号或格式，也可以对多个相同的文本、符号或格式进行统一替换。

1）基本查找和替换。

① 按 Ctrl+F 组合键或单击"开始"选项卡中的"查找替换"按钮，打开如图 2.1.13 所示的"查找和替换"对话框。

② 在"查找内容"文本框中输入要查找的文字，单击"在以下范围中查找"下拉按钮，在弹出的下拉列表中选择"主文档"选项，再单击"突出显示查找内容"下拉按钮，在弹出的下拉列表中选择"全部突出显示"选项，则文档中所有满足条件的内容将被突出显示。

③ 选择"替换"选项卡，在"替换为"文本框中输入要替换的文字，单击"全部替换"按钮后会弹出替换提示框，显示找到的内容数量并提示用户确认替换。然后单击"确定"

按钮即可完成查找并替换的全部过程。

2）高级查找和替换。可以通过高级搜索、格式、特殊格式查找文档中的各种标记，也可以通过它们实现对文档的批量更改。具体操作步骤如下。

打开"查找和替换"对话框，在"查找内容"和"替换为"文本框中分别输入要进行查找和替换的文字，并将光标定在"替换为"文本框中，单击"格式"下拉按钮，在弹出的下拉列表中选择"字体"选项，如图 2.1.14 所示，在打开的对话框中按照要求进行设置，然后单击"全部替换"按钮，即可完成全文格式的批量更改。

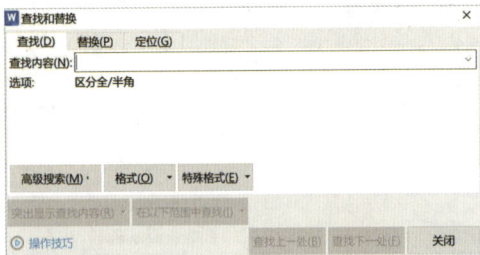

图 2.1.13　"查找和替换"对话框

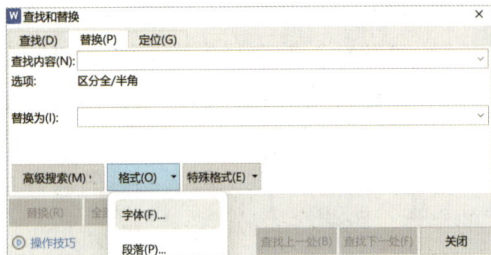

图 2.1.14　高级查找和替换

（6）撤销与恢复

WPS 文字会记录用户对文档的每一步操作，如果所做的操作不合适，而想返回到当前结果前面的状态，则可以通过撤销与恢复功能实现。操作方法如下。

1）单击快速访问工具栏中的"撤销"按钮 ↺ 可撤销所做的操作；单击"恢复"按钮 ↻ 可将撤销的操作再次恢复。

2）使用 Ctrl+Z 组合键进行撤销，使用 Ctrl+Y 组合键进行恢复。

（7）保存文档

1）保存新文档的操作方法如下。

① 单击快速访问工具栏中的"保存"按钮，或选择"文件"→"保存"选项，或按 Ctrl+S 组合键。

② 第一次保存时，会打开如图 2.1.15 所示的"另存为"对话框。

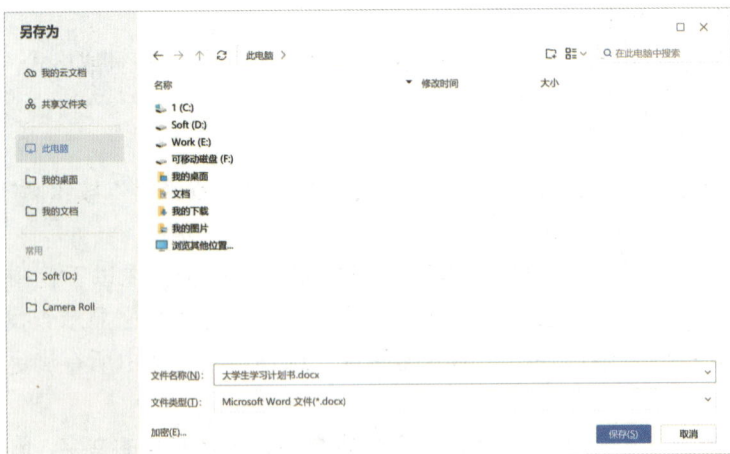

图 2.1.15　"另存为"对话框

③ 选择文档存放的位置。

④ 在"文件名称"文本框中输入要保存的文件名，如"大学生学习计划书"。

⑤ 单击"保存"按钮。

2）如果文档已经进行过保存操作，则再次保存时，系统直接对文档进行保存，不会打开"另存为"对话框。

3）如果要将当前文档保存为其他名称或保存在其他位置，则可以选择"文件"→"另存为"选项（或按 F12 键），在打开的"另存为"对话框中选择不同于当前文档的保存位置，然后单击"保存"按钮即可。

5. 设置字符格式

字符格式是指字符的外观呈现，主要包括字体、字号、字形、颜色、间距等属性。字符是页面各种内容的最小元素，也是决定文档风格的重要元素。WPS 文字提供了专门的"字体"对话框用于设置字符格式，如图 2.1.16 所示，所有关于字符的设置都可以在该对话框中完成。

除使用"字体"对话框进行文本格式设置外，也可以利用"开始"选项卡"字体"选项组中的按钮来完成，如图 2.1.17 所示。

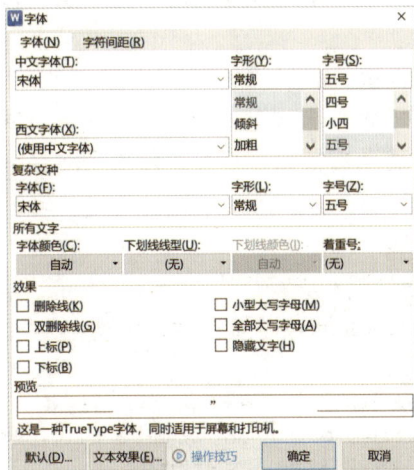

图 2.1.16　"字体"对话框　　　　图 2.1.17　"字体"选项组中的按钮

（1）设置字体和字号

1）选中标题文字。

2）单击"开始"选项卡"字体"选项组中的"字体"下拉按钮，在弹出的下拉列表中选择字体类型，或直接在搜索框中输入需要的字体类型，进行快速选择。

3）单击"开始"选项卡"字体"选项组中的"字号"下拉按钮，在弹出的下拉列表中选择字体字号。

4）如果"字号"下拉列表中没有要设置的字号，可以直接在"字号"文本框中输入所选文字需要的磅值，按 Enter 键后即可改变所选字体的大小；也可以使用"增大字号"按钮 A 和"缩小字体"按钮 A 对选中的文本字号进行动态缩放。

（2）设置字形及文本效果

除字体、字号外，WPS 文字还提供了字形、颜色、下划线及文本效果等多种属性来丰富文本的呈现。设置文本加粗显示的操作步骤如下：选中需要加粗的文字，单击"加粗"按钮**B**，或按 Ctrl+B 组合键，文本就会变为加粗状态。

（3）设置字符缩放、间距

"字体"对话框中的"字符间距"选项卡如图 2.1.18 所示。在该对话框中可以对字符的缩放、间距、位置等进行设置。

1）缩放。缩放是指在不改变字体高度的前提下改变字符横向的大小，采用相对于标准字号的百分数来确定缩放程度。

2）间距。文本的间距是指相邻字符间的距离。WPS 文字中提供了"标准""加宽""紧缩"3 种类型，也可以直接输入数值，以调整文字间的距离。间距调整只改变字符间的相对距离，字符本身不做调整。若间距过小，则字符之间会出现重叠状态。

3）位置。位置是指文本在空间上下方向的位置。WPS 文字中提供了"标准""上升""下降"3 种类型，也可以使用输入数值的方式来调整文字的位置。

6. 设置段落格式

段落格式的设置主要包括段落的对齐方式、缩进、行距、段前段后间距、项目符号、项目编号的设置等。

（1）对齐方式、缩进、行距、段前段后间距的设置

选择需要设置的段落，使用"开始"选项卡"段落"选项组中的按钮来快速设置段落格式；也可以单击"段落"选项组右下角的对话框启动器按钮，打开"段落"对话框，如图 2.1.19 所示。

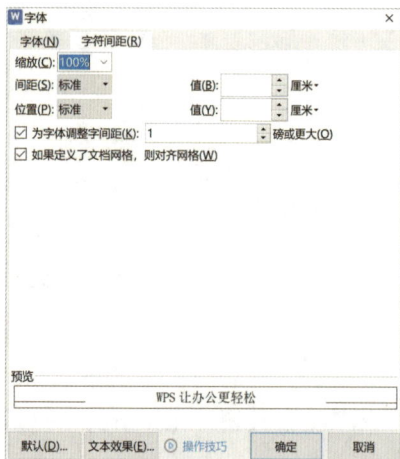

图 2.1.18　"字符间距"选项卡　　　　图 2.1.19　"段落"对话框

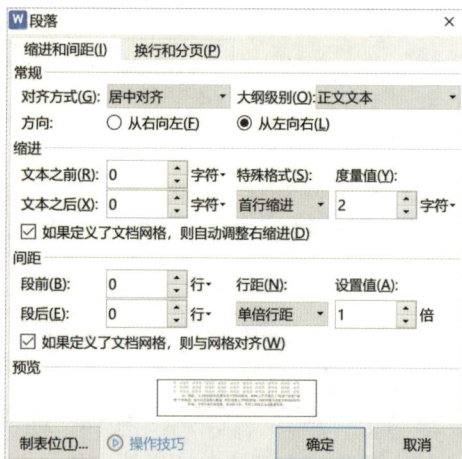

"段落"对话框中包含"缩进和间距""换行和分页"两个选项卡。

1）"缩进和间距"选项卡。

常规：设置段落对齐方式、文字方向。

段落的对齐方式设置也可以使用组合键来完成，方法如下。

① 按 Ctrl+L 组合键，设置段落左对齐。

② 按 Ctrl+R 组合键，设置段落右对齐。

③ 按 Ctrl+E 组合键，设置段落居中对齐。

④ 按 Ctrl+J 组合键，设置段落两端对齐。

⑤ 按 Ctrl+Shift+J 组合键，设置段落分散对齐。

缩进：设置所选文本之前和之后的缩进位置，还可以设置特殊格式，如首行缩进或悬挂缩进及其缩进的度量值，度量值单位可以是厘米、字符等。

间距：设置段落之前或段落之后的间距，参数可以选择"行""磅""英寸""厘米""毫米""自动"等；"行距"是指各行文本之间的距离，有"单倍行距""多倍行距""最小值""固定值"等选项。

2）"换行和分页"选项卡。

换行：设置在中文或英文状态下，应如何换行。

分页：进行分页设置，表明段落跨越两页时应如何设置。

字符间距：用于设置是否需要压缩行首标点、调整中英文间距及中文与数字间距。

预览：可以看到设置的段落格式的实时效果。设置完成后，单击"确定"按钮，所有设置对选中的段落生效。

（2）项目符号、项目编号的设置

为了提高文档的可读性，经常在文档的各段落之前添加一些符号或有顺序的编号。WPS文字提供了自动添加项目符号、项目编号和多级编号的功能。

设置项目符号和项目编号时，一个段落开始的编号或项目符号不应在输入文本时作为文本的内容输入，这样添加的编号不易修改。应当在文本输入完成后，使用自动设置项目符号和项目编号的功能自动设置编号。

常用方法：利用"开始"选项卡"段落"选项组中的"项目符号"按钮和"编号"按钮设置项目符号和项目编号。"项目符号"下拉列表如图 2.1.20 所示，"编号"下拉列表如图 2.1.21 所示。

图 2.1.20　"项目符号"下拉列表　　　　图 2.1.21　"编号"下拉列表

7. 输出为其他格式文件

（1）输出为 PDF

选择"文件"→"输出为 PDF"选项，或单击快速访问工具栏中的"输出为 PDF"按钮，打开"输出为 PDF"对话框。设置输出文件、输出范围（当前页或页数区间）、输出选项、保存位置等，然后单击"开始输出"按钮，将 WPS 文档输出为 PDF 格式的文件。

（2）输出为图片

选择"文件"→"输出为图片"选项，打开"输出为图片"对话框。设置输出方式、水印设置、输出范围、输出格式、输出尺寸、输出目录等，然后单击"输出"按钮，将WPS文档输出为图片。

（3）另存为其他格式的文件

选择"文件"→"另存为"选项，打开"另存为"对话框，在"文件类型"下拉列表中选择其他的文件类型，可以把WPS文档保存为其他格式的文件。

8. 打印设置

选择"文件"→"打印"选项，或单击快速访问工具栏中的"打印"按钮，或按Ctrl+P组合键，打开"打印"界面。

（1）设置打印机、打印份数

"打印"界面中显示了和计算机连接好的打印机名称和型号。当一台计算机连接了不同的打印机时，单击"打印机"右侧的下拉按钮，在弹出的下拉列表中选择相应打印机即可。目前常用打印机大多是通过USB接口或网络和计算机相连的。

打印份数：设置文件的打印份数。如果需要打印3份文档，则在"份数"文本框输入数字3即可。

打印机设置：单击打印机图标，打开打印机属性对话框。打印机的品牌不同、类型不同，其设置也会不一样。在打印机设置对话框中，可以设置纸张打印方向、打印类型、添加水印等。

（2）选择打印方式

WPS提供了单面打印、双面打印、反片打印和打印到文件等打印方式。

单面打印：仅在纸张的一面上进行打印。

双面打印：在纸张的两面上进行打印。

反片打印：也称"镜像打印"，是一种独特打印输出方式，仅适用于文字处理文档。打印稿以"镜像"显示电子文档，可满足一些用户的特殊排版印刷需求，在印刷行业中广泛使用，但这种打印功能通常需要专业的PS（PostScript）打印机才可以实现。

打印到文件：它能将WPS文档输出为一个二进制PRN文件，然后就可以拿到其他机器上使用DOS命令进行打印。

（3）设置页码范围和打印范围

设置页码范围，默认为"全部"打印。此外，还有"当前页""页码范围""所选内容"等选项。可以选中"页码范围"单选按钮，并在其后的文本框中输入需要打印的页码。当前页是指光标所在页，也可以直接指定页码来打印。

打印范围默认为"打印页码范围内的所有页面"，单击右侧的下拉按钮，在弹出的下拉列表中有"仅奇数页""仅偶数页"选项。打印范围需要在完成"页码范围"设置之后再进行设置。

（4）设置页边距、缩放和每页版数

页边距：单击右侧的下拉按钮，在弹出的下拉列表中选择WPS预设好的页边距，也可以自定义页边距打印。

　　缩放：缩放是指按照纸张大小进行缩放，单击右侧的下拉按钮，在弹出的下拉列表中选择按何种类型纸张缩放。如果设置的是 A3 纸，而现在需要用 A4 纸打印，则可以在下拉列表中选择 A4 纸。

　　每页版数：指每张纸上要打印的版面数，如选择"2 版"，那么就是每两页打印在一张纸上；若选择"4 版"，那么就是每 4 页打印在一张纸上。

任务 2.2　制作社团招新海报

微课：制作社团招新海报

☞ 任务描述

　　为发扬竞技体育精神，传承和弘扬乒乓球文化，增强民族自信心和自豪感，制作一张乒乓球社团招新海报，让学生通过海报了解乒乓球社团，并吸引更多学生参与社团、参与乒乓球运动，培养健康的生活方式，追求积极向上的生活态度。社团招新海报的完成效果如图 2.2.1 所示。

图 2.2.1　社团招新海报的完成效果

☞ 任务目标

　　1）掌握页面设置（如纸张宽度、高度、页边距、分栏等）的方法。

　　2）掌握文本框的添加方法及文本框的设置方法。

　　3）掌握插入艺术字的方法。

　　4）掌握插入图片的方法，实现图文混排。

　　5）掌握边框和底纹的设置方法。

　　6）能根据 WPS 的图文混排方法，并按照要求完成社团招新海报的制作。

　　7）培养设计意识，传承和发扬中华体育精神。

任务实施

1. 新建空白文档

双击桌面的 WPS Office 快捷方式图标，启动 WPS 应用程序，新建空白文档。

2. 设置页面

在"页面"选项卡中，设置纸张方向为横向、纸张大小为 A4、上下页边距为 2.5cm、左右页边距为 3cm，如图 2.2.2 所示。

图 2.2.2　设置页面

3. 插入图片背景

在"页面"选项卡中，选择"背景"→"图片背景"→"填充效果"选项，打开"填充效果"对话框。选择"图片"选项卡，单击"选择图片"按钮，打开"选择图片"对话框，找到素材所在路径，选择"背景.jpg"，单击"插入"按钮。"填充效果"对话框中将显示预填充的图片，然后单击"确定"按钮将图插入文档中，效果如图 2.2.3 所示。

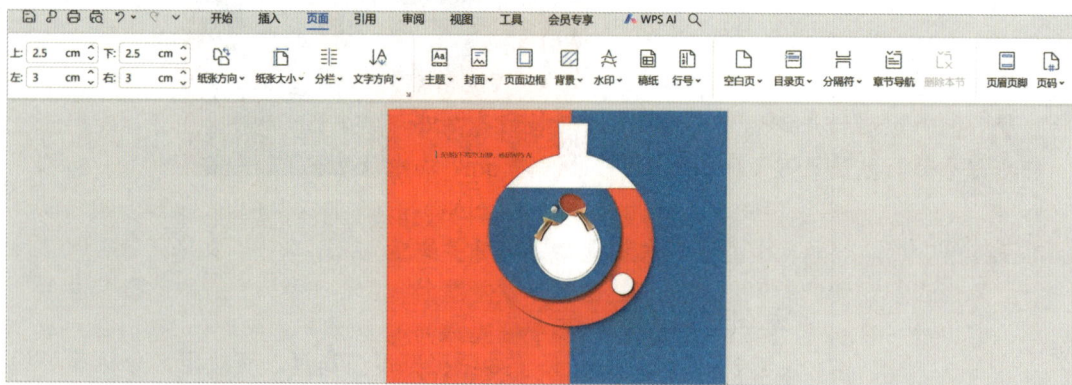

图 2.2.3　插入图片背景效果

4. 插入艺术字

在"插入"→"艺术字"→"艺术字预设"中选择一个样式，在页面出现的文本框中输入"乒乓球社团招新啦！"，设置完成后，选中该艺术字，参照模板，将其调整为合适的字体大小，并拖动其到合适的位置。根据此操作，对"增强活力""缓解压力""坚定毅力""乓然心动""现场报名"文字进行同样的操作。

5. 字体设置

输入文字"5 月 9 日远航楼",换行再输入文字"不见不散",选中文字,设置字体为宋体,字号为小一,加粗。

6. 设置段落格式

选中文字"5 月 9 日远航楼""不见不散",打开"段落"对话框,设置为左对齐,特殊格式为"无",段前段后 0 行,行距为"单倍行距",然后单击"确定"按钮完成设置。

7. 添加边框和底纹

选中文字"5 月 9 日远航楼""不见不散",打开"边框和底纹"对话框,设置边框为"方框",线型为"双波浪线",宽度为 0.75 磅,应用于"文字",如图 2.2.4 所示。设置底纹的填充颜色为"红色",应用于"文字",如图 2.2.5 所示,然后单击"确定"按钮,完成设置。

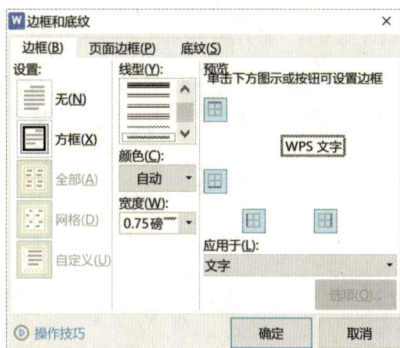

图 2.2.4　设置边框　　　　　　　　　图 2.2.5　设置底纹

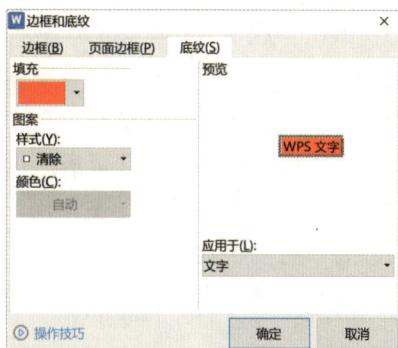

8. 保存文档

单击快速访问工具栏中的"保存"按钮,在打开的对话框中选择文档存放在桌面,在"文件名称"文本框中输入要保存的文件名"乒乓球社团招新海报",然后单击"保存"按钮。

📖 **相关知识** ─────────────────────────────────■

1. 设置页面

"页面"选项卡的功能丰富,包括页边距、纸张方向、纸张大小、分栏、文字方向、页面边框、背景、水印等常用按钮,每个按钮又包括功能丰富的下拉列表,如图 2.2.6 所示。

图 2.2.6　"页面"选项卡

（1）设置页边距

在"页面"选项卡中的"上""下""左""右"4个页边距文本框中输入页边距，按 Enter 键即可，或者单击微调按钮改变页边距；单击"页边距"下拉按钮，在弹出的下拉列表中有 WPS 预设的页边距选项，选择其中一种即可，也可以选择"自定义页边距"选项，打开如图 2.2.7 所示的"页面设置"对话框。

1）"页边距"选项卡。

页边距：在相应的"上""下""左""右"4个页边距对应的文本框中输入数字并选择单位即可。

装订线位置：选择装订线位置在左侧还是右侧，填写装订线的宽度。

方向：选择纸张方向是纵向还是横向。

页码范围：单击"多页"下拉按钮，在弹出的下拉列表中有页码范围和样式可供选择。设置好后，在"预览"选项组中，单击"应用于"下拉按钮，在弹出的下拉列表中选择应用范围。

2）"纸张"选项卡。在该选项卡中，可以选择纸张大小，常用的纸张大小有 A4、A3、B4、16 开等。

3）"版式"选项卡。在该选项卡中，可以设置页眉、页脚的格式，如可以设置首页不同或奇偶页不同，还可以设置页眉、页脚距离边界的距离。

4）"文档网格"选项卡。在该选项卡中，可以设置文字排列方向、文档网格（每一页的行数和每一行的字数）。

5）"分栏"选项卡。在该选项卡中，可以进行分栏排版，默认有一栏、两栏、偏左、偏右等。

（2）设置页面边框、背景与稿纸

1）页面边框。单击"页面边框"按钮，打开"边框和底纹"对话框，在其中设置边框线型、颜色等，如图 2.2.8 所示。

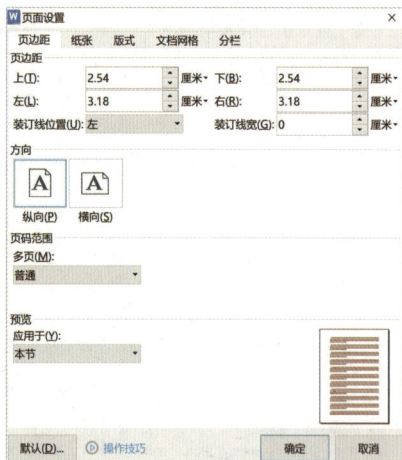

图 2.2.7　"页面设置"对话框

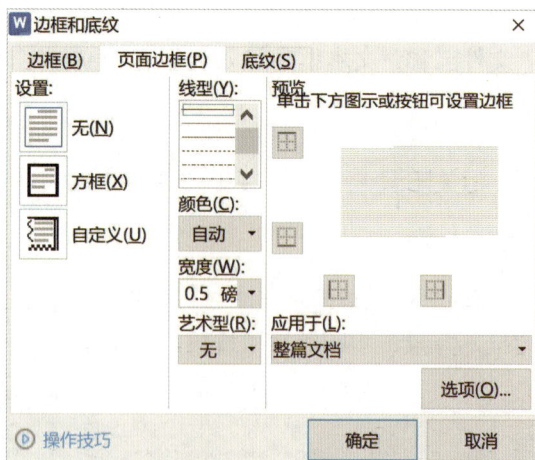

图 2.2.8　"边框和底纹"对话框

2）背景。单击"背景"下拉按钮，在弹出的下拉列表中有主题颜色、标准色、渐变填充、其他填充颜色、图片背景、其他背景等背景设置模式。不同的设置模式提供的颜色不同，根据需要进行选择即可。选择其中的"图片背景"选项，打开"填充效果"对话框，如图 2.2.9 所示。

① 在"渐变"选项卡中可以设置颜色、透明度、底纹样式等。

颜色：有"单色""双色""预设"3 种模式，预设颜色中还有"红日西斜""孔雀开屏""海市蜃楼"等 WPS 预设好的模式。

透明度：设置图案的透明度，此外，还可以对图案底纹样式进行设置。

② 在"纹理"选项卡中可以选择预置的纹理样式，如皮革、粗布、放射图案等。

③ 在"图案"选项卡中可以对图案前景色和背景色进行设置。

④ 在"图片"选项卡中可以选择图片作为文档背景。

3）稿纸。单击"稿纸"按钮，打开"稿纸设置"对话框，如图 2.2.10 所示，选中"使用稿纸方式"复选框，可以设置稿纸规格、网格、颜色等。

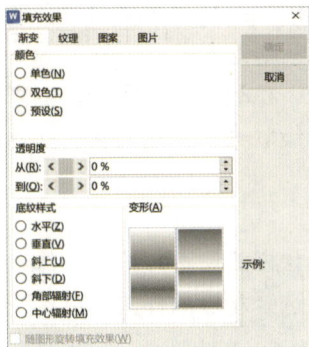

图 2.2.9　"填充效果"对话框　　　　图 2.2.10　"稿纸设置"对话框

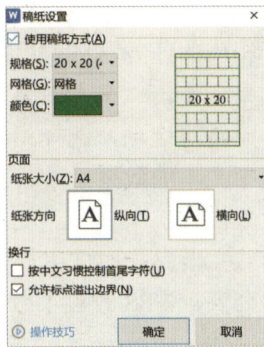

2. 设置文本框

文本框是一个具备独立属性的页面元素，是可移动、可调整大小的文字或图形容器，不仅可以对其中的文字部分进行设置，其还具备很多图片的性质，使文档内容层次分明，生动丰富。

单击"插入"选项卡中的"文本框"下拉按钮，弹出如图 2.2.11 所示的下拉列表，选择"竖向"或"横向"选项，在文档空白处按住鼠标左键并拖动即可插入相应的文本框，如图 2.2.12 所示。

图 2.2.11　"文本框"下拉列表　　　　图 2.2.12　文本框

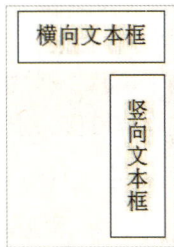

横向文本框：文本框中的文字横向排列，符合一般阅读习惯。

竖排文本框：文本框中的文字从上到下排列，在报纸、杂志等排版中常用到。

单击文本框，功能区会出现"文本工具"选项卡，如图2.2.13所示。

图2.2.13　"文本工具"选项卡

（1）设置文本

设置文本主要是指对文本框中的文字进行设置，包括以下常用设置。

文本填充：单击"文本填充"下拉按钮，在弹出的下拉列表中有主题颜色、标准色、渐变填充、其他字体颜色等选项，选择相应的颜色即可对文本框中的文字颜色进行设置。

文本轮廓：单击"文本轮廓"下拉按钮，在弹出的下拉列表中有主题颜色、标准色、其他轮廓颜色、线型、虚线线型等文本轮廓格式设置选项。选择"更多设置"选项，在文档右侧打开相应的任务窗格，可以对文本轮廓进行更详细的设置。

文本效果：单击"文本效果"下拉按钮，在弹出的下拉列表中有阴影、倒影、发光、转换、三维旋转等选项，选择相应的选项，弹出对应的级联菜单，在其中选择相应的效果即可改变选中文本的效果。

（2）设置样式

设置样式主要是指对文字样式进行设置。单击"形状样式"下拉按钮，弹出常见的文本样式下拉列表，WPS预设了数十种常见的文本样式，选择相应的样式即可改变文本框的样式，包括字体、边框颜色、填充颜色等。

（3）设置文本框的边框颜色、形状等

可以对文本框的边框颜色、形状颜色、形状效果等进行设置。

形状填充：单击"形状填充"下拉按钮，在弹出的下拉列表中有主题颜色、标准色、渐变填充、其他填充颜色等选项。此外，还有图片或纹理选项，除预设图片外，还可以使用本地图片对文本框进行填充。

形状轮廓：单击"形状轮廓"下拉按钮，在弹出的下拉列表中有主题颜色、标准色、渐变填充等常用颜色选项，选择"其他轮廓颜色"选项，在打开的"颜色"对话框中可以对颜色模式进行高级设置。

形状效果：单击"形状效果"下拉按钮，在弹出的下拉列表中有阴影、倒影、发光、柔化边缘、三维旋转、更多设置6个选项，选择相应的选项，在弹出的级联菜单中选择相应的样式即可改变文本框的效果。例如，选择"阴影"选项，在其级联菜单"外部"中选择"向下偏移"样式即可设置文本框"向下偏移"的外部阴影效果。

文本框链接：选中文本框，使用"文本框链接"按钮即可创建或解除文本框链接。

3. 图文混排

单击"插入"选项卡中的"形状"下拉按钮，弹出"形状"下拉列表，其中包括线条、矩形、基本形状、箭头总汇、公式形状、流程图、星与旗帜、标注8组常用图形。单击所选中的形状，在文档空白处按住鼠标左键并拖动至合适大小，然后释放左键即可新建图形。为了对新建形状进行设置，WPS 提供了"绘图工具"选项卡，如图 2.2.14 所示。

图 2.2.14　"绘图工具"选项卡

（1）设置形状轮廓

设置形状轮廓主要是指设置形状的颜色、轮廓颜色、形状效果等。

填充：单击"填充"下拉按钮，在弹出的下拉列表中有主题颜色、标准色、渐变填充、图片或纹理、图案等选项，主要用于设置图形的内部颜色。

轮廓：单击"轮廓"下拉按钮，在弹出的下拉列表中有主题颜色、标准色、渐变填充、线型、虚线线型等选项，主要用于设置图形的轮廓颜色和形状。

效果：单击"效果"下拉按钮，在弹出的下拉列表中有阴影、倒影、发光、柔化边缘、三维旋转、更多设置 6 个选项，选择相应的选项，在弹出的对应级联菜单中选择相应的样式即可。

（2）设置图形排版组合

可对图形、文本框、艺术字等进行组合排版、环绕方式设置等。

对齐：单击"对齐"下拉按钮，在弹出的下拉列表中有左对齐、右对齐、水平居中等对齐选项。

组合：单击"组合"下拉按钮，在弹出的下拉列表中选择"组合"选项，即可把选中的图形组合到一起。

上移一层：选中图形，单击"上移一层"下拉按钮，在弹出的下拉列表中有"上移一层""置于顶层""浮于文字上方"3 个选项，选择相应的选项，即可改变图形的层级。

下移一层：选中图形，单击"下移一层"下拉按钮，在弹出的下拉列表中有"下移一层""置于底层""浮于文字下方"3 个选项，选择相应的选项，即可改变图形的层级。

（3）设置图形大小

在相应的长、宽文本框中设置图形的长和宽。

4. 设置艺术字

单击"插入"选项卡中的"艺术字"下拉按钮，在弹出的下拉列表中选择艺术字样式，如图 2.2.15 所示。

WPS 提供了常用预设样式，此外还提供了极简、颜色、英文等艺术字，有些可以免费使用，有些需要开通 WPS 会员或购买才能使用。选择相应的预设样式，在文档中需要插入艺术字的位置单击，弹出文本框，在文本框中输入艺术字内容即可完成艺术字的创建，如图 2.2.16 所示。

艺术字创建完成后，可以对其进行格式设置，包括设置文本、文本轮廓、形状填充、形状轮廓、形状效果等。此外，选中艺术字，在预设样式中选择其他样式，可以更改艺术字样式。

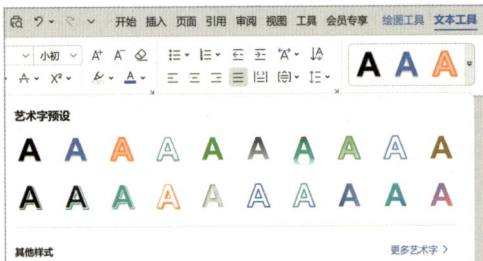

图 2.2.15　"艺术字"下拉列表

图 2.2.16　创建的艺术字

5. 设置边框和底纹

WPS 提供了丰富的边框设置功能，如图形边框、文本框边框、艺术字边框、页面边框等，不同的边框设置的操作过程基本一样，以页面边框为例。单击"页面"选项卡中的"页面边框"按钮，打开"边框和底纹"对话框。

（1）"边框"选项卡

在"边框"选项卡中有设置、线型、颜色、宽度等选项，如图 2.2.17 所示，用于设置边框类型、线型颜色和宽度等。设置完成后，单击"应用于"下拉按钮，在弹出的下拉列表中有"文字""表格""段落"等选项，选择相应的选项即可对所选范围应用设置的边框样式。

（2）"页面边框"选项卡

"页面边框"选项卡与"边框"选项卡不同的是，除颜色、线型、宽度外，还多了一个"艺术型"选项，有预设的艺术型边框样式供选择使用。设置完成后，单击"应用于"下拉按钮，在弹出的下拉列表中可以选择将设置好的页面边框样式应用于整篇文档或应用于其他节。

（3）"底纹"选项卡

在"底纹"选项卡中可以对所选区域的底纹进行设置，包括"填充"和"图案"两个选项，如图 2.2.18 所示。

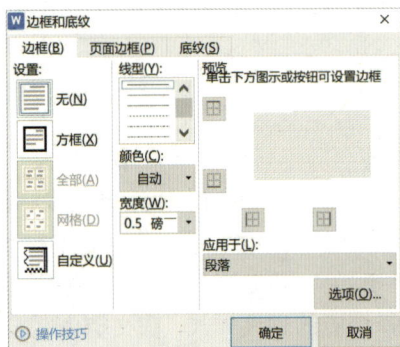

图 2.2.17　"边框"选项卡

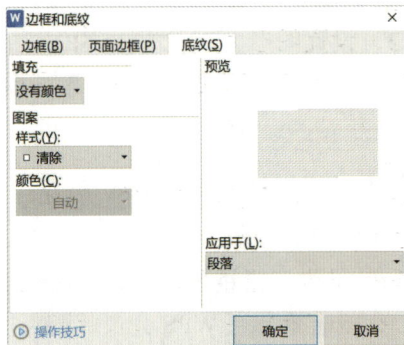

图 2.2.18　"底纹"选项卡

填充：WPS 预设了主题颜色、标准颜色及更多颜色选项，根据设置要求，选择相应的颜色。

图案：用于设置图案颜色和样式。

任务 2.3 制作个人简历

☞ 任务描述

个人简历是求职者给招聘单位发的一份简要介绍，包含求职者的基本信息、教育经历、工作经历、荣誉与成就、自我评价等信息，是一种规范化、具有逻辑性的书面介绍。利用 WPS 文字的表格功能并进行美化是制作个人简历的基本方法。个人简历的完成效果如图 2.3.1 所示。

个人简历

姓名	白一	出生年月	1988.08	
民族	汉族	居住地	四川成都	
学历/学位	本科/管理学学士学位	政治面貌	中共党员	
联系电话	13211112222	邮箱	QWE123@163.com	

教育经历

2012.07—2015.09   ××大学   ××专业   专科

主修课程： 信息技术、JavaScript 前端技术基础、面向对象程序设计(Java)、Bootstrap 项目实战、MySQL 数据库、计算机网络与安全

工作经历

2016.08至今   ××公司   软件研发工程师

1. 参与公司相关产品的前端设计与研发。

2. 参与技术文档的撰写及需求分析、系统分析、功能研发及测试联调等工作。

荣誉与成就

获得荣誉： 在校期间获得多次奖学金、英语四级、英语六级、优秀党员、优秀毕业生、综合素质 A 级证书、计算机二级、普通话二级甲等、驾驶证等，工作期间被评为优秀员工，获得杰出贡献奖。

专业技能： 熟悉 IDEA 开发工具；熟悉掌握 Java 语言以及面向对象设计思想，具有扎实的 Java 编程功底、思维，编码规范；熟悉使用 Spring、Spring MVC、Spring Boot、Spring Cloud、My bat is、MybatisPlus 等框架；熟悉 JSP、VUE、Servlet 等，熟悉使用 Shiro 安全认证框架；熟悉 MySQL 数据库和 SQL 优化，熟悉 Red is 非关系型数据库；了解 Python 语言及其数据可视化技术。

自我评价

本人性格活泼开朗，待人真诚热情，做事沉稳认真，吃苦耐劳，积极乐观，具备较强的学习能力、适应能力、团队合作能力，敢于面对困难与挑战，乐于探索，并能尽快掌握研究工作中新的实验方法，具备较强的创造力，以及独立解决问题的能力。

图 2.3.1 个人简历的完成效果

☞ **任务目标**

1）掌握文本与表格的转换方法，以及设置表格布局的方法等。

2）掌握插入表格的方法及表格格式的设置方法，如行高、列宽等。

3）掌握表格文本格式的设置方法，如字体、字号、行距等。

4）能根据表格的编辑设置，并按照要求完成个人简历的制作。

5）树立正确的求职观，实事求是地展示个人的能力与特长。

💻 **任务实施**

1. 新建文档

在桌面空白处右击，在弹出的快捷菜单中选择"新建"选项，在弹出的级联菜单中选择"DOCX 文档"选项，新建一个 WPS 文字文档，并将文件命名为"个人简历"。

2. 页面设置

打开该文件，在"页面"选项卡中将页面设置为 A4 纸，纵向，上、下页边距为 2.3cm，左、右页边距为 2cm。

3. 创建表格

步骤 1：在文档第一行输入标题"个人简历"，并将字体设置为宋体、小一号、加粗，设置对齐方式为居中对齐，设置段落间距为段后 0.5 行。

步骤 2：按 Enter 键换行，在文档第 2 行，选择"插入"→"表格"→"表格"→"插入表格"选项，在打开的"插入表格"对话框中插入一个 5 列 12 行、固定列宽为 3 厘米的表格，如图 2.3.2 所示。

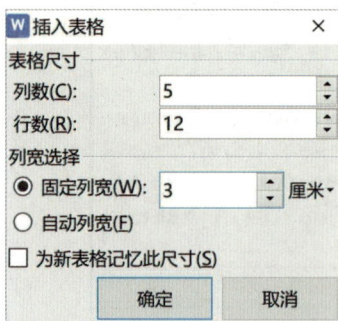

4. 编辑表格

步骤 1：根据图 2.3.1 在表格的对应位置输入文字内容。单击表格左上角选中整个表格，设置表格文本格式为宋体、五号，单倍行距，并设置"教育经历""工作经历""荣誉与成就""自我评价"的字体为加粗，如图 2.3.3 所示。

图 2.3.2　插入表格

个人简历

姓名		出生年月		
民族		居住地		
学历/学位		政治面貌		
联系电话		邮箱		
教育经历				
工作经历				
荣誉与成就				
自我评价				

图 2.3.3 输入文字

步骤 2： 合并单元格。使用鼠标拖动选中第 5 列的第 1~4 行表格，然后单击"表格工具"→"合并单元格"按钮，如图 2.3.4 所示。

步骤 3： 选中第 5 行，右击，在弹出的快捷菜单中选择"合并单元格"选项，如图 2.3.5 所示。使用同样的方法将第 5~12 行的每一行合并为一个单元格。

图 2.3.4 "表格工具"选项卡

图 2.3.5 选择"合并单元格"选项

步骤 4： 美化表格。选中第 1~12 行，右击，在弹出的快捷菜单中选择"表格属性"选项，打开"表格属性"对话框。在"表格"选项卡中，设置对齐方式为"居中"，文字环绕为"无"；在"行"选项卡中，选中"指定高度"复选框，将行高设置为 1 厘米；在"单元格"选项卡中，将垂直对齐方式设置为"居中"，如图 2.3.6 所示。

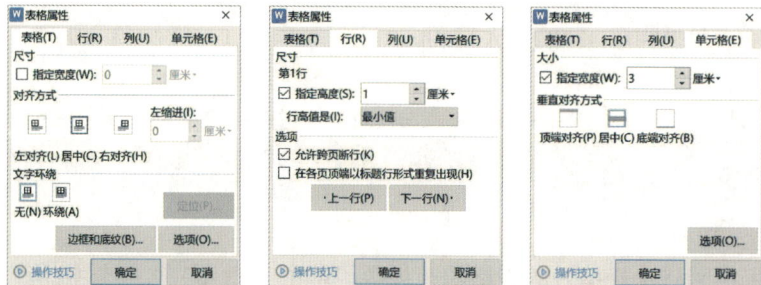

图 2.3.6 设置表格属性

步骤 5：选中第 5～12 行，单击"开始"→"段落"→"左对齐"按钮，将对齐方式设置为左对齐。

步骤 6：设置空白行。将鼠标指针移动至第 6、8、10、12 行，并使用 Enter 键输入空白行，以保证表格的协调美观及内容的完整性，如图 2.3.7 所示。设置完成后，输入个人简历的信息，丰富简历内容。

图 2.3.7　设置空白行

图 2.3.8　设置表格边框

5. 设置表格边框

选中第 1～12 行的第 1～5 列，在"段落"选项卡中单击"边框"下拉按钮，在弹出的下拉列表中选择"边框和底纹"选项，打开"边框和底纹"对话框。在"边框"选项卡中选择左侧的"网格"选项，设置样式为双线条，宽度为 0.75 磅，如图 2.3.8 所示。

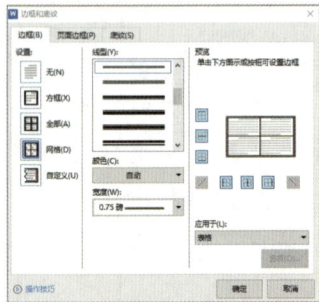

6. 保存文件

单击快速访问工具栏中的"保存"按钮，保存已制作好的个人简历。

📖 **相关知识** ━━━━━━━━━━━━━━━━━━━━━━━━━━━━━━━ ◼

1. 表格的建立与编辑

（1）创建表格

1）使用表格网格选择插入的表格的行列数。单击"插入"选项卡中的"表格"下拉按钮，在弹出的下拉列表中移动鼠标指针选择表格的行列数，单击后即可在鼠标指针悬停处插入所选的表格，如图 2.3.9 所示。

图 2.3.9　"表格"下拉列表

2）使用"插入表格"对话框插入表格。单击"插入"选项卡中的"表格"下拉按钮，在弹出的下拉列表中选择"插入表格"选项，打开"插入表格"对话框。

表格尺寸：输入要插入的表格的列数和行数。

列宽选择：为单元格设置列宽，可以选中"固定列宽"单选按钮并设定列宽，也可以选中"自动列宽"单选按钮。

设置好列数和行数后，单击"确定"按钮创建指定行、列的表格。

3）绘制表格。单击"插入"选项卡中的"表格"下拉按钮，在弹出的下拉列表中选择"绘制表格"选项，鼠标指针变成画笔状态，此时，在需要绘制表格的文档空白处按住鼠标左键并拖动，完成表格绘制后释放鼠标左键即可。

（2）编辑表格

选中需要编辑的表格后，功能区出现"表格工具"和"表格样式"两个选项卡。

使用"表格工具"选项卡中的按钮可以设置表格属性、绘制表格、插入行/列、显示虚框、拆分/合并单元格，以及对表格中的内容设置字体样式、单元格内容对齐方式、文字方向，计算、排序等，如图 2.3.10 所示。

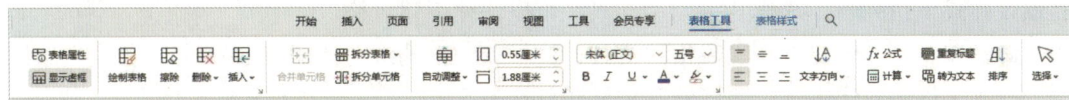

图 2.3.10　"表格工具"选项卡

（3）设置表格属性

单击"表格工具"选项卡中的"表格属性"按钮，或者将鼠标指针放在表格处右击，在弹出的快捷菜单中选择"表格属性"选项，打开"表格属性"对话框，如图 2.3.11所示。

"表格属性"对话框中包括 4 个选项卡。

1）"表格"选项卡：设置表格的尺寸、对齐方式、文字环绕等。单击"边框和底纹"按钮，在打开的"边框和底纹"对话框中可以设置表格或页面的边框、底纹样式；单击"选项"按钮，在打开的"表格选项"对话框中可以设置单元格的边距等。

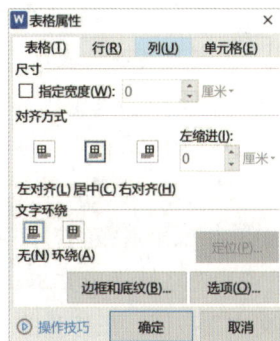

图 2.3.11　"表格属性"对话框

2）"行"选项卡：可以单独设置每一行的高度，选择时可以跨页断行等。

3）"列"选项卡：可以单独设置每一列的高度。

4）"单元格"选项卡：可以单独设置单元格的宽度，以及单元格内容的垂直对齐方式。

（4）编辑表格的一般步骤

1）设置表格框架，包括合并单元格、增加/删除行/列、设置表格大小、设置行高/列宽、设置单元格内部边距等。

2）输入表格内容，包括表头、单元格内容等。

3）设置表格中数据的字体、单元格中数据的对齐方式等。

4）设置表格或单元格的边框、底纹，包括绘制斜线表头、表格标题行等。

5）设置表格样式。前 4 个步骤在"表格工具"选项卡中进行设置，最后一个步骤在"表格样式"选项卡中进行设置。

2. 表格样式及内容转换

（1）表格样式

选择表格，"表格样式"选项卡中的按钮如图 2.3.12 所示。

图 2.3.12　"表格样式"选项卡

表格样式：设置表格样式，显示系统预设的表格主题样式，单击下拉按钮，弹出表格的预设样式下拉列表，选择其中一个样式，可以快速美化表格。

边框和底纹：设置自定义表格的底纹、边框及边框的颜色和粗细。

绘制表格和斜线表头：用于绘制表格和斜线表头。

单击"擦除"按钮，鼠标指针会变成黑板擦形状，可以擦除表格框线；单击"清除表格样式"按钮，可以清除设置的表格样式。

（2）文本与表格的转换

1）文本转换为表格。选中要转换的文本，单击"插入"选项卡中的"表格"下拉按钮，在弹出的下拉列表中选择"文本转换为表格"选项，打开"将文字转换成表格"对话框，如图 2.3.13 所示。

根据表格设置的需要，设置需要转换的表格列数、行数；选中"文字分隔位置"选项组中的相应单选按钮，然后单击"确定"按钮即可将文本转换为表格。

2）表格转换成文本。选择要转换成文本的表格，单击"表格工具"选项卡中的"转换成文本"按钮，在打开的"表格转换成文本"对话框中选择文字分隔符，如图 2.3.14 所示，然后单击"确定"按钮将表格转换成文本。

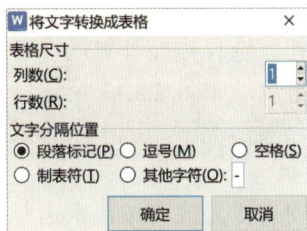

图 2.3.13　"将文字转换成表格"对话框　　　图 2.3.14　"表格转换成文本"对话框

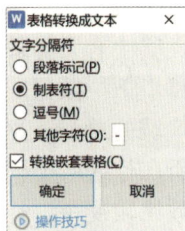

3. 表格内容跨页时表头的设置

如果制作的表格非常大，就会出现跨页的情况，对于多页的带有表头的表格内容，默认只在第一页显示表头，后面的页面只显示表格内容，这样会给读者带来很多不便。此时就需要进行相应的跨页设置，使每一页都显示表格的表头，操作方法如下。

方法 1：选中表格的表头，单击"表格工具"→"表格属性"按钮，打开"表格属性"对话框，如图 2.3.15 所示。在"行"选项卡中，选中"在各页顶端以标题行形式重复出现"复选框，然后单击"确定"按钮，这样就会在后面的每页中都显示表头。

方法 2：选中表格的表头，单击"表格工具"→"重复标题"按钮，如图 2.3.16 所示，当按钮变暗时，表示已经完成设置，当表格跨页显示时，会在每一页显示表头。

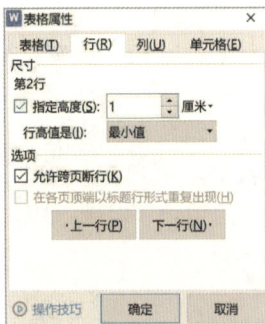

图 2.3.15　设置重复表头　　　　　图 2.3.16　"重复标题"按钮

4. 数据计算

在表格的实际应用中，可以对表格中的数据进行初步计算。

某班开设的"信息技术"课程结课了，现要根据学生的平时成绩和期末成绩来核算本课程的总成绩（其中平时成绩占 50%，期末成绩占 50%）。学生成绩如表 2.3.1 所示。

表 2.3.1　学生成绩

学号	姓名	平时成绩	期末成绩	总成绩
2024041701	王伍	81	90	85.5
2024041702	白壹	92	95	93.5
...	...	...	...	...
2024041708	张章	98	90	94

　　WPS 文字中提供了"计算"和"公式"两种方式来完成表中数据的计算。选择"表格工具"选项卡，其中有"计算"和"公式"两个计算按钮。选择需要计算的一行或一列数据，单击"计算"下拉按钮，在下拉列表中选择相应的函数，如图 2.3.17 所示，可以迅速求出所选数据区域的总和、平均值、最大值和最小值。一般情况下，选中一行或一列，快速计算结果为所在行或所在列的数据计算结果。

　　当数据区域比较复杂，计算不能满足要求时，可以使用"公式"按钮来进行计算。单击"公式"按钮，打开"公式"对话框，如图 2.3.18 所示。

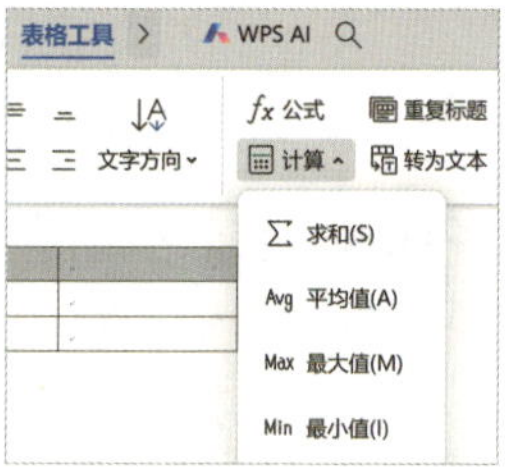

图 2.3.17　"计算"下拉列表 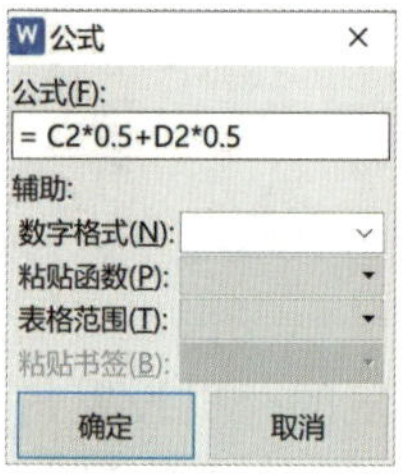　　　　　　　　图 2.3.18　"公式"对话框

　　在"公式"对话框的"公式"文本框中直接输入相应的公式，或从"辅助"选项组中选择"数字格式""粘贴函数""表格范围"，生成相应的函数公式。

　　数字格式：选择计算结果对应的数字格式，如保留小数点后几位、以人民币形式显示、中文数字大写、中文数字小写、人民币大写等。

　　粘贴函数：单击"粘贴函数"下拉按钮，在弹出的下拉列表中选择粘贴函数，则该函数会出现在"公式"对话框的"公式"文本框中。

　　表格范围：指需要处理数据的范围。单击"表格范围"下拉按钮，在弹出的下拉列表中选择方位词，其中"RIGHT"为计算单元格所在行的右侧的数值，"LEFT"为计算单元格所在行的左侧的数值，"ABOVE"为计算单元格所在列的上方的数值，"BELOW"为计算单元格所在列的下方的数值。

5. 插入图片及其设置

（1）插入图片

　　WPS 文字中可以插入的图片类型包括".jpg"".jpeg"".gif"".bmp"".png"等，对于在其他软件中保存的图片，也可以采用变通的办法插入 WPS 文字中。

　　在 WPS 文字中插入一张图片的操作步骤如下。

　　1）在需要插入图片的位置处，选择"插入"→"图片"→"本地图片"选项，如图 2.3.19 所示。

图 2.3.19　"插入"选项卡

2）在打开的"插入图片"窗口中找到存放图片的位置，选择需要插入的图片，保持其选中状态，如图 2.3.20 所示。

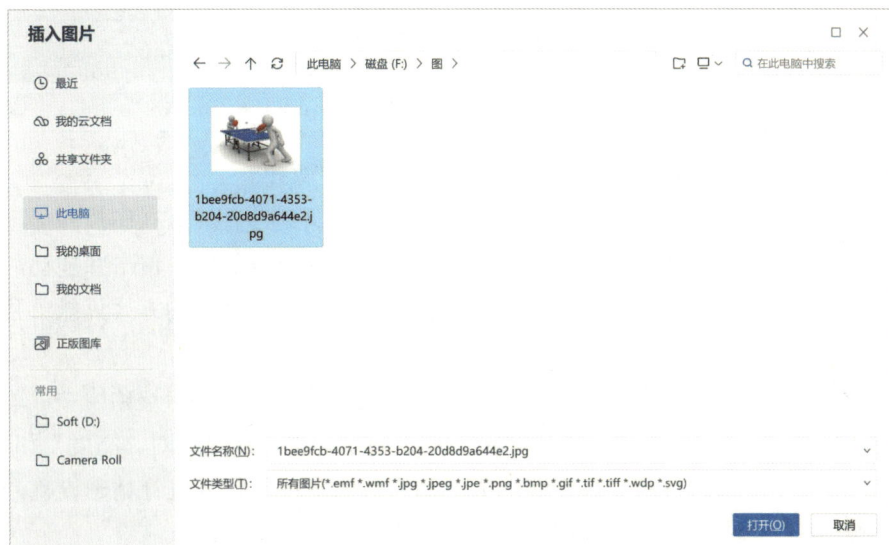

图 2.3.20　"插入图片"窗口

3）单击"打开"按钮，即可将图片插入当前位置。

如果要同时插入两张图片，则可以在选择目标图片的同时按 Ctrl 键，再单击"打开"按钮，即可把两张图片一起插入当前文档中。

（2）设置图片格式

WPS 文字插入图片后，会将图片按照页面可编辑区域大小重新调整尺寸，即大于编辑区域宽度的图片会被等比例调整为合适的宽度；同时图片处于被选中状态，在图片顶点和每边中点处一共会出现 8 个小圆圈，"图片工具"选项卡被激活。在"图片工具"选项卡中可对图片进行一系列的编辑调整，如调整图片大小、图片压缩、图片裁剪、环绕方式、对齐方式等。对图片进行的操作需要在图片被选中的状态下进行。

1）排列图片。WPS 文字中对插入图片设置了环绕方式。环绕方式是指插入的图片和文档中其他内容一同出现时的排布方式。环绕方式不同，图片和文字等其他内容混排时的呈现方式有明显不同，位置移动等操作也不同。

WPS 文字中的插入图片默认为嵌入式，即将图片等同于字符加入文档中，具备段落缩进、行高等属性，可以采用拖动的方式实现对图片位置的移动。环绕方式及含义如表 2.3.2 所示。

表 2.3.2　环绕方式及含义

环绕方式	含义
嵌入型	图片等同于文字，以等价于字符的方式插入段落中
四周型环绕	文字环绕在图形四周
紧密型环绕	文字紧密环绕在图形定位点外，用于形状不规则的图形周围

续表

环绕方式	含义
衬于文字下方	图片位于文字下方，图片被文字遮挡
衬于文字上方	图片位于文字上方，可以对文字进行遮挡
上下型环绕	文字位于图片上下方，左右两侧不排布
穿越型环绕	当图形中间低于两边时，文字能进入图片的边框

2）调整图片尺寸。调整图片尺寸的方法主要有以下两种。

① 手动调整尺寸：对图片大小进行模糊设置。单击并选中图片，在图片四周出现 8 个圆圈后，将鼠标指针移至任一个圆圈上，当鼠标指针变为双箭头时，单击并拖动，即可改变图片的大小。必须注意，除 4 个顶点外的其他 4 个位置通过拖动的方式只能单独调整图片的长或宽，会导致图片失真。

② 精确调整尺寸：选中图片，在"图片工具"选项卡的"大小"选项组中，单击对话框启动器按钮，打开"布局"对话框，如图 2.3.21 所示。也可以直接对"高度"和"宽度"进行设置，通过单击微调按钮或直接输入数字的方式来对图片尺寸进行精确设置，还可以通过调整缩放的百分比数值来调整图片大小。

3）图片的裁剪。如果需要去除图片中多余的部分，就需要对图片进行裁剪。WPS 文字不能实现对图片任意部分的裁剪，只能从外到内对图片的宽和高进行裁剪。对图片进行裁剪的方法如下。

选中需要编辑的图片，激活"图片工具"选项卡。单击"裁剪"按钮，图片四周出现黑线，如图 2.3.22 所示，此时将鼠标指针放置在图片内并通过拖动的方式对图片进行裁剪。裁剪完成后，再次单击"裁剪"按钮，保留需要留存的区域，完成图片的裁剪操作。

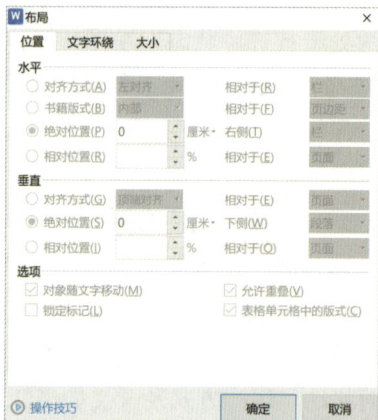

图 2.3.21　"布局"对话框

图 2.3.22　图片的裁剪

4）图片压缩。插入过多的图片会使文档占用的硬盘空间过大，如果对插入文档中的图片进行压缩，则可以有效减小文档的大小。压缩图片时可以选择文档中所有的图片或当前选中的图片。单击"图片工具"→"压缩图片"按钮，在打开的"图片压缩"对话框进行设置即可，如图 2.3.23 所示。

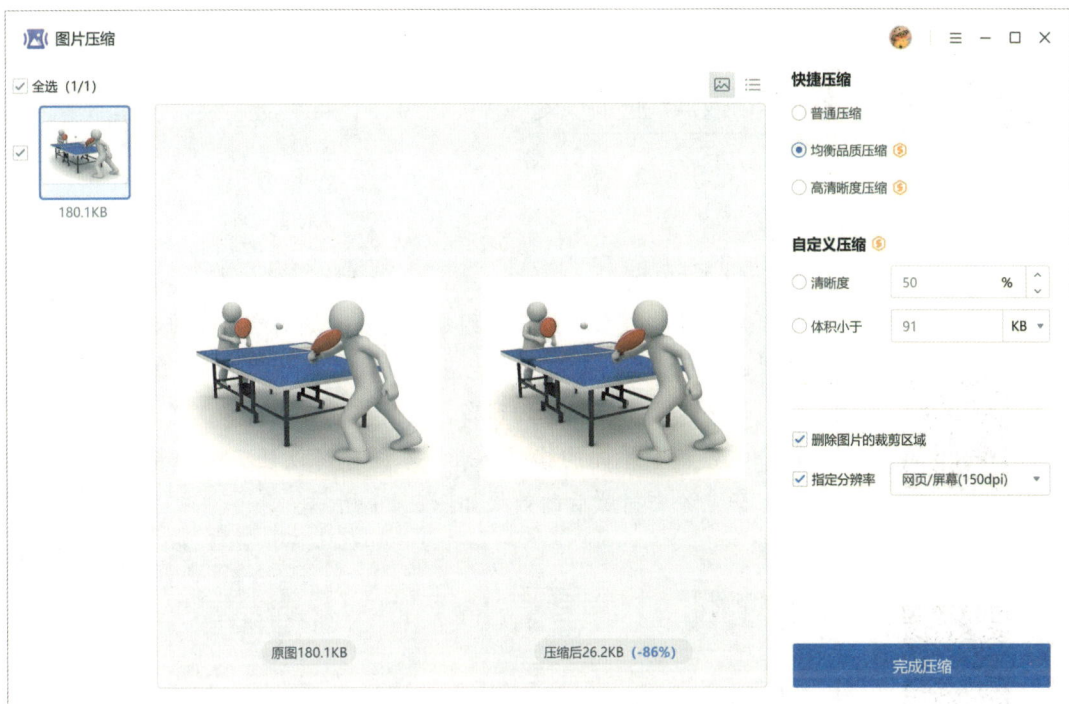

图 2.3.23　"图片压缩"对话框

6. 表格的排序

将插入点定位于表格中，单击"表格工具"→"排序"按钮，在打开的"排序"对话框中可修改关键字、类型、升序、降序等参数。列表项包括"有标题行"和"无标题行"，前者会在关键字处显示列标题，后者则显示"列 1""列 2"等，如图 2.3.24 所示。

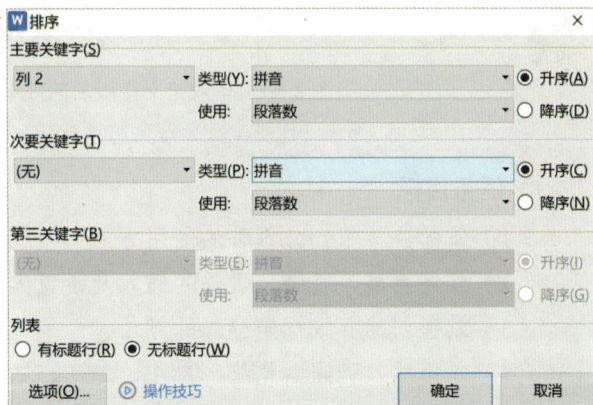

图 2.3.24　"排序"对话框

任务 2.4 排版毕业论文

☞ 任务描述

毕业论文是教学的重要组成部分，既是对学生学习、研究与实践成果的全面总结，也是对学生应用知识能力与整体素质的一次系统检验。毕业论文不仅文本内容多，而且格式要求也多。关于毕业论文，每个学校都有不同的格式要求，本任务将以任务中的要求来进行编排。毕业论文排版后的效果如图 2.4.1 所示。

图 2.4.1　毕业论文排版后的效果

☞ 任务目标

1）掌握分节符和分页符的使用方法。

2）掌握页眉、页脚、页码的插入及设置方法。

3）掌握创建各级标题样式的方法。

4）掌握插入脚注、尾注、批注、题注、数学公式的操作方法。

5）掌握设置封面和创建目录的方法。

6）掌握拆分与合并文档的操作方法。

7）能进行长文档的编辑，并根据要求完成毕业论文的排版。

8）养成认真细致的工作态度和严谨的工作作风。

任务实施

1. 长文档的排版布局及内容划分

（1）了解毕业论文的结构

毕业设计结构包括封面、摘要与关键词、目录、正文、参考文献、致谢。其中封面单独一页，摘要与关键词在一页，目录、正文、参考文献和致谢均需在撰写时单独另起一页。

（2）毕业论文的排版布局

了解了毕业论文的结构后，按照要求将毕业论文的内容进行划分，需另起一页的要另起一页。另起一页会涉及插入空白页。

1）将鼠标指针移动至当前页面的文字末端，选择"插入"→"页面"→"空白页"选项，即可插入下一页。

2）将鼠标指针移动至当前页面第一个文字之前，此时单击插入空白页，将在此页之前插入一页。

2. 设置封面

严格使用学校提供的封面模板，打开"封面"文档和"正文"文档，封面为单独的一页，需要跟正文文档合在一起，操作步骤如下。

步骤 1： 在正文内容前插入新的一页。

步骤 2： 全选封面文档内容，并复制。

步骤 3： 单击正文所在的文档，单击要存放封面的那一页，然后选择鼠标右键快捷菜单中的"带格式粘贴"选项即可（带格式粘贴不会改动原来封面的格式）。

3. 编排长文档摘要

摘要这一页包括中文摘要、英文摘要、中文关键词和英文关键词。其排版要求如表 2.4.1 所示。

表 2.4.1　摘要及关键词的排版要求

内容	说明及要求
中文摘要	"摘要"为三号黑体，加粗，居中，1.5 倍行距，段前段后 0 行；内容为小四号宋体，两端对齐，1.5 倍行距，段前段后 0 行
英文摘要	英文摘要与关键词之间间隔一行，"Abstract"为小二号 Times New Roman，加粗，居中，1.5 倍行距，段前段后 0 行；内容为小四号 Times New Roman，两端对齐，1.5 倍行距，段前段后 0 行
中文关键词	"关键词"顶格，小四号宋体，加粗，1.5 倍行距，段前段后 0 行；内容为小四号宋体，关键词之间用分号分隔，两端对齐，1.5 倍行距，段前段后 0 行
英文关键词	"Key words"顶格，小四号 Times New Roman，加粗，1.5 倍行距，段前段后 0 行；内容为小四号 Times New Roman，关键词之间用分号分隔，两端对齐，1.5 倍行距，段前段后 0 行

（1）设置中文摘要格式

1）设置"摘要"格式。

步骤 1：选中"摘要"，在"开始"选项卡的"字体"选项组中，单击对话框启动器按钮，打开"字体"对话框，将字体设置为三号黑体、加粗，如图 2.4.2 所示。

步骤 2：打开"段落"对话框，将对齐方式设置为居中对齐，将行距设置为 1.5 倍行距，段落间距为段前段后 0 行，如图 2.4.3 所示。

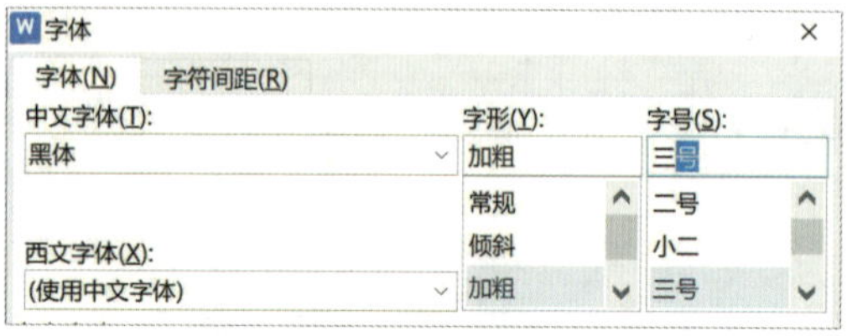

图 2.4.2　设置字体

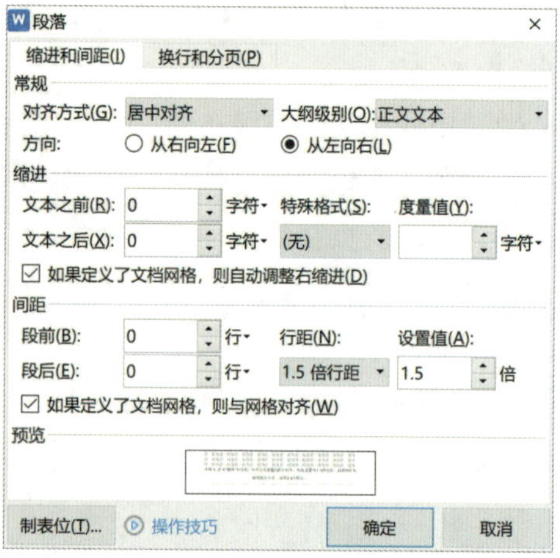

图 2.4.3　设置段落

2）设置摘要内容格式。

步骤 1：选中摘要内容，将其字体设置为小四号宋体。

步骤 2：将段落对齐方式设置为两端对齐，首行特殊缩进 2 字符，将行距设置为 1.5 倍行距，段落间距为段前段后 0 行。

（2）设置中文关键词格式

关键词位于摘要内容下一行，其格式设置方法如下。

步骤 1：设置"关键词"格式。选中"关键词"，将其字体设置为小四号宋体、加粗，顶格，将行距设置为 1.5 倍行距，段落间距为段前段后 0 行。

步骤 2：设置关键词内容格式。选中关键词内容（内容用分号分隔），将其字体设置为小四号宋体，将段落对齐方式设置为两端对齐，将行距设置为 1.5 倍行距，段落间距为段前段后 0 行。

（3）设置英文摘要格式

英文摘要与关键词之间间隔一行，按 Enter 键进行换行，其格式设置方法如下。

步骤 1：设置"Abstract"格式。选中"Abstract"，并将其字体设置为小二号 Times New Roman，加粗，居中对齐，1.5 倍行距，段落间距为段前段后 0 行。

步骤 2：设置英文摘要内容格式。选中英文摘要内容，将其字体设置为小四号 Times New Roman，两端对齐，首行特殊缩进 2 字符，1.5 倍行距，段落间距为段前段后 0 行。

（4）设置英文关键词格式

英文关键词位于英文摘要内容下一行，其格式设置方法如下。

步骤 1:设置"Key words"格式。选中"Key words",将其字体设置为小四号 Times New Roman,加粗,1.5 倍行距,顶格,段落间距为段前段后 0 行。

步骤 2:设置英文摘要内容格式。选中英文摘要内容,将其字体设置为小四号 Times New Roman,两端对齐,1.5 倍行距,段落间距为段前段后 0 行,关键词之间用英文输入法下的分号分隔。

4. 编排长文档正文

在本任务给出的模板中,正文包括 3 个章节的内容和"结论",文尾部分包含"参考文献"和"致谢",具体排版要求如表 2.4.2 所示。

表 2.4.2 正文排版要求

层次(章节)	说明及要求
第 1 章 □□……	三号宋体,加粗,居中;1.5 倍行距,段前段后 0 磅;须有明确的标题
1.1 □□……	小三号宋体,顶格,加粗;1.5 倍行距,段前段后 0 磅;须有明确的标题
1.1.1 □□……	四号宋体,空 2 格左对齐,加粗;1.5 倍行距,段前段后 0 磅
(1) □□…	小四号宋体,空 2 格左对齐,加粗;1.5 倍行距,段前段后 0 磅
① □□…	小四号宋体,空 2 格左对齐,加粗;1.5 倍行距,段前段后 0 磅
正文(含结论)	首行空两格,小四号宋体;正文中的注释内容,五号宋体;两端对齐,1.5 倍行距,段前段后 0 磅 "结论"为三号宋体,加粗,居中,1.5 倍行距,段前段后 0 磅;内容为小四号宋体,两端对齐,1.5 倍行距,段前段后 0 磅
参考文献	三号宋体,加粗,居中,1.5 倍行距,段前段后 0 磅;内容为小四号宋体,两端对齐,1.5 倍行距,段前段后 0 磅,首行缩进 2 字符
致谢	三号宋体,加粗,居中,1.5 倍行距,段前段后 0 磅;内容为小四号宋体,两端对齐,1.5 倍行距,段前段后 0 磅,首行缩进 2 字符

(1)设置一级标题

1)设置一级标题模板。

步骤 1:选中一级标题"第 1 章 前言",在"开始"选项卡中选择"标题 1"样式,右击,在弹出的快捷菜单中选择"修改样式"选项,如图 2.4.4 所示。

图 2.4.4 修改标题样式

步骤 2:在打开的"修改样式"对话框中,单击最下方的"格式"下拉按钮,如图 2.4.5 所示,在弹出的下拉列表中选择"字体"或"段落"选项,在打开的相应对话框中逐一根据要求对字体和段落进行设置:将其字体设置为三号宋体,加粗,将对齐方式设置为居中对齐;将段落行距设置为 1.5 倍行距,将段落间距设置为段前段后 0 磅。

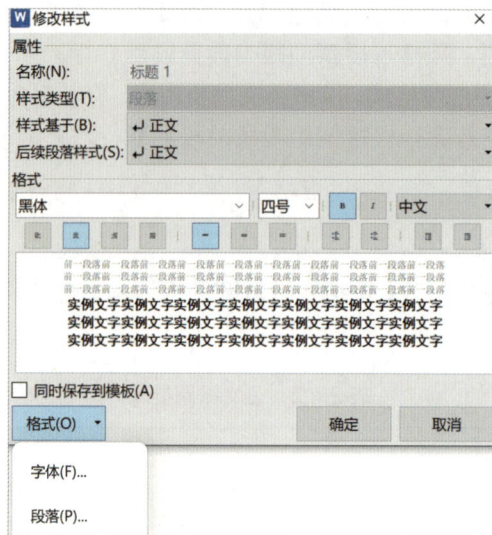

图 2.4.5　"修改样式"对话框

2）设置其他一级标题的格式。

通过步骤 1、步骤 2 设置完成了一级标题的格式模板，此后在设置其他的一级标题时不需要再单独进行格式设置，直接选中下一个一级标题，即选中"第 2 章　LAN 交换技术概述"，然后选择"开始"选项卡中的"标题 1"样式即可，"第 3 章 多层交换技术"格式设置的操作以此类推，这里不再赘述。

（2）设置二级标题

步骤 1：设置二级标题模板。选中二级标题"2.1　LAN 网工作原理"，在"开始"选项卡中选择"标题 2"样式，右击，在弹出的快捷菜单中选择"修改样式"选项。在打开的"修改样式"对话框中使用同样的方法将二级标题的格式设置为小三号宋体，加粗；将段落行距设置为 1.5 倍行距，将段落间距设置为段前段后 0 磅，顶格。

步骤 2：设置其他二级标题的格式。通过步骤 1，设置完成了二级标题的格式模板，此后在设置其他的二级标题时不需要再单独进行格式设置，直接选中下一个二级标题，然后选择"开始"选项卡中的"标题 2"样式即可。

（3）设置三级标题

步骤 1：设置三级标题模板。选中三级标题"2.2.1　第三层交换技术的工作原理"，在"开始"选项卡中选择"标题 3"样式，右击，在弹出的快捷菜单中选择"修改样式"选项。在打开的"修改样式"对话框中使用同样的方式将三级标题的格式设置为四号宋体，加粗；将段落行距设置为 1.5 倍行距，将段落间距设置为段前段后 0 磅，特殊首行缩进 2 字符，左对齐。

步骤 2：设置其他三级标题的格式。通过步骤 1，设置完成了三级标题的格式模板，此后在设置其他的三级标题时不需要再单独进行格式设置，直接选中下一个三级标题，然后选择"开始"选项卡中的"标题 3"样式即可。

（4）设置四级、五级标题

步骤 1：设置四级标题格式模板。选中四级标题"（1）第三层交换的特点"，在"开始"选项卡中单击样式列表框右侧的下拉按钮，在弹出的下拉列表中选择"新建样式"选项，如图 2.4.6 所示。在打开的"新建样式"对话框中，将名称修改为"no spacing"，如图 2.4.7 所示，将四级标题的格式设置为小四号宋体，加粗；将段落行距设置为 1.5 倍行距，将段落间距设置为段前段后 0 磅，特殊首行缩进 2 字符，左对齐。

图 2.4.6　选择"新建样式"选项　　　　图 2.4.7　"新建样式"对话框

步骤 2：设置其他四级、五级标题的格式。因为四级和五级的格式要求一致，所以设置四级、五级标题格式时，可同时使用同一个标题格式模板，具体操作这里不再赘述。

（5）设置正文格式

步骤 1：设置正文格式模板。选中第一段正文内容，如"通信中交换的要领源于电话交换……进行较详细的讨论"，在"开始"选项卡中选择"正文"样式，右击，在弹出的快捷菜单中选择"修改样式"选项。在打开的"修改样式"对话框中，使用同样的方式将正文的格式设置为小四号宋体；将段落行距设置为 1.5 倍行距，将段落间距设置为段前段后 0 磅，特殊首行缩进 2 字符，两端对齐。

注意：此时设置的模板正文中的注释及"结论"两个字不可用，结论的内容可用。

步骤 2：设置其他正文的格式。格式要求一致的正文内容可使用正文格式模板，选中内容，再选择"开始"选项卡中的"正文"样式即可。

步骤 3：设置"结论"的格式。选中"结论"两个字，然后选择"标题 1"样式模板，即可将其字体设置为三号宋体，加粗，居中对齐，1.5 倍行距，段前段后 0 磅。

（6）设置参考文献的格式

步骤 1：选中"参考文献"4 个字，然后选择"标题 1"样式模板，即可将其字体设置为三号宋体，加粗，居中对齐，1.5 倍行距，段前段后 0 磅。

步骤 2：选中参考文献内容，将其字体设置为小四号宋体，两端对齐，1.5 倍行距，段前段后 0 磅。

（7）设置致谢格式

步骤 1： 选中"致谢"两个字，然后选择"标题 1"样式模板，即可将字体设置为三号宋体，加粗，居中对齐，1.5 倍行距，段前段后 0 磅。

步骤 2： 选中致谢内容，将字体设置为小四号宋体，两端对齐，1.5 倍行距，段前段后 0 磅，特殊首行缩进 2 字符。

5. 插入图表题注

步骤 1： 在插入图题注前，仅保留图标题，如图 2.4.8 所示。

步骤 2： 将鼠标指针移动至要插入图题注的图标题前，然后单击"引用"→"题注"按钮，在打开的"题注"对话框中单击"新建标签"按钮。在打开的"新建标签"对话框的"标签"文本框中输入"图 3."，如图 2.4.9 所示，然后单击"确定"按钮，核实图序号是否为图 3.1，确认无误后单击"确定"按钮即可。

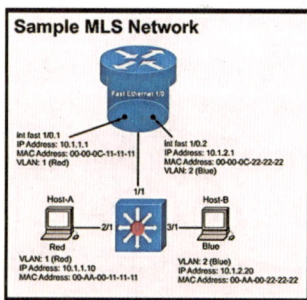

图 2.4.8　图标题

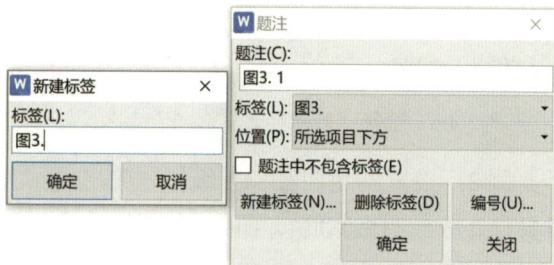

图 2.4.9　设置题注

步骤 3： 选中图标题，在"开始"选项卡中选择"题注"样式，在打开的"修改样式"对话框中按照要求对图表题格式进行设置。要求：居中对齐，并设置中文字体为黑体、五号，数字和字母为 Times New Roman、加粗、五号，如图 2.4.10 所示。由于无法同时设定常规和加粗，所以需要在设置完成后，选中需要加粗的文字单独进行加粗。

图 2.4.10　设置图题注的格式

步骤 4： 在插入表题注时，需要重新新建标签，在"新建标签"对话框中输入"表 3."即可。然后选择"题注"样式即可设置样式，个别需要加粗的还需要单独选中后进行设置。

6. 插入页码及其设置

在插入页眉页码前需要明确每个版块的页码要求：①封面不需要页码，摘要、目录页的页码格式为"Ⅰ、Ⅱ、Ⅲ…"，且摘要为第Ⅰ页；正文、致谢页的页码格式为"1、2、3…"，正文第一页的页码为1。②摘要、目录及正文、致谢页的页码位于中部。③无页眉。

按照上述要求，页码格式的设置步骤如下。

（1）插入分节符

通过页码格式要求，可明确在页码方面，封面为一节，摘要和目录为一节，正文及致谢为一节。为了将不同节设置为不同的页码，需要插入分节符。

步骤 1：将鼠标指针移动至摘要第一个字的前面，选择"插入"→"分页"→"下一页分节符"选项，如图 2.4.11 所示。

步骤 2：将鼠标指针移动至正文第一个字前面，选择"插入"→"分页"→"下一页分节符"选项。

注意：核实是否插入分节符，哪些位置插入分节符，可单击"视图"→"大纲"按钮，如图 2.4.12 所示，切换到大纲模式进行查看。

图 2.4.11　插入分节符

图 2.4.12　"大纲"按钮

（2）插入分页符

正文中的每一章及结论、参考文献和致谢均需在撰写时单独另起一页，将鼠标指针放在需要分页的第二页的第一个字前面，选择"插入"→"分页"→"分页符"选项即可。再将鼠标指针移动至摘要页面的最后一个字后面，选择"插入"→"分页"→"分页符"选项，此时将有新的一页空白页，用于生成目录。

（3）插入页码

步骤 1：将鼠标指针移至摘要页，选择"插入"→"页码"→"页脚中间"选项，如图 2.4.13 所示。

步骤 2：此时会发现封面也插入了页码，将鼠标指针移动至摘要页，在"页面设置"下拉列表中设置样式为"Ⅰ、Ⅱ、Ⅲ…"，页面范围为"本节"，如图 2.4.14 所示。再单击封面页码，选择"删除页码"→"本节"选项，如图 2.4.15 所示，此时封面的页码已被删除。

图 2.4.13　插入页码

图 2.4.14　设置页码样式与页码范围

图 2.4.15　删除封面的页码

步骤 3：选择"插入"→"页码"→"页码"选项，打开"页码"对话框，如图 2.4.16 所示，设置样式为"1,2,3…"，位置为"底端居中"，页码编号为"起始页码 1"，应用范围为"本节"，然后单击"确定"按钮。

7. 提取和生成目录

步骤 1：双击文档中部退出页码和页脚编辑状态，将鼠标指针移动至摘要后的空白页，在"引用"选项卡中，选择"目录"下拉列表中的自动目录，如图 2.4.17 所示，此时会自动生成目录。

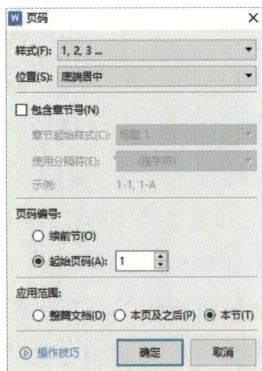

图 2.4.16　"页码"对话框

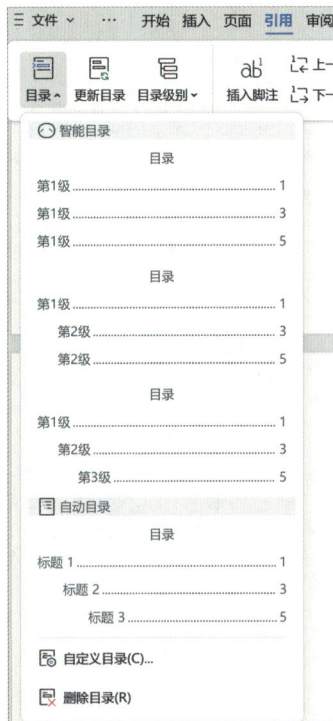

图 2.4.17　自动生成目录

步骤 2：选中"目录"两个字，将字体设置为三号黑体，加粗，居中对齐，段前段后 0 行，1.5 倍行距。

步骤 3：选中目录内容，将字体设置为小四号宋体，两端对齐；1.5 倍行距，段前段后 0 行。

8.　保存文档

选择"文件"→"另保存"选项，打开"另存为"对话框，选择将文档存放在桌面，在"文件名称"文本框中输入要保存的文件名为"毕业论文"，然后单击"保存"按钮。

相关知识

1.　分隔符

分隔符包括分页符、分栏符、换行符和分节符等，单击"插入"选项卡中的"分页"下拉按钮，弹出如图 2.4.18 所示的下拉列表。

（1）分页符

分页符是分页的一种符号，它决定上一页结束及下一页开始的位置。WPS 文字会根据纸张的大小和内容自动分页，但如果需要手动分页，则需要通过插入分页符来实现。在文档中的任何位置插入分页符后，分页符后面的文字自动分布到下一页。

（2）分栏符

在文档中有分栏设置时，插入分栏符，可以使插入点后的文字移动到下一栏。

（3）换行符

插入换行符可以使插入点后的文字移动到下一行，但换行后的文字仍属于上一个段落。

图 2.4.18　"分页"下拉列表

（4）分节符

在同一个文档中，如果需要改变某一个页面或多个页面的版式或格式，则可以使用分节符；也可以通过插入分节符在同一个文档的不同页面创建不同的页眉页脚等。分节符可分为以下几种。

1）下一页分节符：在插入点生成分节符，新的一节从下一页开始。

2）连续分节符：在插入点生成分节符，新的一节从当前页开始。

3）偶数页分节符：在插入点生成分节符，新的一节从下一个偶数页开始。

4）奇数页分节符：在插入点生成分节符，新的一节从下一个奇数页开始。

2.　页眉、页脚和页码

页眉和页脚是指出现在文档顶端和底端的信息，主要包括页码、时间和日期、章节标题、文件名及作者姓名等表示一定含义的内容，也可以是图形图片。文档中可以始终使用

同一个页眉和页脚，也可以在文档不同的部分使用不同的页眉和页脚。页码可以出现在页眉和页脚中，可以放在页的左右页边距的某个位置，也可以插入文档中间。

进入页眉、页脚编辑状态的方法有两种：一种是在页眉、页脚部分（即页面的上方或下方）双击，即可进入页眉或页脚的编辑状态；另一种方法是通过单击"插入"→"页眉页脚"按钮进入页眉、页脚的编辑状态。

进入页眉、页脚的编辑状态后，"页眉页脚"选项卡就会被激活，如图 2.4.19 所示。

图 2.4.19　"页眉页脚"选项卡

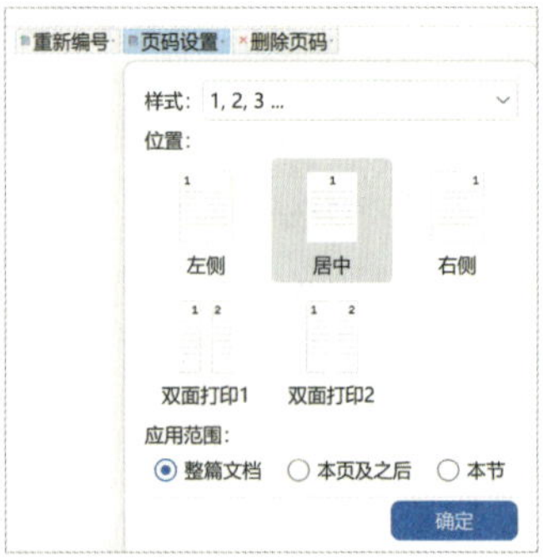

图 2.4.20　"页码设置"下拉列表

在页面中插入页码是编辑文档时经常用到的，插入页码的操作步骤如下。

1）单击"插入"→"页码"下拉按钮，可以在弹出的下拉列表中直接选择页码的样式。

2）若对页码样式不满意，则可以对其进行调整。双击页码，页码周围就会出现调节的方框，此时可以拖动方框到文档的任何位置。如果页码的格式不符合要求，则可以单击"页码设置"下拉按钮，在弹出的下拉列表中进行更改。"页码设置"下拉列表如图 2.4.20 所示。

3. 插入题注、脚注、尾注和批注

（1）插入题注

题注是对象上方或下方显示的一行文字，用于描述该对象，如图片、表格等的名称和编号，可以更好地对图片、表格等进行说明。使用题注功能可保证在长文档中，图片、表格等项目能够按顺序自动编号，方便用户查找和阅读。当带题注的项目发生变化时，WPS文字会自动更新题注编号。

插入题注的方法如下：选择添加题注的对象，单击"引用"→"题注"按钮，打开"题注"对话框，如图 2.4.9 所示，在"标签"下拉列表中选择适当的标签内容，单击"确定"按钮后，即可生成自动编号的题注效果。

（2）插入脚注和尾注

脚注和尾注共同的作用是对文字进行补充说明，在 WPS 文字文档中可以很轻松地插入脚注和尾注，具体操作步骤如下。

1）将光标定位到需要插入脚注或尾注的位置，选择"引用"选项卡，在"脚注和尾注"选项组中根据需要单击"插入脚注"按钮或"插入尾注"按钮，如图 2.4.21 所示。

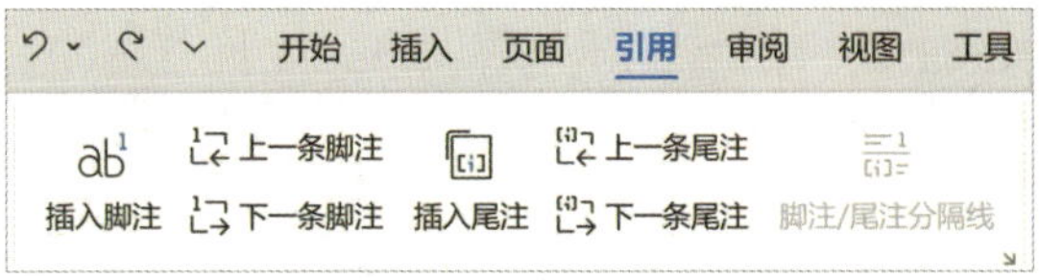

图 2.4.21　"插入脚注"按钮和"插入尾注"按钮

2）若单击"插入脚注"按钮，则在刚刚选定的位置上会出现一个上标的序号"1"，在页面底端也会出现一个序号"1"，且光标在序号"1"后闪烁。在页面底端的序号"1"后输入内容即可完成脚注的插入。

3）若单击"插入尾注"按钮，则在刚刚选定的位置上会出现一个上标的序号"i"，在文档结尾处也会出现一个序号"i"，且光标在序号"i"后闪烁。在文档结尾处的序号"i"后输入内容即可完成尾注的插入。

（3）插入批注

批注用于在阅读时对文中的内容添加评语和注解。插入和删除批注的具体操作如下，操作界面如图 2.4.22 所示。

图 2.4.22　批注界面

1）选择要插入批注的文本，单击"审阅"→"插入批注"按钮，此时被选择的文本处出现一条引至文档右侧的引线。

2）批注中将显示批注人的用户名（登录 WPS Office 所用的用户名）、批注日期和时间，在批注文本框中可输入批注内容。

3）使用相同的方法为文档添加多个批注。单击"审阅"→"上一条"按钮或"下一条"按钮，可查看前后的批注。

4）为文档添加批注后，若要删除，则可单击"审阅"→"删除批注"下拉按钮，在弹出的下拉列表中选择"删除"选项；或者在要删除的批注上右击，在弹出的快捷菜单中选择"删除"选项。

5）若在右键快捷菜单中选择"答复"选项，则可回复插入的批注；如果当前批注问题已经解决，则选择"解决"选项。

4. 插入数学公式

WPS 文字集成了公式编辑工具 MathType，可以直接在文档中插入公式。单击"插入"→"公式"按钮，再单击公式编辑器，打开如图 2.4.23 所示的窗口，在该窗口中可输入复杂的数学公式。MathType 生成的公式具备可编辑性，只要双击已经插入文档的公式，就可以启动 MathType 对公式进行修改。

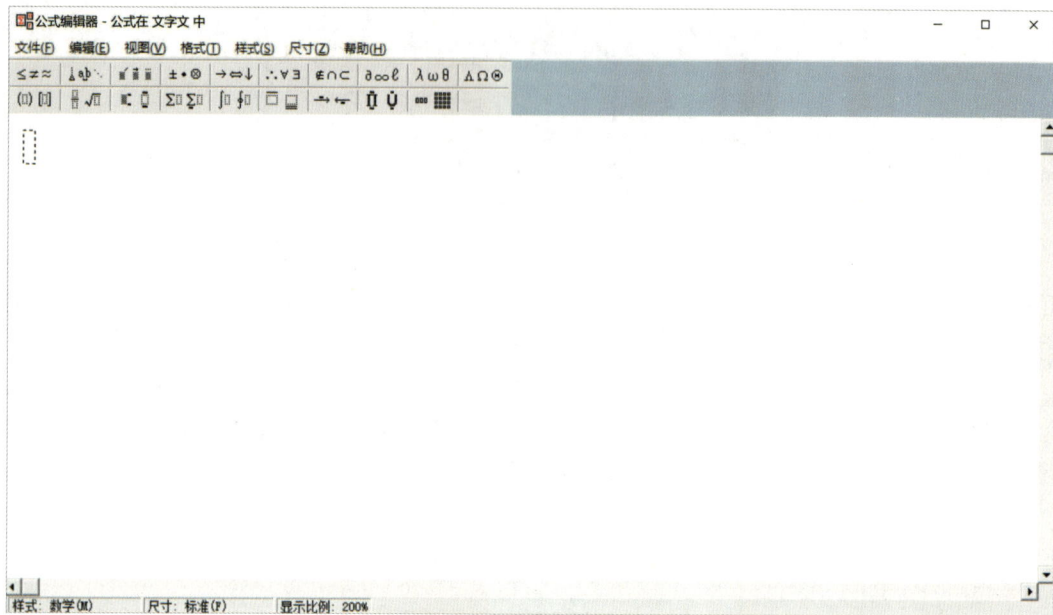

图 2.4.23　公式编辑器窗口

5. 设置封面和创建目录

在毕业论文中，学校一般会有统一的模板，需严格按照学校提供的模板进行设置，若有需要自行设置封面的情况，则其格式的设置需要通过设置文本格式来完成。对于设置了多级标题样式的文档，可通过索引和目录功能提取目录。设置封面和创建目录的具体操作如下。

（1）设置封面

1）在文档开始处单击以定位文本插入点，再单击"插入"→"封面"下拉按钮，在弹出的下拉列表中选择"预设封面页"中的第一种样式，在生成的封面中输入符合要求的内容即可。

2）封面页含有较多的占位符，操作者可保留需要的信息内容，设置完成后删除原来的封面页内容。

（2）创建目录

文档目录是文档中的标题及其所在页码的列表。当文档内容较多、有多个章节时，目录不可缺少，有了目录，人们就能很快查找文档中的内容。

创建文档目录的方法如下。

1）打开文档，将光标置于第一页处，单击"插入"→"空白页"按钮，然后单击"引用"→"目录"下拉按钮，在弹出的下拉列表中根据文章中标题的级别选择相应的目录样式，即可在空白页插入相应的目录。

2）如果标题发生了改动，则单击"引用"→"更新目录"按钮，就可以智能更新目录。

3）如果不想自动生成目录，则可以自定义目录。选中需要生成目录的标题，单击"引用"→"目录级别"按钮，选择需要的级别，再单击"目录"按钮，即可自定义设置目录。

4）如果要更改目录的样式，则选择"引用"→"目录"→"自定义目录"选项，在打开的如图 2.4.24 所示的"目录"对话框中，可设置制表符前导符的样式、显示级别、显示页码、页码右对齐、使用超链接等。

5）如果要删除已生成的目录，则选择"引用"→"目录"→"删除目录"选项即可。

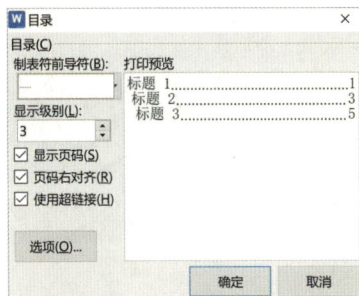

图 2.4.24　"目录"对话框

6. 拆分和合并文档

（1）拆分文档

步骤 1：打开需要拆分的文档，选择需要拆分的部分。

步骤 2：选择"会员专享"→"输出转换"→"文档拆分"选项，打开"拆分合并器"窗口，如图 2.4.25 所示。

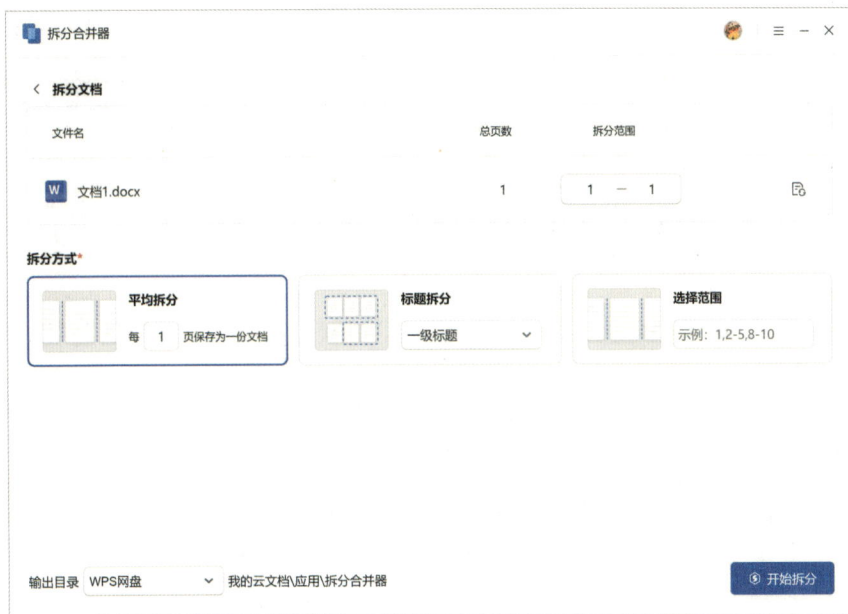

图 2.4.25　"拆分合并器"窗口

在该窗口中，可以选择拆分方式，如平均拆分、标题拆分、指定拆分范围，并设置拆分后的文件保存位置。

步骤 3：单击"开始拆分"按钮，等待拆分完成。

（2）合并文档

步骤 1：打开需要合并的文档 1。

步骤 2：选择"会员专享"→"输出转换"→"文档合并"选项，打开"拆分合并器"窗口。

步骤 3：在该窗口中，单击"添加文件"按钮，浏览并选择需要合并的文档 2，将其导入"拆分合并器"窗口，再选择需要合并的文档 1 和文档 2（合并时需要选择两个以上相同类型的文档），如图 2.4.26 所示，然后单击"下一步"按钮。

图 2.4.26　选择合并的文档

步骤 4：在打开的界面中设置合并范围和输出名称，选择合并后的文件保存位置，如图 2.4.27 所示，然后单击"开始合并"按钮，等待合并完成。

图 2.4.27　合并文件

3 项目

电子表格处理

项目导读

　　WPS 表格是 WPS 办公软件的核心组件之一，用于创建各种类型的电子表格，如销售报表、业绩报表、工资单等。本项目旨在介绍 WPS 表格的基本操作、数据编辑、公式运用、格式设置、数据分析、图表制作、数据安全及打印工作表等。通过学习 WPS 表格的使用，我们可以制作、美化、分析和打印班级基本信息表和班级成绩表。

学习目标

知识目标

● 理解工作簿、工作表、单元格、当前单元格等基本概念。
● 掌握工作簿的创建、保存、关闭、打开等操作方法。
● 掌握工作表的数据输入、编辑与修改等方法。
● 掌握排序、筛选、分类汇总、数据透视等数据管理方法。
● 掌握图表的创建方法、修改方法和图表的应用方法。
● 理解单元格地址的引用，掌握公式或函数的使用方法。
● 掌握对工作表的数据进行分析与处理的方法，包括排序、自动筛选、高级筛选、分类汇总和创建数据透视表等。
● 了解常见图表的功能和使用方法，并会修改和格式化图表。
● 可以根据要求进行页面设置和打印工作表。

能力目标

● 能根据要求创建班级基本信息表，并输入数据。
● 能根据要求调整表格行、列的内容及格式，美化表格。
● 能根据要求创建班级成绩表，运用各类函数和公式计算数据。
● 能根据要求对班级成绩表相关数据进行分析。
● 能根据提供的数据制作成绩统计图表，直观表达数据。

素养目标

● 树立效率意识、质量意识，自觉提高工作效率和工作质量。
● 养成严谨、细致、认真负责的工作态度。
● 强化计算思维，养成使用公式和函数进行数据处理的意识。
● 培养逻辑思维、创新思维和深入思考、刻苦钻研的学习精神。
● 培养数据思维，善于洞察数据背后的规律和趋势。

任务 3.1 制作班级基本信息表

微课：制作班级基本信息表

任务描述

某高校需要管理班级的基本信息，以便有效组织教学活动。本任务要求建立一个班级基本信息表，包括姓名、政治面貌、入学成绩、联系电话等，如图 3.1.1 所示。这样的信息表能够为学校机构提供清晰的人员管理档案，有助于教学和管理工作的顺利进行。

	A	B	C	D	E	F	G	H	I
1	班级基本信息表								
2	学号	姓名	性别	政治面貌	出生年月	原毕业学校	身份证号码	入学成绩	联系电话
3	20240101	李明	男	群众	2004/4/15	翼龙中学	41022420040415763X	490	13812345678
4	20240102	王大海	男	群众	2004/7/8	明光中学	440303200407085000	480	13923456789
5	20240103	张强	男	团员	2004/9/20	景华中学	44098220040920105X	510	13734567890
6	20240104	刘军芳	女	团员	2004/6/12	天峰中学	110105200406128759	498	13645678901
7	20240105	陈伟	男	群众	2004/3/25	飞鹰中学	330104200403255638	507	13556789012
8	20240106	杨春风	女	团员	2004/5/9	绿林中学	320106200405093819	487	13467890123
9	20240107	黄静	女	团员	2004/8/18	雅颂中学	440305200408185578	475	13378901234
10	20240108	周阳光	男	团员	2003/10/3	华岭中学	110108200310038938	521	13289012345
11	20240109	吴娜	女	团员	2003/12/29	峰华中学	440783200312295675	513	13190123456
12	20240110	赵雨婷	女	群众	2003/7/14	青松中学	320583200307142245	502	13001234567
13	20240111	李丽丽	女	群众	2003/9/6	华明中学	330402200309067382	490	15912345678
14	20240112	王小明	男	群众	2003/5/27	星华中学	110101200305274952	513	15823456789
15	20240113	张美丽	女	团员	2003/11/10	蓝天中学	320211200311103678	510	15734567890
16	20240114	刘芳	女	团员	2003/4/23	金阳中学	330204200304233417	480	15645678901
17	20240115	陈华东	男	团员	2002/8/7	翠峰中学	440113200208078535	478	15556789012
18	20240116	杨洋	男	群众	2002/3/19	玉光中学	110102200203193672	473	15467890123
19	20240117	黄秋霞	女	群众	2002/12/1	银海中学	370102200212017498	517	15378901234
20	20240118	周勇	男	团员	2002/6/16	紫云中学	440604200206162593	493	15289012345
21	20240119	吴宇航	男	团员	2001/9/28	鹰翔中学	320206200109284534	509	15190123456
22	20240120	赵宇	男	群众	2001/2/11	天蓝中学	110105200102114679	475	15001234567

图 3.1.1　班级基本信息表

任务目标

1）掌握新建电子表格、保存电子表格的方法。

2）掌握数据输入、表格编辑的方法。

3）了解数据填充、数据验证的相关知识。

4）能根据 WPS 表格的基本操作，创建班级基本信息表，并输入数据。

5）树立效率意识、质量意识，自觉提高工作效率和工作质量。

任务实施

1. 启动 WPS 表格

步骤 1：选择“开始”→“WPS Office”选项，如图 3.1.2 所示。

图 3.1.2　选择"WPS Office"选项

步骤 2： 在打开的界面中单击"新建"按钮，如图 3.1.3 所示。

图 3.1.3　新建表格

2. 重命名工作表

双击"表格"标签，输入新的工作表名称"班级基本信息表"，按 Enter 键确认，如图 3.1.4 所示。

3. 输入班级基本信息

步骤 1：输入表标题。在 A1 单元格中输入表标题“班级基本信息表”。表标题输入完成后，可通过按 Enter 键或单击 A2 单元格，将 A2 单元格设为当前单元格，为后续数据的输入做准备，如图 3.1.5 所示。

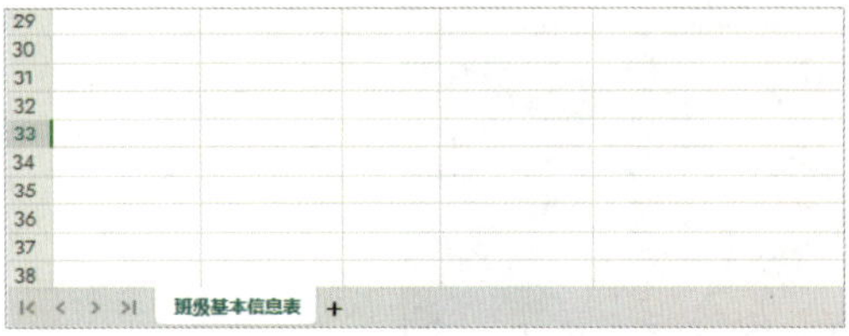

图 3.1.4　重命名工作表

图 3.1.5　输入表标题

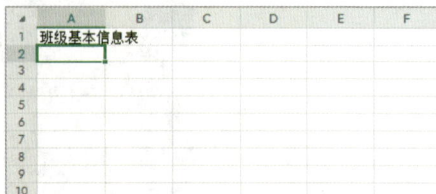

步骤 2：输入列名。选中 A2 单元格，或者双击 A2 单元格，输入“学号”文本，使用同样的方法，在 B2～I2 单元格中依次输入“姓名”“性别”“政治面貌”等列名，如图 3.1.6 所示。

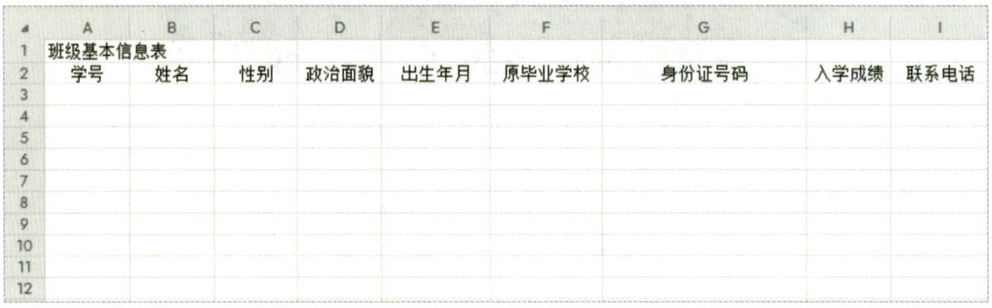

	A	B	C	D	E	F	G	H	I
1	班级基本信息表								
2	学号	姓名	性别	政治面貌	出生年月	原毕业学校	身份证号码	入学成绩	联系电话

图 3.1.6　输入列名

步骤 3：输入“学号”列的数据。在 A3 单元格中输入“20240101”。将鼠标指针移到 A3 单元格的填充柄上（右下角的绿色小方块），这时鼠标指针会变成黑色十字形状，按住鼠标左键并向下拖动，当出现“20240120”后，释放鼠标左键，则该序列被智能填充完毕，如图 3.1.7 所示。如果按住 Ctrl 键的同时拖动鼠标，则填充同一数据。

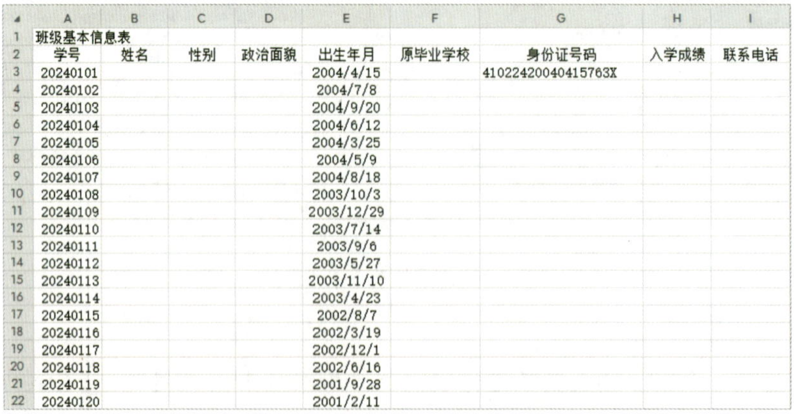

	A	B	C	D	E	F	G	H	I
1	班级基本信息表								
2	学号	姓名	性别	政治面貌	出生年月	原毕业学校	身份证号码	入学成绩	联系电话
3	20240101				2004/4/15		41022420040415763X		
4	20240102				2004/7/8				
5	20240103				2004/9/20				
6	20240104				2004/6/12				
7	20240105				2004/3/25				
8	20240106				2004/5/9				
9	20240107				2004/8/18				
10	20240108				2003/10/3				
11	20240109				2003/12/29				
12	20240110				2003/7/14				
13	20240111				2003/9/6				
14	20240112				2003/5/27				
15	20240113				2003/11/10				
16	20240114				2003/4/23				
17	20240115				2002/8/7				
18	20240116				2002/3/19				
19	20240117				2002/12/1				
20	20240118				2002/6/16				
21	20240119				2001/9/28				
22	20240120				2001/2/11				

图 3.1.7　填充数据

步骤 4：输入"出生年月"列数据。在 E3 单元格中输入"2004/4/15"，在 E 列的其他单元格中输入如图 3.1.1 所示的数据。

步骤 5：输入"身份证号码""联系电话"列的数据。在单元格中输入文本时，文本默认为左对齐，文本可以是任何字符串（包括字符与数字组合）。将"身份证号码""联系电话"等列的数字作为文本输入时，应在其前面加英文单引号"'"，如"'41022420040415763X"。

步骤 6：在 G3 单元格中输入"'41022420040415763X"，结果如图 3.1.7 所示。

步骤 7：在 G 列的其他单元格中，按照上述输入文本的方法，输入如图 3.1.1 所示的数据。

步骤 8：使用与输入"身份证号码"相同的方法，输入 I 列的联系电话。

4. 保存工作簿文件

当完成图 3.1.1 的数据输入后，用"学生基本信息表.et"的文件名来保存此工作簿，操作步骤如下。

步骤 1：单击快速访问工具栏中的"保存"按钮，或选择"文件"→"保存"选项，或选择"文件"→"另存为"选项，或按 Ctrl+S 组合键。

步骤 2：如果是第一次保存，则会打开"另存为"窗口，如图 3.1.8 所示。

图 3.1.8　"另存为"窗口

步骤 3：选择文件存放的位置。

步骤 4：在"文件名称"文本框中输入要保存的文件名，如"学生基本信息表"。

步骤 5：在"文件类型"下拉列表中选择文件的保存类型为"WPS 表格　文件（*.et）"，然后单击"保存"按钮。

5. 打开工作簿

对于保存后的工作簿文件，如果要再次编辑，则需要将工作簿打开，双击已经保存的 WPS 表格文件即可。

6. WPS 表格的退出

完成编辑后，单击标题栏右侧的"关闭"按钮即可。

📖 相关知识 ————————————————————

1. WPS 表格的组成

WPS 表格窗口由标题栏、选项卡、功能区、快速访问工具栏、名称框、编辑栏、数据编辑区和状态栏等组成。

（1）标题栏

标题栏位于工作簿窗口顶部，第一次新建的工作簿的名称默认为"工作簿 1"，后面再新建的文件名默认为"工作簿 2""工作簿 3"等。

（2）选项卡

WPS 表格的选项卡从左到右依次为开始、插入、页面、公式、数据、审阅、视图、工具、会员专享、效率等，如图 3.1.9 所示，这些选项卡包含了 WPS 表格的大部分功能。

图 3.1.9　WPS 表格选项卡

（3）功能区

功能区是 WPS 表格某一选项卡中各项功能的操作平台。选择相应的选项卡，该选项卡中所有的命令按钮就会在功能区中显示出来，每个命令按钮分别代表不同的操作指令。系统默认功能区显示"开始"选项卡中常用的功能按钮。单击选项卡右侧的 ︿ 按钮可以显示/隐藏功能区。

图 3.1.10　"插入函数"对话框

（4）快速访问工具栏

快速访问工具栏默认包含 WPS 表格最常用的按钮，如保存、打印、打印预览、撤销和恢复，用户可以自定义常用的功能按钮。

（5）名称框

名称框中显示所选的单元格地址名称，选择单元格区域时，名称框中显示单元格区域左上角单元格的地址名称，如果单元格区域已经定义了名称，则显示单元格区域的名称。

（6）编辑栏

编辑栏在名称框的右侧，当用户在此输入数据或公式时，名称框和编辑栏中间的工具框会显示 3 个按钮。单击"×"按钮取消输入内容；单击"√"按钮确认输入的内容；单击"f_x"按钮会打开"插入函数"对话框，如图 3.1.10 所示。如果已经输入函数名称，

则打开的是"函数参数"对话框。

（7）数据编辑区

数据编辑区位于窗口的中间部分，是编辑和存放数据的区域，包括左上角的"全选"按钮、水平滚动条、垂直滚动条、工作表标签、行号、列标和单元格等。行号在工作表的左侧，以数字显示；列标在工作表的上方，以大写的英文字母显示，起到坐标定位的作用。当用户选择单元格或单元格区域时，对应的行号、列标背景会加深显示。

（8）状态栏

状态栏位于 WPS 表格窗口的右下方，状态栏左下角是"录制宏"按钮，右侧选项为护眼模式、阅读模式、普通视图、页面布局、分页预览、缩放级别、缩小、放大、显示比例和全屏显示按钮。

2. 工作表、工作簿、单元格、单元格区域

（1）工作表

工作表就是 WPS 表格中的一个表格，由含有数据的行和列组成。在 WPS 表格中单击某个工作表标签，该工作表就会成为当前工作表。每个工作表都有名称，工作表标签可以被重新命名。

（2）工作簿

工作簿是 WPS 表格文件，是电子表格软件中的特有名词，其扩展名为".et"。一个工作簿就像一本书，它可以包含若干页，每一页就是一个工作表。一个工作簿中的工作表个数可以由用户根据需要自行增减。

（3）单元格

工作表中行和列交叉处的小方格称为单元格。单元格是工作表中最基本的元素，也是存储和编辑数据的最小单元，用于输入字符、数字、日期时间等信息。一个工作表最多可以有 1048576 行，行号为 1～1048576；列标用英文大写字母表示，从左到右依次为 A、B、C…Y、Z、AA、AC…IV…XFD。单元格的名称由列标、行号组成，如 A1、B4 等。

（4）单元格区域

单元格区域是指多个单元格的集合。单元格区域分为连续单元格区域和不连续单元格区域。要表示一个连续的单元格区域，可以使用该区域左上角和右下角的单元格表示，中间用":"分割。例如，A1:B3 就是一个连续的单元格区域，该单元格区域包括从左上角的 A1 单元格到右下角的 B3 单元格共 6 个单元格。不连续单元格区域使用","分隔，如 A1,B3 表示 A1 和 B3 共计两个单元格。

注意：表示单元格区域时使用的冒号或逗号都必须是英文符号。

3. 新建工作表的方法

1）打开 WPS Office，在"首页"标签中单击导航窗格中的"✚"按钮，切换到"新建"窗口，单击该窗口左侧的"新建"按钮后，选择"新建空白表格"选项新建一个电子表格文件。

2）在 WPS 表格中使用 Ctrl+N 组合键，或选择"文件"→"新建"选项，在打开的"新建"窗口中，选择"新建空白表格"选项创建新的表格文件。

4. 输入数据的方法

输入数据的方法有以下 3 种。

方法 1：选中单元格后，直接输入数据，如果该单元格中原来有数据，则新输入的数据会覆盖原有数据。

方法 2：选中单元格，其中的数据出现在编辑栏中，此时在编辑栏可以重新输入或修改原来的数据。

方法 3：双击单元格或按 F2 键进入单元格编辑状态，此时可以直接输入数据，也可以修改原来的数据。

5. 数据填充

按数据类型来讲，数据分为文本、数值、逻辑值、错误值 4 类。数值又分为多种数字格式，时间日期也属于数字格式。输入数据前要先选择放置数据的单元格。

（1）选择一个单元格

单击工作表中的任意一个单元格就选择了该单元格，也可以使用方向键→、↑、↓、→选择某个单元格，还可以在名称框中输入单元格地址，如输入"D2"，按 Enter 键即可选定 D2 单元格。

（2）选择连续的单元格区域

方法 1：按住鼠标左键并拖动跨越多个单元格，就会选择这些连续的单元格区域。

方法 2：单击某一单元格，按住 Shift 键的同时，再单击其他单元格，就可以选择这两个单元格之间的连续区域。

方法 3：在名称框中输入单元格区域地址或名称，如 D2:F6，按 Enter 键后该连续的单元格区域就被选择。

（3）选择不连续的单元格区域

单击第 1 个单元格，按住 Ctrl 键的同时选中其他单元格或单元格区域，此时就选择了不连续的单元格区域。

（4）选择整行或整列

单击列标，选择该列；单击行号，选择该行。

在列标上按住鼠标左键向左或向右拖动，可以选择连续多列；在行号上按住鼠标左键向上或向下拖动，可以选择连续多行。

在按住 Ctrl 键的同时在行号或列标上单击，可以选择不连续的行或列。

（5）选择整个工作表

单击工作表左上角的"全选"按钮，或按 Ctrl+A 组合键，即可选择整个工作表。

6. 数据的高效输入

（1）在多个单元格中同时输入相同的数据

先选中要输入数据的多个单元格，输入一个值，按 Ctrl+Enter 组合键后，即可在这些单元格中同时输入相同的数据。

（2）自动填充

自动填充是一种快速输入数据的方法。

操作方法如下：先输入初始数据，将鼠标指针悬停在该单元格右下角时鼠标指针变成黑色实心"＋"形状，横向或纵向拖动鼠标，系统会根据活动单元格的特点自动填充数据。如果填充的数据不是自己想要的结果，则单击填充数据下方的图标按钮，在弹出的下拉列表中选择填充类型，即可修改数据的填充方式。

（3）复制单元格

将原始单元格复制到下面选择的单元格中，填充的数据与原始数据一模一样。

1）以序列方式填充：填充单元格中的内容时会以序列的方式发生变化，在向下或向右填充时数值会递增，向左或向上填充时数值会递减。

2）仅填充格式：只填充格式，不填充数值。

3）不带格式填充：只填充内容，不填充格式。

4）智能填充：智能填充是通过比对字符串之间的关系，给出最符合用户需要的一种填充规则。可参考的对应关系越多，判断越准确。

（4）自定义序列填充

顾名思义，自定义序列填充就是按照用户自己定义的序列顺序自动填充数据。

在日常工作中，如果经常用到相同的人名、班级名称等，使用时反复输入，效率低还易出错。如果使用"自定义序列"将这些数据添加到"序列列表"中，就可以实现一次输入、无限次使用。使用的时候，只要输入该序列中的任意一项，然后使用自动填充功能，就会按照之前定义好的顺序自动填充人名、班级名称等。

添加自定义序列的方法：选择"文件"→"选项"选项，打开"选项"对话框，选择左侧导航栏中的"自定义序列"选项，打开"自定义序列"界面。

在"自定义序列"列表框中选择"新序列"选项，在界面右侧"输入序列"列表框中输入序列中的项目，一行一个，输入完毕后，单击中间的"添加"按钮就可以把刚输入的序列添加到左侧的"自定义序列"列表框中。另外，添加的新序列也可以从已有的表格数据导入，单击"从单元格导入序列"文本框右侧的图标按钮，选择表格中已经输入的数据（要生成新序列的数据）区域后返回该对话框，单击"导入"按钮，将序列导入"输入序列"列表框中，然后单击中间的"添加"按钮，把刚输入的序列添加到"自定义序列"列表框中。最后单击"确定"按钮，自定义序列添加完成。

添加好的自定义序列就可以同系统原有的序列一样，在使用的时候实现自动填充。如果填充个数超过序列中数据的个数，则会循环填充。

7. 数据验证

数据有效性设置是对单元格中输入的数据取值范围等方面进行限制。在单元格上设置了数据有效性后，对于符合条件的数据，系统允许输入；对于不符合条件的数据，系统禁止输入，并弹出警告消息框。依靠设置的数据有效性，在一定程度上可以避免输入错误的数据。

单击"数据"选项卡中的"有效性"下拉按钮，在弹出的下拉列表中选择"有效性"选项，打开"数据有效性"对话框，对话框中有 3 个选项卡。

1）设置：可以设置单元格中输入数据的规则，默认是任何值，可以设置数据的类型、范围、长度、自定义等。

2）输入信息：当选定单元格时显示的提示信息。

3）出错警告：设置提示窗口的提示类型、出错标题和错误信息提示。

任务 3.2 美化班级基本信息表

👉 **任务描述**

由于新生入学不久，班级学生情况时有变化，此外还需要修正、添加数据。根据实际情况，对班级基本信息表中的数据做了编辑和修改，修改后的班级基本信息表如图 3.2.1 所示。

微课：美化班级
基本信息表

图 3.2.1　修改后的班级基本信息表

👉 **任务目标**

1）掌握表格行、列的插入与删除方法。

2）掌握设置表格边框、背景、图案的方法。

3）掌握套用表格格式，以及设置表格样式的方法。

4）掌握页面设置及打印表格的方法。

5）能根据要求调整表格行、列的内容及格式，美化表格。

6）养成严谨、细致、认真负责的工作态度。

任务实施

1. 插入行

例如，发现在姓名为"周阳光"的学生前面少输入了姓名为"杨圆圆"的学生信息。要完成这项操作，就要在姓名为"周阳光"的行（即第 10 行）前插入一行，然后输入相关的数据，操作步骤如下。

步骤 1：移动鼠标指针至行号"10"上，当鼠标指针变成向右的箭头时，单击选定第 10 行，即姓名为"周阳光"的行，如图 3.2.2 所示。

	A	B	C	D	E	F	G	H	I
1					班级基本信息表				
2	学号	姓名	性别	政治面貌	出生年月	原毕业学校	身份证号码	入学成绩	联系电话
3	20240101	李明	男	群众	2004/4/15	翼龙中学	41022420040415763X	490.0	13812345678
4	20240102	王大海	男	群众	2004/7/8	明光中学	440303200407085000	480.0	13923456789
5	20240103	张强	男	团员	2004/9/20	景华中学	44098220040920105X	510.0	13734567890
6	20240104	刘军芳	女	团员	2004/6/12	天峰中学	110105200406128759	498.0	13645678901
7	20240105	陈伟	男	群众	2004/3/25	飞鹰中学	330104200403255638	507.0	13556789012
8	20240106	杨春风	女	团员	2004/5/9	绿林中学	320106200405093819	487.0	13467890123
9	20240107	黄静	女	团员	2004/8/18	雅颂中学	440305200408185578	475.0	13378901234
10	20240109	周阳光	男	团员	2003/10/3	华岭中学	110108200310038938	521.0	13289012345
11	20240110	吴鹏	女	团员	2003/12/29	峰华中学	440783200312295675	513.0	13190123456
12	20240111	赵雨搏	女	群众	2003/7/14	青松中学	320583200307142245	502.0	13001234567
13	20240112	李丽丽	女	群众	2003/9/6	华明中学	330402200309067382	490.0	15912345678
14	20240113	王小明	男	群众	2003/5/27	星华中学	110101200305274952	513.0	15823456789
15	20240114	张美丽	女	团员	2003/11/10	蓝天中学	320211200311103678	510.0	15734567890
16	20240115	刘芳	女	团员	2003/4/23	金阳中学	330204200304233417	480.0	15645678901
17	20240116	陈华东	男	群众	2002/8/7	翠峰中学	440113200208078535	478.0	15556789012
18	20240117	杨洋	男	群众	2002/3/19	玉光中学	110102200203193672	473.0	15467890123
19	20240118	黄秋霞	女	群众	2002/12/1	银海中学	370102200212017498	517.0	15378901234
20	20240119	周勇	男	团员	2002/6/16	紫云中学	440604200206162593	493.0	15289012345
21	20240120	吴宇航	男	团员	2001/9/28	鹰翔中学	320206200109284534	509.0	15190123456
22	20240121	赵宇	男	群众	2001/2/11	天蓝中学	110105200102114679	475.0	15001234567

图 3.2.2　选定第 10 行

步骤 2：选择"开始"→"行和列"→"插入单元格"→"在上方插入行"选项，如图 3.2.3 所示，并设置插入的行数；或在第 10 行上右击，在弹出的快捷菜单中选择"在上方插入行"选项，并设置插入的行数，如图 3.2.4 所示。在第 10 行前插入一个空行，姓名为"周阳光"的行由原来的第 10 行变为现在的第 11 行，如图 3.2.5 所示。

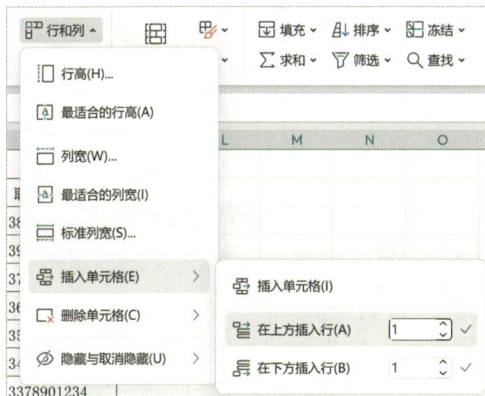

图 3.2.3　插入行的方法 1　　　　　　图 3.2.4　插入行的方法 2

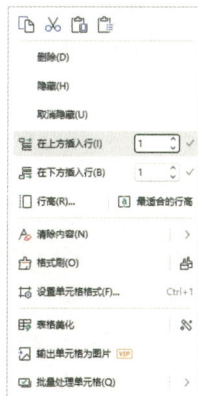

图 3.2.5 插入一个空行

步骤 3：在第 10 行中输入姓名为"杨圆圆"的相关信息，如图 3.2.6 所示。

图 3.2.6 在第 10 行输入学生的相关信息

2. 删除行

若姓名为"李丽丽"的学生转校了，要删除该学生的信息，操作步骤如下。

步骤 1：移动鼠标指针至行号"14"上，当鼠标指针变成向右的箭头时，单击选定第 14 行，即姓名为"李丽丽"的行。

步骤 2：选择"开始"→"行和列"→"删除单元格"→"删除行"选项，如图 3.2.7 所示；或在第 14 行上右击，在弹出的快捷菜单中选择"删除"选项，删除选定的行。

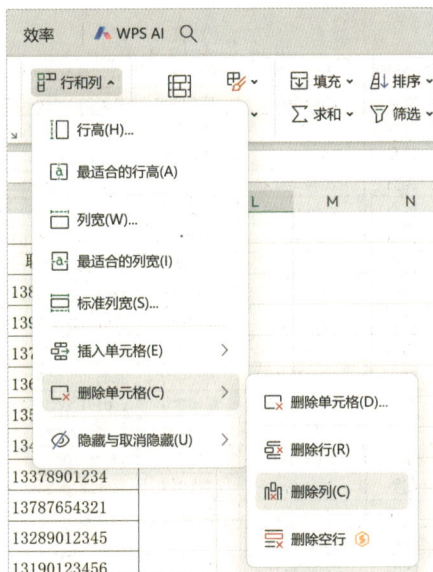

图 3.2.7　删除行的方法

步骤 3：由于进行了插入行和删除行的操作，学生的"学号"不连续了，需要重新进行编排。可利用"智能填充"的方法，重新编排学号，如图 3.2.8 所示。

班级基本信息表

学号	姓名	性别	政治面貌	出生年月	原毕业学校	身份证号码	入学成绩	联系电话
20240101	李明	男	群众	2004/4/15	冀龙中学	41022420040415763X	490.0	13812345678
20240102	王大海	男	群众	2004/7/8	明光中学	440303200407085000	480.0	13923456789
20240103	张强	男	团员	2004/9/20	景华中学	44098220040920105X	510.0	13734567890
20240104	刘军芳	女	团员	2004/6/12	天峰中学	110105200406128759	498.0	13645678901
20240105	陈伟	男	群众	2004/3/25	飞腾中学	330104200403255638	507.0	13556789012
20240106	杨春风	女	团员	2004/5/9	绿林中学	320106200405093819	487.0	13467890123
20240107	黄静	女	团员	2004/8/18	雅颂中学	440305200408185578	475.0	13378901234
20240108	杨圆圆	女	团员	2004/8/19	绿林中学	440981200408192345	513.0	13787654321
20240109	周阳光	男	团员	2003/10/3	华岭中学	110108200310038938	521.0	13289012345
20240110	吴郦	女	团员	2003/12/29	峰华中学	440783200312295675	513.0	13190123456
20240111	赵雨婷	女	群众	2003/7/14	青松中学	320583200307142245	502.0	13001234567
20240112	王小明	男	团员	2003/5/27	星华中学	110101200305274952	513.0	15823456789
20240113	张美丽	女	团员	2003/11/10	蓝天中学	320211200311103678	510.0	15734567890
20240114	刘芳	女	团员	2003/4/23	金阳中学	330204200304233417	480.0	15645678901
20240115	陈华东	男	团员	2002/8/7	翠峰中学	440113200208078535	478.0	15556789012
20240116	杨洋	男	群众	2002/3/19	玉光中学	110102200203193672	473.0	15467890123
20240117	黄秋霞	女	群众	2002/12/1	银海中学	370102200212017498	517.0	15378901234
20240118	周勇	男	群众	2002/6/16	紫云中学	440604200206162593	493.0	15289012345
20240119	吴宇航	男	团员	2001/9/28	鹰翔中学	320206200109284534	509.0	15190123456
20240120	赵宇	男	群众	2001/2/11	天蓝中学	110105200102114679	475.0	15001234567

图 3.2.8　重新编排学号

3．插入列

在班级基本信息表的"联系电话"列（I 列）前，添加每位学生的宿舍信息。这项操作与"插入行"的操作方法类似，操作步骤如下。

步骤 1：移动鼠标指针至 I 列的列序号上，当鼠标指针变成向下的箭头时，单击选定 I 列，即"联系电话"列被选定，如图 3.2.9 所示。

	A	B	C	D	E	F	G	H	I
1					班级基本信息表				
2	学号	姓名	性别	政治面貌	出生年月	原毕业学校	身份证号码	入学成绩	联系电话
3	20240101	李明	男	群众	2004/4/15	冀龙中学	41022420040415763X	490.0	13812345678
4	20240102	王大海	男	群众	2004/7/8	明光中学	440303200407085000	480.0	13923456789
5	20240103	张强	男	团员	2004/9/20	景华中学	44098220040920105X	510.0	13734567890
6	20240104	刘军芳	女	团员	2004/6/12	天峰中学	110105200406128759	498.0	13645678901
7	20240105	陈伟	男	群众	2004/3/25	飞鹰中学	330104200403255638	507.0	13556789012
8	20240106	杨春风	女	团员	2004/5/9	绿林中学	320106200405093819	487.0	13467890123
9	20240107	黄静	女	团员	2004/8/18	雅颂中学	440305200408185578	475.0	13378901234
10	20240108	杨圆圆	女	团员	2004/8/19	绿林中学	440981200408192345	513.0	13787654321
11	20240109	周阳光	男	团员	2003/10/3	华岭中学	110108200310038938	521.0	13289012345
12	20240110	吴娜	女	团员	2003/12/29	峰华中学	440783200312295675	513.0	13190123456
13	20240111	赵雨婷	女	群众	2003/7/14	青松中学	320583200307142245	502.0	13001234567
14	20240112	王小明	男	群众	2003/5/27	星华中学	110101200305274952	513.0	15823456789
15	20240113	张美丽	女	团员	2003/11/10	蓝天中学	320211200311103678	510.0	15734567890
16	20240114	刘芳	女	团员	2003/4/23	金阳中学	330204200304233417	480.0	15645678901
17	20240115	陈华东	男	团员	2002/8/7	翠峰中学	440113200208078535	478.0	15556789012
18	20240116	杨洋	男	群众	2002/3/19	王光中学	110102200203193672	473.0	15467890123
19	20240117	黄秋霞	女	群众	2002/12/1	银海中学	370102200212017498	517.0	15378901234
20	20240118	周勇	男	团员	2002/6/16	紫云中学	440604200206162593	493.0	15289012345
21	20240119	吴宇航	男	团员	2001/9/28	鹰翔中学	320206200109284534	509.0	15190123456
22	20240120	赵宇	男	群众	2001/2/11	天蓝中学	110105200102114679	475.0	15001234567

图 3.2.9　选定 I 列

步骤 2：选择"开始"→"行和列"→"插入单元格"→"在左侧插入列"选项，如图 3.2.10 所示，并设置插入的列数；或在 I 列上右击，在弹出的快捷菜单中选择"在左侧插入列"选项，并设置插入的列数，如图 3.2.11 所示。在 I 列前插入了一个空列，原来的 I 列变成了 J 列。

图 3.2.10　插入列的方法 1　　　　　　　　图 3.2.11　插入列的方法 2

步骤 3：在 I 列相应的单元格中输入学生的宿舍信息，如图 3.2.12 所示。

图 3.2.12　输入学生的宿舍信息

4. 删除列

删除列的方法与删除行的方法类似，这里不再赘述。

5. 设置表格边框

在屏幕上可以看到 WPS 表格有网格线，但实际打印时是没有边框效果的，为表格进行如下设置：将表格外边框和第 2 行的下边框设置为红色双窄线，其他的内部边框设置为细的蓝色单实线。操作步骤如下。

步骤 1：选定 A2:J22 单元格区域，选择"开始"→"所有框线"→"其他边框"选项（图 3.2.13），或单击"开始"选项卡中的"单元格格式：字体"对话框启动器按钮，打开"单元格格式"对话框，选择"边框"选项卡。

步骤 2：线条"样式"选择双窄线，"颜色"选择红色，单击"预置"选项组中的"外边框"按钮，如图 3.2.14 所示。

图 3.2.13　选择"其他边框"选项

图 3.2.14　设置外边框

步骤 3：线条"样式"选择最细的实线，"颜色"选择蓝色，单击"预置"选项组中的"内部"按钮，然后单击"确定"按钮。

6. 设置图案与颜色

为了突显列标题，将列标题（第 2 行）单元格的底纹设置为标准色中的黄色。操作方法如下：选定 A2:J2 单元格区域，单击"开始"→"填充颜色"下拉按钮，如图 3.2.15 所示，在弹出的下拉列表中选择标准色中的黄色；或在"单元格格式"对话框的"图案"选项卡中设置单元格的底纹颜色、图案样式和图案颜色，如图 3.2.16 所示。

图 3.2.15　设置填充颜色　　　　　　图 3.2.16　"图案"选项卡

如果是自定义颜色，则选择"其他颜色"选项，在打开的"颜色"对话框的"自定义"选项卡中设置红色、绿色、蓝色的值即可。

7. 设置表格样式

表格样式是 WPS 表格提供的格式自动套用功能，有浅色系、中色系和深色系的预设样式，还有表格样式推荐。

例如，为"班级基本信息表.et"中的"原始数据"工作表套用表格样式。操作步骤如下。

步骤 1：选定"原始数据"工作表，使"原始数据"工作表成为当前工作表。

步骤 2：选定 A2:J22 单元格区域，单击"开始"→"表格样式"下拉按钮，弹出的下拉列表如图 3.2.17 所示。

步骤 3：选择所需样式，如选择第一个样式，打开"套用表格样式"对话框，如图 3.2.18 所示。

图 3.2.17 "表格样式"下拉列表

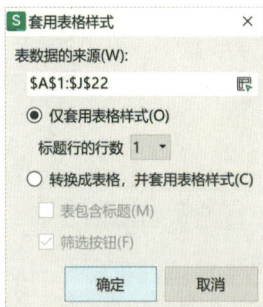

图 3.2.18 "套用表格样式"对话框

步骤 4: 单击"确定"按钮，所选的 A2:J22 单元格区域即套用了所选的样式，如图 3.2.19 所示。

图 3.2.19 套用表格样式后的效果

8. 设置字符格式

字符格式是指对单元格中的字符的字体、字号、字形、颜色、下划线等进行设置，在 WPS 表格中设置字符格式，与在 WPS 文字中设置字符格式的方法基本相同。

例如，将表格的标题（即 A1 单元格中的文字）设置为楷体、18 号、加粗、蓝色；将第 2 行列标题的文字设置为黑体、14 号、颜色为紫色（红 102、绿 0、蓝 255），操作步骤如下。

步骤1： 选定A1单元格，在"开始"选项卡中分别设置字体、字号、字形、颜色等，如图3.2.20所示；或单击"开始"选项卡"字体"选项组右下角的对话框启动器按钮，打开"单元格格式"对话框，在"字体"选项卡中设置字体、字号、字形、颜色等，如图3.2.21所示。

图3.2.20　在"开始"选项卡中设置字符格式

图3.2.21　在"单元格格式"对话框中设置字符格式1

步骤2： 选定A2:J2单元格区域，在"开始"选项卡中分别设置字体、字号、字形、颜色等。其中设置字体颜色的方法为，单击"字体颜色"下拉按钮，在弹出的下拉列表中选择"其他颜色"选项，在打开的"颜色"对话框中选择"自定义"选项卡，在"红色""绿色""蓝色"编辑框中分别输入102、0、255，如图3.2.22所示，然后单击"确定"按钮；或在"单元格格式"对话框完成A2:J2单元格区域字符格式的设置，如图3.2.23所示。

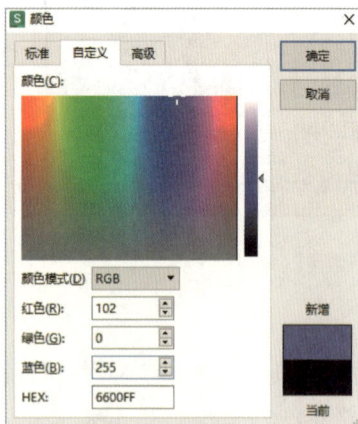

图3.2.22　自定义字体颜色

图3.2.23　在"单元格格式"对话框中设置字符格式2

9. 设置数字格式

WPS 表格中的数字格式有 12 类，如图 3.2.24 所示。根据需要，可以选择不同类型的数字格式，系统默认的数字格式是"常规"。

例如，把"入学成绩"列（H 列）的数据设置为保留一位小数，完成该设置的方法如下。

方法 1：选定 H3:H22 单元格区域，单击"开始"选项卡中的"增加小数位数"按钮，即可保留一位小数。

方法 2：选定 H3:H22 单元格区域，单击"开始"选项卡中的"单元格格式：数字"对话框启动器按钮，打开"单元格格式"对话框，在"数字"选项卡的"分类"列表框中选择"数值"选项，然后设置小数位数为"1"，如图 3.2.25 所示。

图 3.2.24　12 类数字格式

图 3.2.25　设置小数位数

10. 设置日期格式

例如，将"出生年月"列（E 列）的数据设置为"2004 年 4 月 15 日"这样的日期类型，完成该设置的方法如下。

方法 1：选定 E3:E22 单元格区域，选择"开始"选项卡"数字格式"下拉列表中的"长日期"选项。

方法 2：选定 E3:E22 单元格区域，单击"开始"选项卡中的"单元格格式：数字"对话框启动器按钮，打开"单元格格式"对话框，在"数字"选项卡的"分类"列表框中选择"日期"选项，然后在"类型"列表框中选择"2001 年 3 月 7 日"选项，如图 3.2.26 所示。

图 3.2.26　设置日期格式

11. 设置条件格式

WPS 表格的"条件格式"功能，可以根据单元格内容自动应用单元格的格式，这为 WPS 表格增色不少，单元格可以是数值、公式或其他内容。

例如，为突出学生的入学成绩，将不同的分数段设置为不同的字体格式：入学成绩大于或等于 500 分的，设置字体颜色为绿色，加粗；入学成绩在 480～500 之间的，设置字体颜色为蓝色；入学成绩小于 480 分的，设置字体颜色为红色。完成该设置的操作步骤如下。

步骤 1：选定 H3:H22 单元格区域，选择"开始"→"条件格式"→"新建规则"选项，如图 3.2.27 所示。

步骤 2：打开"新建格式规则"对话框，在"选择规则类型"列表框中选择"只为包含以下内容的单元格设置格式"选项，在"编辑规则说明"选项组中选择"大于或等于"选项，在其右侧的文本框中输入 500，如图 3.2.28 所示。

图 3.2.27 选择"新建规则"选项　　图 3.2.28 "新建格式规则"对话框

步骤 3：单击"格式"按钮，打开"单元格格式"对话框，设置字体颜色为"绿色"，字形为"加粗"，然后单击"确定"按钮。

步骤 4：返回"新建格式规则"对话框，单击"确定"按钮。

步骤 5：使用与步骤 1～步骤 4 相同的方法，设置入学成绩介于 480～500 分之间和小于 480 分的字体格式。

12. 设置行高与列宽

设置了字符格式、数字格式和日期格式后，有些单元格的数据不能完全显示，将工作表的行高和列宽进行适当的调整，使工作表的数据显示更规范、更清晰。

（1）调整行高

1）使用鼠标拖动的方法调整第 1 行和第 2 行的行高，操作步骤如下。

步骤 1：将鼠标指针放在第 1 行与第 2 行的交界处，当鼠标指针变为 ✚ 形状时，按住鼠标左键并拖动到合适的位置，即可调整第 1 行的行高。

步骤 2：将鼠标指针放在第 2 行与第 3 行的交界处，使用与步骤 1 相同的方法，即可调整第 2 行的行高。

2）统一设置第 3～22 行的行高为 22 磅，操作步骤如下。

步骤 1：将鼠标指针放在第 3 行的行序号上，当鼠标指针变成向右的箭头时，按住鼠标左键并拖动到行序号 22 上，即可将第 3～22 行全部选定。

步骤 2：右击，在弹出的快捷菜单中选择"行高"选项，如图 3.2.29 所示；或选择"开始"→"行和列"→"行高"选项，如图 3.2.30 所示，打开"行高"对话框，在"行高"文本框中输入"22"，然后单击"确定"按钮即可。

图 3.2.29　设置行高 1　　　　　　　　图 3.2.30　设置行高 2

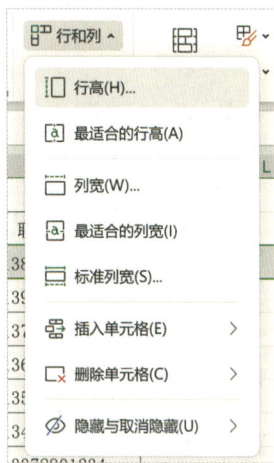

（2）调整列宽

1）使用鼠标拖动的方法调整"政治面貌"列（D 列）的宽度，操作步骤如下。

步骤：将鼠标指针放在 D 列与 E 列的交界处，当鼠标指针变为 ↔ 形状时，按住鼠标左键并拖动到合适的位置，即可调整 D 列的列宽。

2）调整"学号""姓名""入学成绩"3 列（A、B、H 列）的列宽为"12 字符"，操作步骤如下。

步骤 1：将鼠标指针放在 A 列的列序号上，当鼠标指针变成向下的箭头时，单击选定 A 列，然后按住 Ctrl 键，依次单击列序号 B 和 H，即可将 A、B、H 这 3 列选定。

步骤 2：将鼠标指针移至 A、B、H 3 列中的任意一列的列序号上并右击，在弹出的快捷菜单中选择"列宽"选项；或选择"开始"→"行和列"→"列宽"选项，打开"列宽"对话框，在"列宽"编辑框中输入"12"，如图 3.2.31 所示，然后单击"确定"按钮。

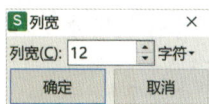

图 3.2.31　"列宽"对话框

（3）最适合的列宽/最适合的行高

WPS 表格会依单元格中的数据自动调整行高或列宽。使用"最适合的列宽"命令调整"出生年月"列（E 列）宽度的操作方法如下。

步骤 1：将鼠标指针放在 E 列的列序号上，单击选定 E 列。

步骤 2：选择"开始"→"行和列"→"最适合的列宽"选项，即可自动调整列宽。自动调整行高的操作方法与自动调整列宽的操作方法相似，这里不再赘述。

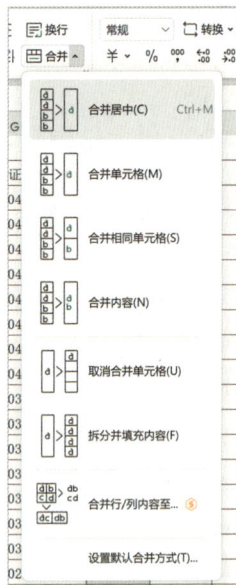

图 3.2.32 选择"合并居中"选项

13. 设置对齐方式

单元格数据的对齐方式包括水平对齐和垂直对齐两种。水平对齐是指数据在单元格内水平方向的对齐方式，包括常规、靠左（缩进）、居中、靠右（缩进）、填充、两端对齐、跨列居中、分散对齐（缩进）8 种；垂直对齐是指数据在单元格内垂直方向的对齐方式，包括靠上、居中、靠下、两端对齐、分散对齐 5 种。

对单元格的数据进行以下对齐操作。

（1）标题居中

通常情况下，表格的第一行为标题行，而标题一般位于表格的中间位置。将标题"班级基本信息表"居中的操作步骤如下。

选定 A1:J1 单元格区域，选择"开始"→"合并居中"→"合并居中"选项，如图 3.2.32 所示。

标题合并居中后的效果如图 3.2.33 所示。

图 3.2.33 标题合并居中后的效果

（2）数据对齐

将列标题（第 2 行）单元格的数据设置为水平居中和垂直居中对齐，操作步骤如下。

步骤 1：选定 A2:J2 单元格区域，分别单击"开始"→"垂直居中"按钮和"水平居中"按钮；或单击"开始"选项卡中的"单元格格式：对齐方式"对话框启动器按钮。

步骤 2：打开"单元格格式"对话框，在"对齐"选项卡中设置水平对齐方式和垂直对齐方式，如图 3.2.34 所示。

步骤 3：使用同样的方法，设置"学号""姓名""性别""政治面貌""出生年月""入学成绩""宿舍" 7 列单元格的数据为水平居中和垂直居中对齐；设置"原毕业学校"列单元格（F3:F22）数据为水平两端对齐和垂直居中对齐。所有设置完成后的效果如图 3.2.35 所示。

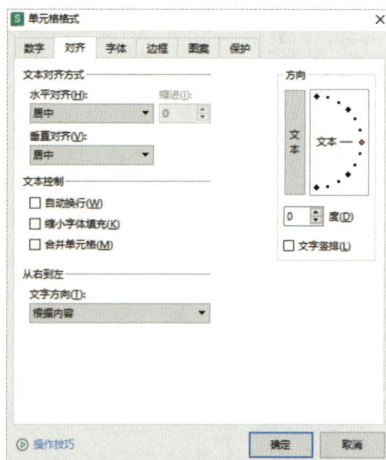

图 3.2.34 设置列标题行水平居中和垂直居中对齐

	A	B	C	D	E	F	G	H	I	J
1	班级基本信息表									
2	学号	姓名	性别	政治面貌	出生年月	原毕业学校	身份证号码	入学成绩	宿舍	联系电话
3	20240101	李明	男	群众	2004/4/15	翼龙中学	41022420040415763X	490.0	1-307	13812345678
4	20240102	王大海	男	群众	2004/7/8	明光中学	440303200407085000	480.0	2-214	13923456789
5	20240103	张强	男	团员	2004/9/20	景华中学	44098220040920105X	510.0	3-408	13734567890
6	20240104	刘军芳	女	团员	2004/6/12	天峰中学	110105200406128759	498.0	4-126	13645678901
7	20240105	陈伟	男	群众	2004/3/25	飞鹰中学	330104200403255638	507.0	1-310	13556789012
8	20240106	杨春风	女	团员	2004/5/9	绿林中学	320106200405093819	487.0	2-512	13467890123
9	20240107	黄静	女	团员	2004/8/18	雅颂中学	440305200408185578	475.0	3-219	13378901234
10	20240108	杨圆圆	女	团员	2004/8/19	绿林中学	440981200408192345	513.0	4-417	13787654321
11	20240109	周阳光	男	团员	2003/10/3	华岭中学	110108200310038938	521.0	1-205	13289012345
12	20240110	吴娜	女	团员	2003/12/29	峰华中学	440783200312295675	513.0	2-327	13190123456
13	20240111	赵雨婷	女	群众	2003/7/14	青松中学	320583200307142245	502.0	3-423	13001234567
14	20240112	王小明	男	群众	2003/5/27	星华中学	110101200305274952	513.0	1-248	15823456789
15	20240113	张美丽	女	团员	2003/11/10	蓝天中学	320211200311103678	510.0	2-330	15734567890
16	20240114	刘芳	女	团员	2003/4/23	金阳中学	330204200304233417	480.0	3-507	15645678901
17	20240115	陈华东	男	团员	2002/8/7	翠峰中学	440113200208078535	478.0	4-313	15556789012
18	20240116	杨洋	男	群众	2002/3/19	玉光中学	110102200203193672	473.0	1-427	15467890123
19	20240117	黄秋霞	女	群众	2002/12/1	银海中学	370102200212017498	517.0	2-149	15378901234
20	20240118	周勇	男	团员	2002/6/16	紫云中学	440604200206162593	493.0	3-225	15289012345
21	20240119	吴宇航	男	团员	2001/9/28	鹰翔中学	320206200109284534	509.0	4-415	15190123456
22	20240120	赵宇	男	群众	2001/2/11	天蓝中学	110105200102114679	475.0	2-502	15001234567

图 3.2.35　设置单元格对齐后的效果

相关知识

1. 行、列的插入与删除操作

（1）插入行

在行号上右击，在弹出的快捷菜单中选择“在上方插入行”选项，就能在当前行的上方插入一行；在这个选项后的编辑框中输入具体数值 n（n>0），然后单击后面的“√”按钮，即可在当前行的上方插入 n 行。在弹出的快捷菜单中选择“在下方插入行”选项，就能在当前行的下方插入一行；在这个选项后的编辑框中输入具体数值 n（n>0），然后单击后面的“√”按钮，即可在当前行的下方插入 n 行。

（2）插入列

在列标上右击，在弹出的快捷菜单中选择“在左侧插入列”选项，就能在当前列的左侧插入一列；在这个命令后的编辑框中输入具体数值 n（n>0），然后单击后面的“√”按钮，即可在当前列的左侧插入 n 列。在弹出的快捷菜单中选择“在右侧插入列”选项，就能在当前列的右侧插入一列；在这个选项后的编辑框中输入具体数值 n（n>0），然后单击后面的“√”按钮，即可在当前列的右侧插入 n 行。

（3）删除整行或整列

选中要删除的行或列，右击，在弹出的快捷菜单中选择“删除”选项，即可删除对应的行或列。

2. 设置边框、背景及图案

1）单击“开始”选项卡中的“所有框线”下拉按钮，在弹出的下拉列表中选择相应的选项，即可直接设置需要的边框。

2）如果没有合适的，则可以在下拉列表中选择"其他边框"选项，打开"单元格格式"对话框，选择"边框"选项卡，如图 3.2.36 所示，设置线条的样式、颜色，边框设置完成后，单击"确定"按钮。

3. 套用表格格式

系统提供了很多预先定义好的表格样式，包括边框、底纹、行高、列宽等效果，使用这些预设样式可以快速完成表格的美化，每种预设样式都有自己的名称。

1）选中要应用格式的单元格区域，单击"开始"选项卡中的"表格样式"下拉按钮，在弹出的下拉列表中选择需要的样式，在打开的"套用表格样式"对话框中，"表数据的来源"下有"仅套用表格样式"和"转换为表格，并套用表格样式"2 个选项，默认选择第 1 个选项，即选中"仅套用表格样式"单选按钮，然后单击"确定"按钮，即可将预定的样式应用于选择的区域中；如果选中"转换为表格，并套用表格样式"单选按钮，单击"确定"按钮后，则先把所选的单元格区域转换为表格，再给表格套用表格样式。

2）单击"开始"选项卡中的"表格样式"下拉按钮，在弹出的下拉列表中选择"新建表格样式"选项，可以创建新的表格样式；在弹出的下拉列表中选择"新建数据透视表样式"选项，可以创建新数据透视表的表格样式。

4. 设置条件格式

条件格式，顾名思义，是指根据设定的条件来设置符合规则的单元格格式，这些格式可以使用格式刷进行复制。

（1）添加条件格式

单击"开始"选项卡中的"条件格式"下拉按钮，弹出如图 3.2.37 所示的下拉列表，选择相应选项级联菜单中不同的选项，根据提示设置条件格式。

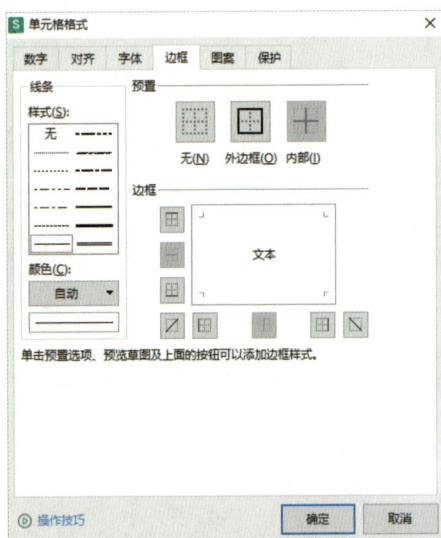

图 3.2.36 "边框"选项卡　　　图 3.2.37 "条件格式"下拉列表

例如，选择"突出显示单元格规则"选项，在其级联菜单中选择"前 10 项"选项，会打开"前 10 项"对话框，在文本框中输入"3"，格式采用默认的"浅红色填充深红色文本"，单击"确定"按钮后，所选数据的前 3 项格式就变为"浅红色填充深红色文本"。

（2）清除条件格式

选择"清除规则"选项，就可以清除使用"条件格式"按钮加上去的格式；也可以单击"开始"选项卡中的"清除"下拉按钮，在弹出的下拉列表中选择"格式"选项，清除条件格式设定的单元格格式。

5. 设置页面

打印设置是指在打印之前做的工作，包括设置纸张方向、页边距、页眉、页脚和打印区域等。单击"页面"选项卡中的按钮，可以进行绝大部分的打印设置，如图 3.2.38 所示。

图 3.2.38　"页面"选项卡

单击"页面"选项卡"打印区域"选项组右下角的对话框启动器按钮，打开如图 3.2.39 所示的"页面设置"对话框，在该对话框中可以设置页面的整体效果、页边距、页眉、页脚及打印工作表内容。

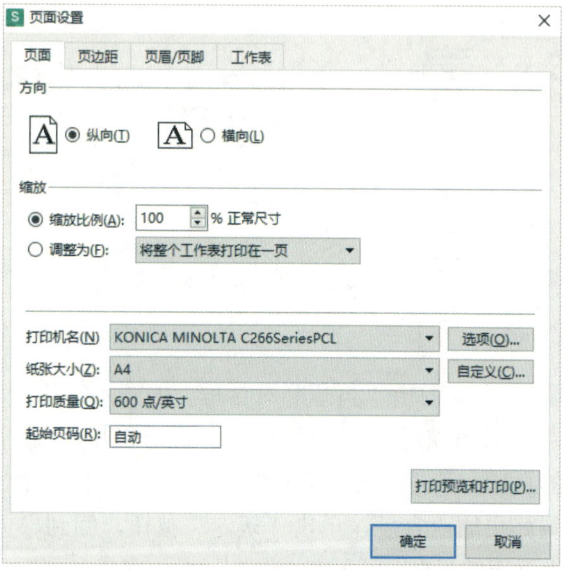

图 3.2.39　"页面设置"对话框

（1）设置页面整体效果

页面整体效果包括纸张方向、缩放比例和打印机选项。

缩放比例是指打印区域在纸张上的显示比例。如果要将某个表格数据打印在一页上，则在"页面设置"对话框的"页面"选项卡的"缩放"选项组中，选中"调整为"单选按钮，在其下拉列表中选择"将整个工作表打印在一页"选项。

通常的做法是在"分页预览"视图中，调整好每页的打印内容，不用设置打印缩放比例。如果计算机上安装了打印机，则这里就会显示打印机的相关信息。

（2）设置页边距

单击"页面"选项卡中的"页边距"下拉按钮，在弹出的下拉列表中有多种预设的页边距方案，用户可以从中选择一个。如果不合适，则可以选择"自定义页边距"选项，打开如图 3.2.40 所示的"页面设置"对话框。在"页边距"选项卡中，调节上、下、左、右、页眉、页脚的边距。在"居中方式"选项组中选中"水平"和"垂直"复选框，可以使表格在页面中的水平方向、垂直方向都居中。

通常，选中"水平"复选框让表格水平居中，垂直方向采用默认的顶端对齐方式。

（3）设置页眉与页脚

单击"页面"→"页眉页脚"按钮，打开"页面设置"对话框的"页眉/页脚"选项卡，如图 3.2.41 所示。

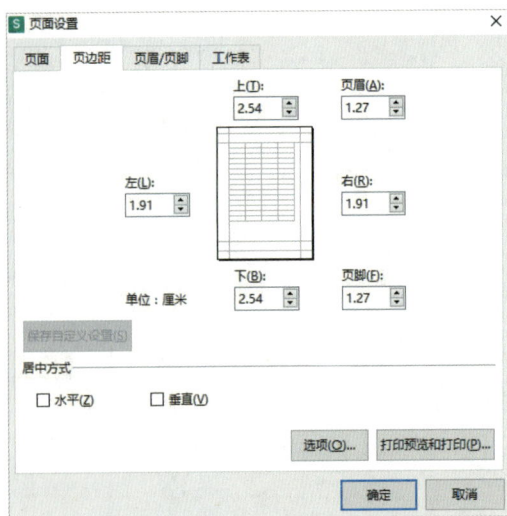

图 3.2.40　"页边距"选项卡　　　　图 3.2.41　"页眉/页脚"选项卡

单击"自定义页眉"按钮，打开"页眉"对话框，如图 3.2.42 所示。页眉位置分为左、中、右，可以在对应的位置直接输入页眉的内容，也可以单击对话框中间的按钮插入对应的内容，这样插入的页码、日期、时间等会随着页面而变化。单击"A"按钮可以设置页眉的文字样式。设置好页眉内容后，单击"确定"按钮，回到"页面设置"对话框，再单击"确定"按钮完成页眉的设置。

自定义页脚的方法与页眉相同，也可以单击"页脚"下拉按钮，在弹出的下拉列表中选择预设的页脚。

页眉、页脚只有在"打印预览"方式和"页面视图"中可以看到，其他情况下都看不到。

图 3.2.42　"页眉"对话框

6. 设置工作表中的其他打印信息

（1）选取打印区域

在"页面设置"对话框的"工作表"选项卡中，单击 ![按钮] 按钮选取打印区域。通常，单击"页面视图"选项卡中的"打印区域"下拉按钮，在弹出的下拉列表中选择"设置打印区域"选项来设置打印区域，选择"取消打印区域"选项可以取消之前的打印区域设置；还可以在"分页视图"中通过拖动蓝色实线分页符来选定打印区域。

（2）其他打印内容

其他打印内容采用默认的选项即可。单击"打印"按钮，打开"打印"对话框，单击"打印预览"按钮，可以进入预览页面。

7. 打印工作表

（1）打印设置

1）单击"页面"选项卡中的"纸张方向"下拉按钮，在弹出的下拉列表中选择"横向"选项。同理，单击"纸张大小"下拉按钮，在弹出的下拉列表中选择 A4 纸张。

2）单击"页面"选项卡中的"页边距"按钮，在弹出的下拉列表中选择"自定义页边距"选项，打开"页面设置"对话框的"页边距"选项卡，设置页边距：上下页边距为 2 厘米，左页边距为 3 厘米，右页边距为 2 厘米；在"居中方式"选项组中选中"水平"和"垂直"复选框。然后单击"确定"按钮回到普通视图下。

3）单击"视图"选项卡中的"分页预览"按钮，进入"分页视图"模式，拖动蓝色分页符，将每个班的学生信息放在一页中；打开"页面设置"对话框，在"页面"选项卡中设置"缩放"为"将所有列打印在一页"。

4）切换到“页眉/页脚”选项卡，自定义页眉：在左侧位置输入“通识课期末成绩单—信息工程学院”，然后单击“确定”按钮回到“页面设置”对话框。

5）在“页眉/页脚”选项卡下方的“页脚”下拉列表中选择预设样式“第 1 页，共?页”选项，然后单击“确定”按钮，即可插入页脚。

6）单击“打印”按钮，预览前面的设置效果，如果不合适再重复上述步骤，以调整出最佳的打印效果。

7）保存文件。

（2）打印

如果打印机准备就绪，则单击快速访问工具栏中的“打印”按钮，或者按 Ctrl+P 组合键，打开“打印”对话框，设置打印份数为“3”、页面范围为“全部页面”，然后单击“确定”按钮即可。

任务 3.3 制作班级成绩表

微课：制作班级成绩表 1

微课：制作班级成绩表 2

微课：制作班级成绩表 3

微课：制作班级成绩表 4

任务描述

“信息技术”期中考试成绩出来后，需要将成绩输入并保存为“‘信息技术’期中考试成绩表.et”，如图 3.3.1 所示。

“信息技术”期中考试成绩表

学号	姓名	性别	组别	理论题（30%）	上机操作（50%）	文字录入（20%）	三项总分	成绩	成绩名次	是否及格	成绩等级	辅导课室
20240101	李明	男	第1组	78	80	82						
20240102	王大海	男	第1组	82	85	87						
20240103	张强	男	第2组	86	88	90						
20240104	刘军芳	女	第3组	92	90	88						
20240105	陈伟	男	第1组	90	85	80						
20240106	杨春风	女	第2组	76	70	80						
20240107	黄静	女	第3组	85	86	80						
20240108	杨圆圆	女	第2组	86	87	90						
20240109	周阳光	男	第2组	82	88	90						
20240110	吴娜	女	第3组	87	89	85						
20240111	赵雨婷	女	第1组	90	93	90						
20240112	李丽丽	女	第3组	89	91	88						
20240113	王小明	男	第3组	93	90	85						
20240114	张美丽	女	第1组	95	90	89						
20240115	刘芳	女	第2组	77	75	80						
20240116	陈华东	男	第2组	67	75	75						
20240117	杨洋	男	第3组	80	83	86						
20240118	黄秋霞	女	第1组	86	90	92						
20240119	周勇	男	第2组	81	85	83						
20240120	吴宇航	男	第3组	91	86	85						
20240121	赵宇	男	第1组	90	88	85						
	各项平均分											
	各项最高分											
	各项最低分											
	各项出现次数最多的分数											
	参加考试的人数											

统计表1

性别	人数	成绩总分	成绩平均分	及格人数
男				
女				

统计表2

组别	成绩等级为“优秀”的成绩平均分	成绩等级为“一般”的成绩平均分	成绩等级为“不及格”的成绩平均分
第1组			
第2组			
第3组			

图 3.3.1 “信息技术”期中考试成绩表 1

为了解学生的考试情况，要计算每个人的成绩、名次、等级，以及各项的平均分、最高分、最低分等。“信息技术”期中考试成绩由理论题、上机操作、文字录入 3 个部分组成。其中，理论题占 30%，上机操作占 50%，文字录入占 20%。要依据“成绩”进行降序排名、判断“是否及格”，并输入“成绩等级”和分配“辅导课室”，还要计算统计表 1 和统计表 2 中的各项内容。各项操作完成后，如图 3.3.2 所示。

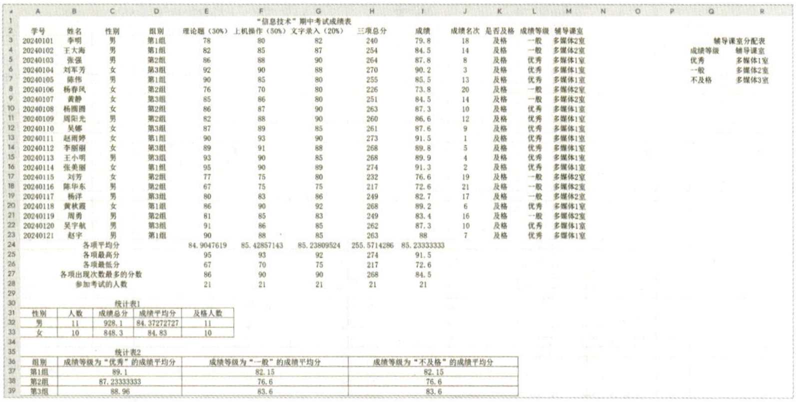

“信息技术”期中考试成绩表

学号	姓名	性别	组别	理论题（30%）	上机操作（50%）	文字录入（20%）	三项总分	成绩	成绩名次	是否及格	成绩等级	辅导课室
20240101	李明	男	第1组	78	80	82	240	79.8	18	及格	一般	多媒体2室
20240102	王大海	男	第1组	82	85	87	254	84.5	14	及格	一般	多媒体2室
20240103	张强	男	第2组	86	88	90	264	87.8	8	及格	优秀	多媒体1室
20240104	刘军芳	女	第3组	92	90	88	270	90.2	3	及格	优秀	多媒体1室
20240105	陈伟	男	第1组	90	85	80	255	85.5	13	及格	优秀	多媒体1室
20240106	杨春风	女	第2组	76	70	80	226	73.8	20	及格	一般	多媒体2室
20240107	黄静	女	第3组	85	86	80	251	84.5	14	及格	一般	多媒体2室
20240108	杨圆圆	女	第2组	86	87	90	263	87.3	10	及格	优秀	多媒体1室
20240109	周阳光	男	第2组	82	88	90	260	86.6	12	及格	优秀	多媒体1室
20240110	吴娜	女	第3组	87	89	85	261	87.6	9	及格	优秀	多媒体1室
20240111	赵雨婷	女	第1组	90	93	90	273	91.5	1	及格	优秀	多媒体1室
20240112	李丽丽	女	第3组	89	91	88	268	89.8	5	及格	优秀	多媒体1室
20240113	王小明	男	第3组	93	90	85	268	89.9	4	及格	优秀	多媒体1室
20240114	张美丽	女	第1组	95	90	89	274	91.3	2	及格	优秀	多媒体1室
20240115	刘芳	女	第2组	77	75	80	232	76.6	19	及格	一般	多媒体2室
20240116	陈华东	男	第2组	67	75	75	217	72.6	21	及格	一般	多媒体2室
20240117	杨洋	男	第3组	80	83	86	249	82.7	17	及格	一般	多媒体2室
20240118	黄秋霞	女	第1组	86	90	92	268	89.2	6	及格	优秀	多媒体1室
20240119	周勇	男	第2组	81	85	83	249	83.4	16	及格	一般	多媒体2室
20240120	吴宇航	男	第3组	91	86	85	262	87.3	10	及格	优秀	多媒体1室
20240121	赵宇	男	第1组	90	88	85	263	88	7	及格	优秀	多媒体1室
各项平均分				84.9047619	85.42857143	85.23809524	255.5714286	85.23333333				
各项最高分				95	93	92	274	91.5				
各项最低分				67	70	75	217	72.6				
各项出现次数最多的分数				86	90	90	268	84.5				
参加考试的人数				21	21	21	21	21				

辅导课室分配表

成绩等级	辅导课室
优秀	多媒体1室
一般	多媒体2室
不及格	多媒体3室

统计表1

性别	人数	成绩总分	成绩平均分	及格人数
男	11	928.1	84.37272727	11
女	10	848.3	84.83	10

统计表2

组别	成绩等级为“优秀”的成绩平均分	成绩等级为“一般”的成绩平均分	成绩等级为“不及格”的成绩平均分
第1组	89.1	82.15	82.15
第2组	87.23333333	76.6	76.6
第3组	88.96	83.6	83.6

图 3.3.2　“信息技术”期中考试成绩表 2

任务目标

1）掌握各种函数和公式的基础知识，包括其用途、语法和常见示例。

2）掌握重要函数的实际运用，如 VLOOKUP 等，以解决实际数据处理问题。

3）学会将多个函数组合使用，以处理更复杂的数据分析需求，提高计算效率。

4）能根据要求创建班级成绩表，运用各类函数和公式计算数据。

5）强化计算思维，养成使用公式和函数进行数据处理的意识。

任务实施

1. 使用公式计算

可以使用系统提供的运算符和函数建立公式，系统将按公式自动进行计算。如果参与计算的相关数据发生变化，则 WPS 表格会自动更新结果。

计算每位学生的“三项总分”和“成绩”，操作步骤如下。

（1）计算三项总分

步骤 1： 选定 H3 单元格，即 H3 单元格为当前单元格。

步骤 2： 输入公式“=E3+F3+G3”，如图 3.3.3 所示。

图 3.3.3　在 H3 单元格中输入公式

步骤 3：按 Enter 键确认，则计算结果出现在 H3 单元格中。

步骤 4：重新选定 H3 单元格，使用填充柄将公式复制到 H4:H23 单元格区域，释放鼠标左键后结果自动显示在 H4:H23 单元格中，如图 3.3.4 所示。

图 3.3.4　使用填充柄复制公式后的三项总分结果

（2）计算成绩

成绩由理论题、上机操作和文字录入 3 部分组成，各部分分别占 30%、50% 和 20%，计算的公式是"成绩=理论题×30%+上机操作×50%+文字录入×20%"，计算的步骤与计算"三项总分"的步骤类似。

步骤 1：选定 I3 单元格，即 I3 单元格为当前活动单元格。

步骤 2：输入公式"=E3*0.3+F3*0.5+G3*0.2"，如图 3.3.5 所示。

图 3.3.5　在 I3 单元格中输入公式

步骤 3：按 Enter 键确认，则计算结果出现在 I3 单元格中。

步骤 4：重新选定 I3 单元格，使用填充柄将公式复制到 I4:I23 单元格区域，释放鼠标左键后结果自动显示在 I4:I23 单元格中，如图 3.3.6 所示。

2. 使用函数计算

WPS 表格的函数是预先定义的执行计算、分析等处理数据任务的特殊公式。例如，在

"各班计算机成绩优秀比例.et"工作簿的 Sheet1 工作表中计算 8 个班的优秀人数总人数时，若使用公式，则必须输入"=B3+B4+B5+B6+B7+B8+B9+B10"，但如果用函数，那么输入"=SUM(B3:B10)"即可。

▲	A	B	C	D	E	F	G	H	I
1						"信息技术"期中考试成绩表			
2	学号	姓名	性别	组别	理论题（30%）	上机操作（50%）	文字录入（20%）	三项总分	成绩
3	20240101	李明	男	第1组	73	80	82	240	79.8
4	20240102	王大海	男	第1组	82	85	87	254	84.5
5	20240103	张强	男	第2组	86	88	90	264	87.8
6	20240104	刘军芳	女	第3组	92	90	88	270	90.2
7	20240105	陈伟	男	第1组	90	85	80	255	85.5
8	20240106	杨春风	女	第2组	73	70	80	226	73.8
9	20240107	黄静	女	第3组	85	86	80	251	84.5
10	20240108	杨圆圆	女	第2组	88	87	90	263	87.3
11	20240109	周阳光	男	第2组	82	88	90	260	86.6
12	20240110	吴娜	女	第2组	87	89	85	261	87.6
13	20240111	赵雨婷	女	第1组	90	93	90	273	91.5
14	20240112	李丽丽	女	第3组	89	91	88	268	89.8
15	20240113	王小明	男	第3组	93	90	85	268	89.9
16	20240114	张美丽	女	第1组	95	90	90	275	91.5
17	20240115	刘芳	女	第2组	77	75	80	232	76.6
18	20240116	陈华东	男	第2组	67	75	75	217	72.6
19	20240117	杨洋	男	第3组	80	83	86	249	82.7
20	20240118	黄秋霞	女	第1组	86	90	92	268	89.2
21	20240119	周勇	男	第2组	81	85	83	249	83.4
22	20240120	吴宇航	男	第3组	91	86	85	262	87.3
23	20240121	赵宇	男	第1组	90	88	85	263	88

图 3.3.6　使用填充柄复制公式后的成绩结果

函数与公式一样，由"="开始输入。WPS 表格预先定义的函数有 300 多种，选择"公式"选项卡，就可以查看 WPS 表格中的函数，如图 3.3.7 所示。

图 3.3.7　"公式"选项卡

下面以完成"'信息技术'期中考试成绩表"为例，介绍一些比较常用函数的使用方法。

（1）求三项总分

前面已经使用公式计算出"三项总分"，现在使用求和函数 SUM 进行计算，操作步骤如下。

步骤 1： 删除 H3:H23 单元格区域的内容，再选定 H3 单元格。

步骤 2： 单击编辑栏中的"插入函数"按钮，或单击"公式"→"插入函数"按钮，打开"插入函数"对话框。

步骤 3： 在对话框中选择求和函数 SUM，如图 3.3.8 所示，然后单击"确定"按钮。

步骤 4： 打开"函数参数"对话框，在"数值 1"文本框中直接输入"E3:G3"，如图 3.3.9 所示；或单击"数值 1"文本框右侧的压缩对话框按钮，打开函数选择范围，拖动鼠标指针选择参与计算的 E3:G3 单元格区域，如图 3.3.10 所示，然后单击右侧的按钮，返回"函数参数"对话框。

图 3.3.8　选择 SUM 函数

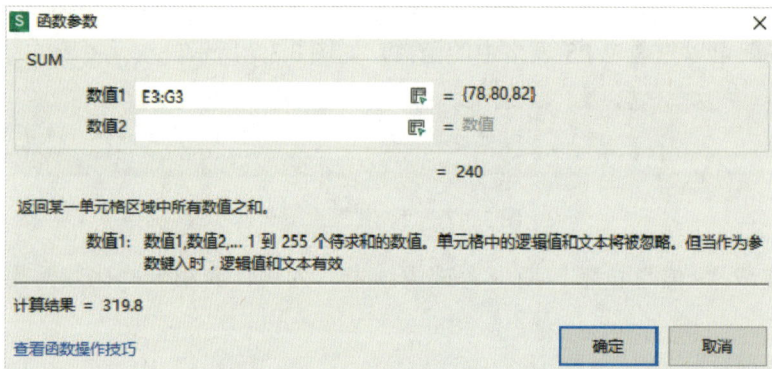

图 3.3.9　SUM "函数参数" 对话框

图 3.3.10　选定 E3:G3 单元格区域

步骤 5：单击"确定"按钮，即可完成求和计算。

步骤 6：重新选定 H3 单元格，使用填充柄复制 H3 单元格中的公式到 H4:H23 单元格区域，将其他学生的"三项总分"自动计算出来。计算结果与使用公式计算的结果相同。

（2）求各项平均分

在 E24:G24 单元格区域中求各项的平均分，可以使用 AVERAGE 函数来实现。具体操作步骤如下。

步骤 1：选定 E24 单元格，单击编辑栏中的"插入函数"按钮，打开"插入函数"对话框，在对话框中选择 AVERAGE 函数，然后单击"确定"按钮。

步骤 2：打开"函数参数"对话框，在"数值 1"文本框中直接输入"E3:E23"；或单击"数值 1"文本框右侧的压缩对话框按钮，打开函数选择范围，拖动鼠标指针选择参与计算的 E3:E23 单元格区域，如图 3.3.11 所示。

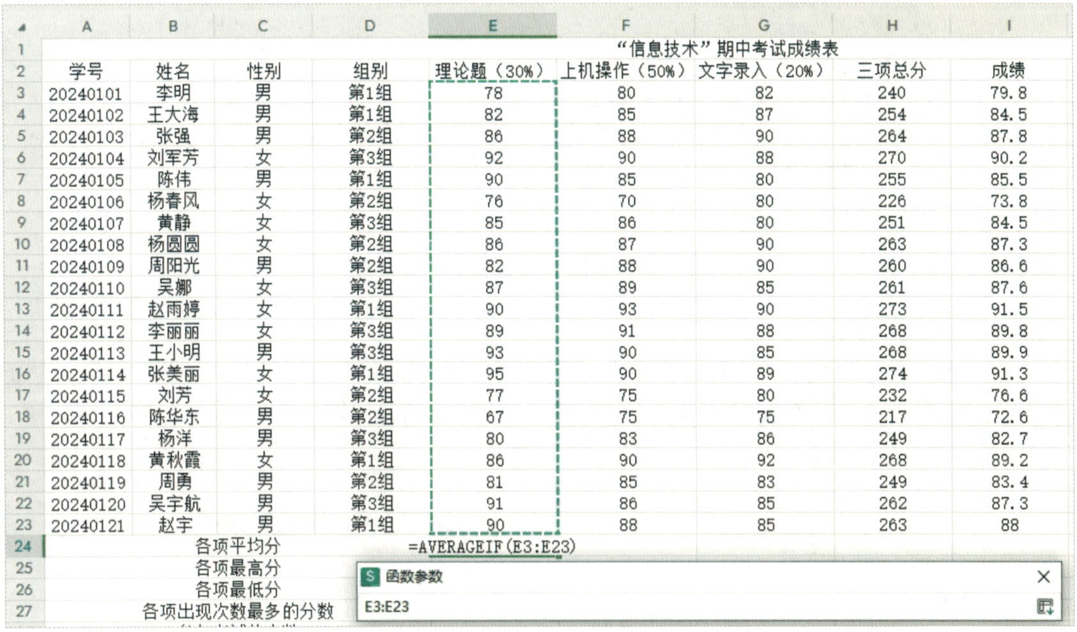

	A	B	C	D	E	F	G	H	I
1						"信息技术"期中考试成绩表			
2	学号	姓名	性别	组别	理论题（30%）	上机操作（50%）	文字录入（20%）	三项总分	成绩
3	20240101	李明	男	第1组	78	80	82	240	79.8
4	20240102	王大海	男	第1组	82	85	87	254	84.5
5	20240103	张强	男	第2组	86	88	90	264	87.8
6	20240104	刘军芳	女	第3组	92	90	88	270	90.2
7	20240105	陈伟	男	第1组	90	85	80	255	85.5
8	20240106	杨春风	女	第2组	76	70	80	226	73.8
9	20240107	黄静	女	第2组	85	86	80	251	84.5
10	20240108	杨圆圆	女	第2组	86	87	90	263	87.3
11	20240109	周阳光	男	第2组	82	88	90	260	86.6
12	20240110	吴娜	女	第3组	87	89	85	261	87.6
13	20240111	赵雨婷	女	第1组	90	93	90	273	91.5
14	20240112	李丽丽	女	第3组	89	91	88	268	89.8
15	20240113	王小明	男	第3组	93	90	85	268	89.9
16	20240114	张美丽	女	第1组	95	90	89	274	91.3
17	20240115	刘芳	女	第2组	77	75	80	232	76.6
18	20240116	陈华东	男	第2组	67	75	75	217	72.6
19	20240117	杨洋	男	第3组	80	83	86	249	82.7
20	20240118	黄秋霞	女	第1组	86	90	92	268	89.2
21	20240119	周勇	男	第2组	81	85	83	249	83.4
22	20240120	吴宇航	男	第3组	91	86	85	262	87.3
23	20240121	赵宇	男	第1组	90	88	85	263	88
24			各项平均分		=AVERAGEIF(E3:E23)				
25			各项最高分						
26			各项最低分						
27			各项出现次数最多的分数						

函数参数　　×
E3:E23

图 3.3.11　选定 E3:E23 单元格区域

步骤 3：单击右侧的按钮，返回"函数参数"对话框，然后单击"确定"按钮，即可完成平均分的计算。

步骤 4：使用填充柄复制 E24 单元格中的公式到 F24:I24 单元格区域，其他各项的平均分即可自动计算出来，结果如图 3.3.12 所示。

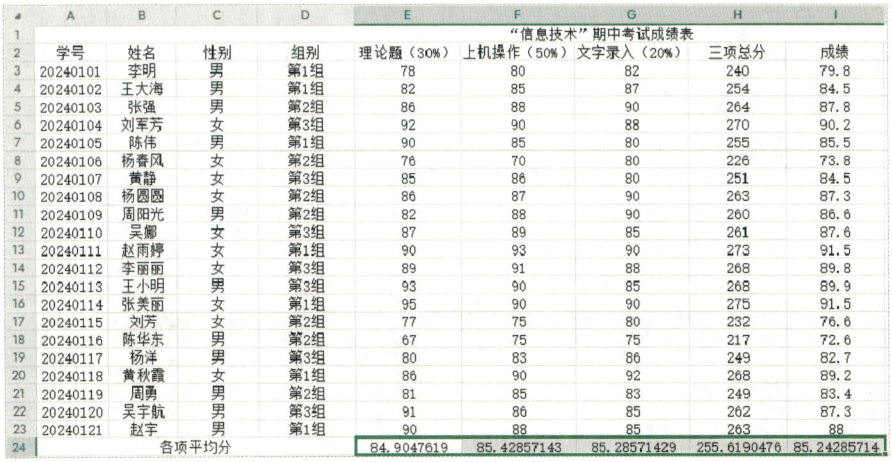

	A	B	C	D	E	F	G	H	I
1						"信息技术"期中考试成绩表			
2	学号	姓名	性别	组别	理论题（30%）	上机操作（50%）	文字录入（20%）	三项总分	成绩
3	20240101	李明	男	第1组	78	80	82	240	79.8
4	20240102	王大海	男	第1组	82	85	87	254	84.5
5	20240103	张强	男	第2组	86	88	90	264	87.8
6	20240104	刘军芳	女	第3组	92	90	88	270	90.2
7	20240105	陈伟	男	第1组	90	85	80	255	85.5
8	20240106	杨春风	女	第2组	76	70	80	226	73.8
9	20240107	黄静	女	第2组	85	86	80	251	84.5
10	20240108	杨圆圆	女	第2组	86	87	90	263	87.3
11	20240109	周阳光	男	第2组	82	88	90	260	86.6
12	20240110	吴娜	女	第3组	87	89	85	261	87.6
13	20240111	赵雨婷	女	第1组	90	93	90	273	91.5
14	20240112	李丽丽	女	第3组	89	91	88	268	89.8
15	20240113	王小明	男	第3组	93	90	85	268	89.9
16	20240114	张美丽	女	第1组	95	90	89	274	91.5
17	20240115	刘芳	女	第2组	77	75	80	232	76.6
18	20240116	陈华东	男	第2组	67	75	75	217	72.6
19	20240117	杨洋	男	第3组	80	83	86	249	82.7
20	20240118	黄秋霞	女	第1组	86	90	92	268	89.2
21	20240119	周勇	男	第2组	81	85	83	249	83.4
22	20240120	吴宇航	男	第3组	91	86	85	262	87.3
23	20240121	赵宇	男	第1组	90	88	85	263	88
24			各项平均分		84.9047619	85.42857143	85.28571429	255.6190476	85.24285714

图 3.3.12　各项平均分的结果

（3）求各项最高分

求最高分时可以使用 MAX 函数来实现。选定 E25 单元格，使用类似求各项平均分的方法计算各项最高分，如图 3.3.13 所示。然后使用填充柄复制公式到 F25:I25 单元格区域即可。

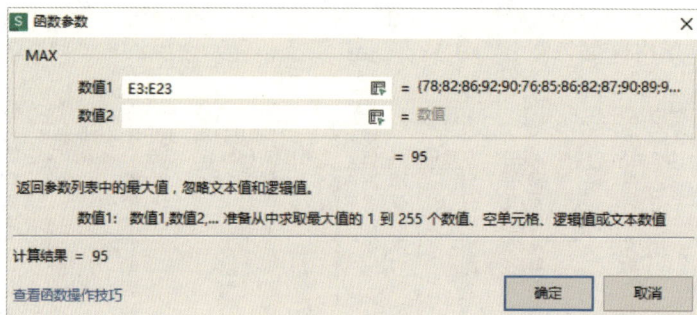

图 3.3.13　MAX "函数参数" 对话框

（4）求各项最低分

求最低分时可以使用 MIN 函数来实现。选定 E26 单元格，使用类似求各项平均分的方法计算各项最低分，如图 3.3.14 所示。然后使用填充柄复制公式到 F26:I26 单元格区域即可。

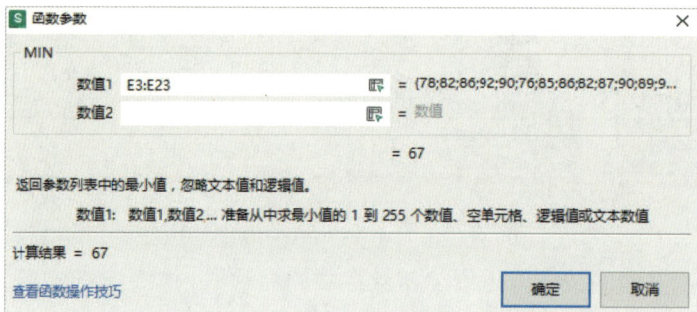

图 3.3.14　MIN "函数参数" 对话框

（5）求各项出现次数最多的分数

求出现次数最多的分数时可以使用 MODE 函数来实现。选定 E27 单元格，使用类似求各项平均分的方法计算各项出现次数最多的分数，如图 3.3.15 所示。然后使用填充柄复制公式到 F27:I27 单元格区域即可。

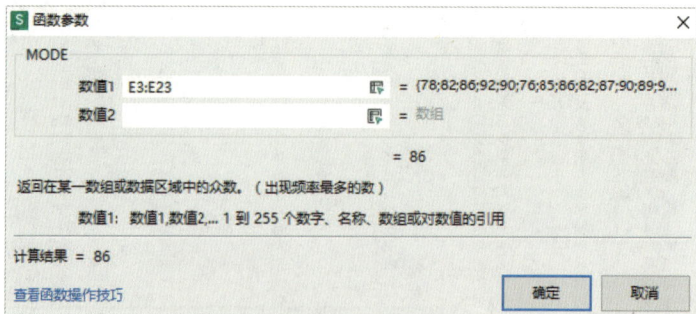

图 3.3.15　MODE "函数参数" 对话框

（6）求参加考试的人数

求参加考试人数时可以使用计数函数 COUNT 来实现。选定 E28 单元格，使用类似求各项平均分的方法计算参加考试的人数，如图 3.3.16 所示。

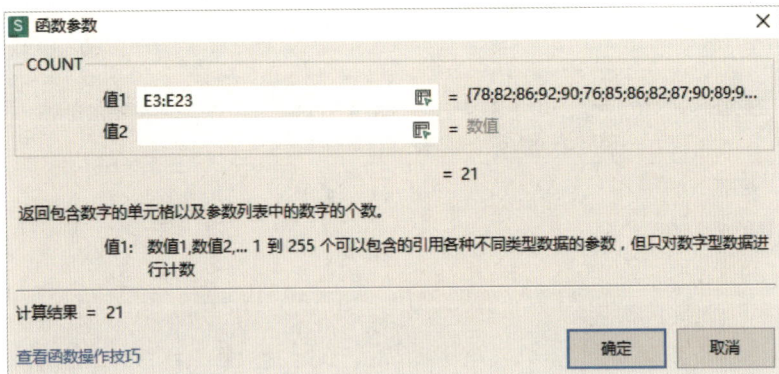

图 3.3.16　COUNT "函数参数" 对话框

（7）计算各人的成绩名次

计算各人期中考试的成绩名次时可以使用 RANK.EQ 函数来实现。操作步骤如下。

步骤 1：选定 J3 单元格，单击编辑栏中的 "插入函数" 按钮，打开 "插入函数" 对话框，在对话框中选择 "统计" 分类中的 RANK.EQ 函数，然后单击 "确定" 按钮。

步骤 2：打开 "函数参数" 对话框，在第 1 个参数 "数值" 文本框中选定 I3 单元格，在第 2 个参数 "引用" 文本框中选定 I3:I23 单元格区域，在第 3 个参数 "排位方式" 文本框中不输入任何数据（或输入 0，均为降序排名），如图 3.3.17 所示。

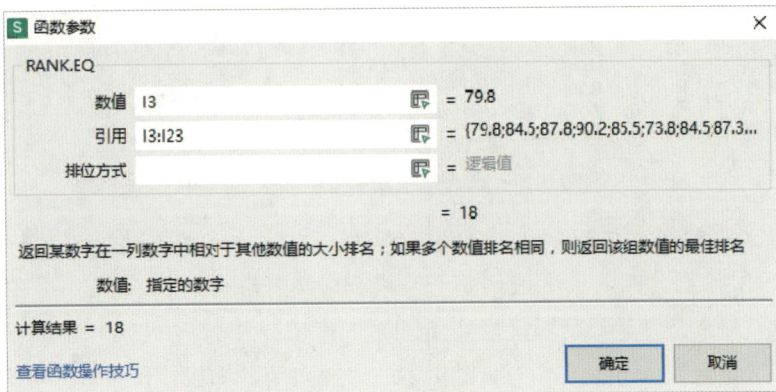

图 3.3.17　RANK.EQ "函数参数" 对话框

步骤 3：此时，第一个学生的排名结果已经显示出来了。为了使 "引用" 参数的单元格引用地址保持不变，要将 I3:I23 单元格区域的引用改为绝对地址引用$I$3:$I$23，如图 3.3.18 所示，再单击 "确定" 按钮。

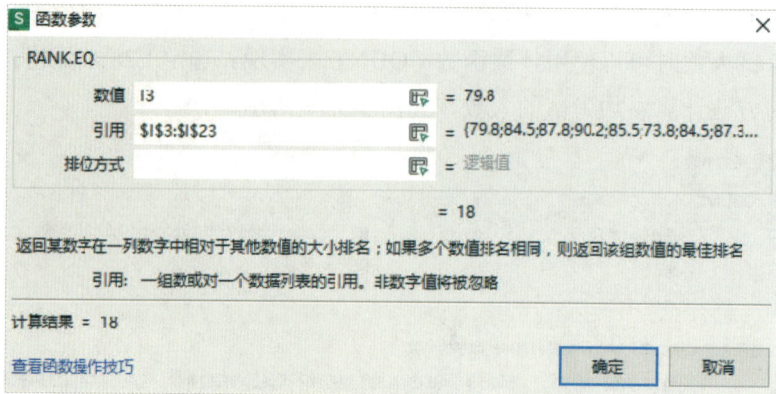

图 3.3.18　使用绝对地址引用单元格区域 1

步骤 4：使用填充柄复制 J3 单元格中的公式到 J4:J23 单元格区域，其他学生的成绩名次即可自动计算出来，如图 3.3.19 所示。

▲	A	B	C	D	E	F	G	H	I	J
1					"信息技术"期中考试成绩表					
2	学号	姓名	性别	组别	理论题（30%）	上机操作（50%）	文字录入（20%）	三项总分	成绩	成绩名次
3	20240101	李明	男	第1组	78	80	82	240	79.8	18
4	20240102	王大海	男	第1组	82	85	87	254	84.5	14
5	20240103	张强	男	第2组	86	88	90	264	87.8	8
6	20240104	刘军芳	女	第3组	92	90	88	270	90.2	3
7	20240105	陈伟	男	第1组	90	85	80	255	85.5	13
8	20240106	杨春风	女	第2组	76	70	80	226	73.8	20
9	20240107	黄静	女	第3组	85	86	80	251	84.5	14
10	20240108	杨圆圆	女	第2组	86	87	90	263	87.3	10
11	20240109	周阳光	男	第2组	82	88	90	260	86.6	12
12	20240110	吴娜	女	第3组	87	89	85	261	87.6	9
13	20240111	赵雨婷	女	第1组	90	93	90	273	91.5	1
14	20240112	李丽丽	女	第3组	89	91	88	268	89.8	5
15	20240113	王小明	男	第3组	93	90	85	268	89.9	4
16	20240114	张美丽	女	第1组	95	90	89	274	91.3	2
17	20240115	刘芳	女	第2组	77	75	80	232	76.6	19
18	20240116	陈华东	男	第2组	67	75	75	217	72.6	21
19	20240117	杨洋	男	第3组	80	83	86	249	82.7	17
20	20240118	黄秋霞	女	第1组	86	90	92	268	89.2	6
21	20240119	周勇	男	第2组	81	85	83	249	83.4	16
22	20240120	吴宇航	男	第3组	91	86	85	262	87.3	10
23	20240121	赵宇	男	第1组	90	88	85	263	88	7

图 3.3.19　所有学生期中成绩名次的结果

（8）判断各人的成绩是否及格和成绩等级

可以使用 IF 函数判断各人的成绩是否及格和成绩等级。

1）计算各人的成绩是否及格，操作步骤如下。

步骤 1：选定 K3 单元格，单击编辑栏中的"插入函数"按钮，打开"插入函数"对话框，在对话框中选择"逻辑"分类中的 IF 函数，然后单击"确定"按钮。

步骤 2：打开"函数参数"对话框，在第 1 个参数"测试条件"文本框中输入"I3>=60"条件表达式，在第 2 个参数"真值"文本框中输入"及格"，在第 3 个参数"假值"文本框中输入"不及格"，如图 3.3.20 所示。

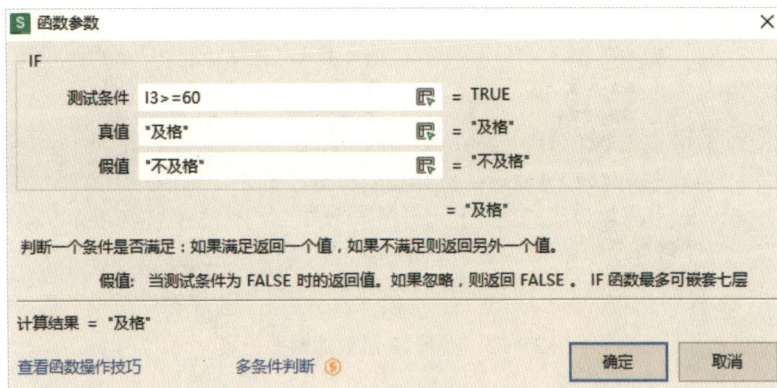

图 3.3.20　成绩是否及格的 IF 函数参数设置

步骤 3：单击"确定"按钮，即可求出第 1 位学生的成绩是"及格"。再使用填充柄复制 K3 单元格中的公式到 K4:K23 单元格区域，即可判断出其他学生的成绩是否及格。

2）计算各人期中成绩的等级。把期中成绩分为 3 个等级：大于或等于 85 分的为"优秀"；介于 60～85 分之间的为"一般"，小于 60 分的为"不及格"。这个操作同样可以使用 IF 函数进行判断，操作步骤如下。

步骤 1：选定 L3 单元格，单击编辑栏中的"插入函数"按钮，打开"插入函数"对话框，在对话框中选择"逻辑"分类中的 IF 函数，然后单击"确定"按钮。

步骤 2：打开"函数参数"对话框，在第 1 个参数"测试条件"文本框中输入"I3>=85"条件表达式，在第 2 个参数"真值"文本框中输入"优秀"，单击第 3 个参数"假值"文本框，如图 3.3.21 所示。

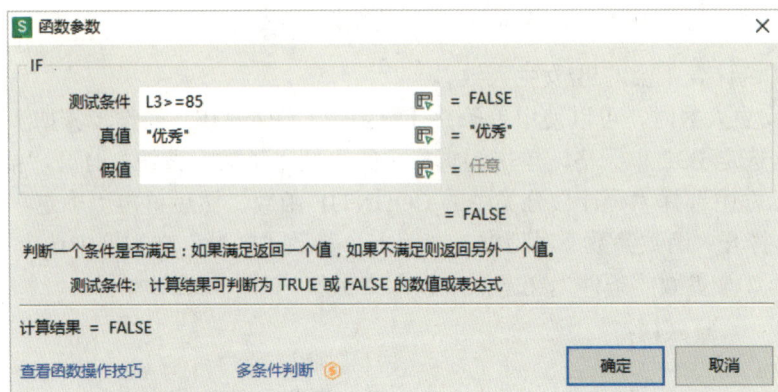

图 3.3.21　期中成绩等级的 IF 函数参数设置

步骤 3：再次单击名称框处的 IF 函数，再次打开 IF 函数的"函数参数"对话框，在第 1 个参数"测试条件"文本框中输入"I3>=60"条件表达式，在第 2 个参数"真值"文本框中输入"一般"，在第 3 个参数"假值"文本框中输入"不及格"，如图 3.3.22 所示。

图 3.3.22 嵌套 IF 函数的参数设置

步骤 4：单击"确定"按钮，L3 单元格中显示为"一般"。使用填充柄复制 L3 单元格中的公式到 L4:L23 单元格区域，结果如图 3.3.23 所示。

学号	姓名	性别	组别	理论题（30%）	上机操作（50%）	文字录入（20%）	三项总分	成绩	成绩名次	是否及格	成绩等级
20240101	李明	男	第1组	78	80	82	240	79.8	18	及格	一般
20240102	王大海	男	第1组	82	85	87	254	84.5	14	及格	一般
20240103	张强	男	第2组	86	88	90	264	87.8	8	及格	优秀
20240104	刘军芳	女	第3组	92	90	88	270	90.2	3	及格	优秀
20240105	陈伟	男	第1组	90	85	80	255	85.5	13	及格	优秀
20240106	杨春凤	女	第2组	76	70	80	226	73.8	20	及格	一般
20240107	黄静	女	第3组	85	86	80	251	84.5	14	及格	一般
20240108	杨圆圆	女	第2组	86	87	90	263	87.3	10	及格	优秀
20240109	周阳光	男	第1组	82	88	90	260	86.6	12	及格	优秀
20240110	吴娜	女	第3组	87	89	85	261	87.6	9	及格	优秀
20240111	赵雨婷	女	第1组	90	93	90	273	91.5	1	及格	优秀
20240112	李丽丽	女	第3组	89	91	88	268	89.8	5	及格	优秀
20240113	王小明	男	第3组	93	90	85	268	89.9	4	及格	优秀
20240114	张美丽	女	第1组	95	90	89	274	91.3	2	及格	优秀
20240115	刘芳	女	第2组	77	75	80	232	76.6	19	及格	一般
20240116	陈华东	男	第2组	67	75	75	217	72.6	21	及格	一般
20240117	杨洋	男	第3组	80	83	86	249	82.7	17	及格	一般
20240118	黄秋霞	女	第1组	86	90	92	268	89.2	6	及格	优秀
20240119	周勇	男	第2组	81	85	83	249	83.4	16	及格	一般
20240120	吴宇航	男	第3组	91	86	85	262	87.3	10	及格	优秀
20240121	赵宇	男	第1组	90	88	85	263	88	7	及格	优秀

图 3.3.23 各人期中成绩是否及格和成绩等级结果

（9）计算统计表 1 中的男/女生人数

计算男/女生人数时，可以使用单条件计数函数 COUNTIF，操作步骤如下。

步骤 1：选定 B32 单元格，单击编辑栏中的"插入函数"按钮，打开"插入函数"对话框，在对话框中选择"统计"分类中的 COUNTIF 函数，然后单击"确定"按钮。

步骤 2：打开"函数参数"对话框，在第 1 个参数"区域"文本框中选定 C3:C23 单元格区域，在第 2 个参数"条件"文本框中输入"男"，如图 3.3.24 所示。

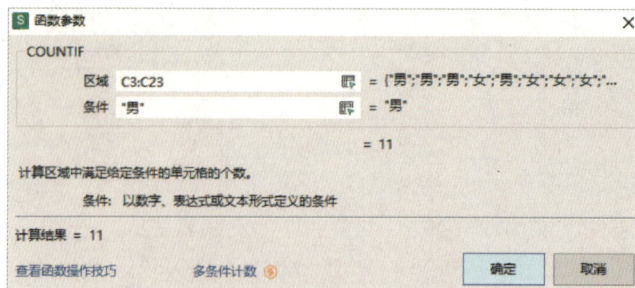

图 3.3.24 COUNTIF "函数参数"对话框

步骤 3：单击"确定"按钮，在 B32 单元格中求出男生的人数为"11"。

步骤 4：使用类似的方法，求出女生的人数为"10"。

（10）计算统计表 1 中的男/女生成绩的总分

计算男/女生成绩的总分时，可以使用单条件求和函数 SUMIF，操作步骤如下。

步骤 1：选定 C32 单元格，单击编辑栏中的"插入函数"按钮，打开"插入函数"对话框，在对话框中选择"数学与三角函数"分类中的 SUMIF 函数，然后单击"确定"按钮。

步骤 2：打开"函数参数"对话框中，在第 1 个参数"区域"文本框中选定 C3:C23 单元格区域，在第 2 个参数"条件"文本框中输入"男"，在第 3 个参数"求和区域"文本框中选定 I3:I23 单元格区域，如图 3.3.25 所示。

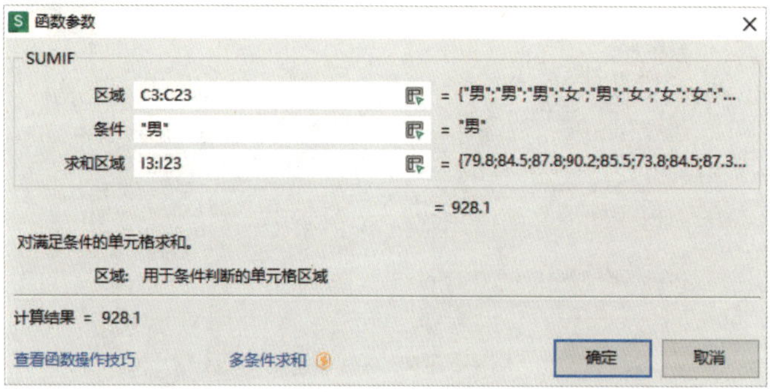

图 3.3.25　SUMIF"函数参数"对话框

步骤 3：单击"确定"按钮，求出男生成绩的总分为"928.1"。

步骤 4：使用类似的方法，求出女生成绩的总分为"848.3"。

（11）计算统计表 1 中的男/女生成绩的平均分

计算男/女生成绩的平均分时，可以使用单条件求平均值函数 AVERAGEIF，操作步骤如下。

步骤 1：选定 D32 单元格，单击编辑栏中的"插入函数"按钮，打开"插入函数"对话框，在对话框中选择"统计"分类中的 AVERAGEIF 函数，然后单击"确定"按钮。

步骤 2：打开"函数参数"对话框，在第 1 个参数"区域"文本框中选定 C3:C23 单元格区域，在第 2 个参数"条件"文本框中输入"男"，在第 3 个参数"求平均值区域"文本框中选定 I3:I23 单元格区域，如图 3.3.26 所示。

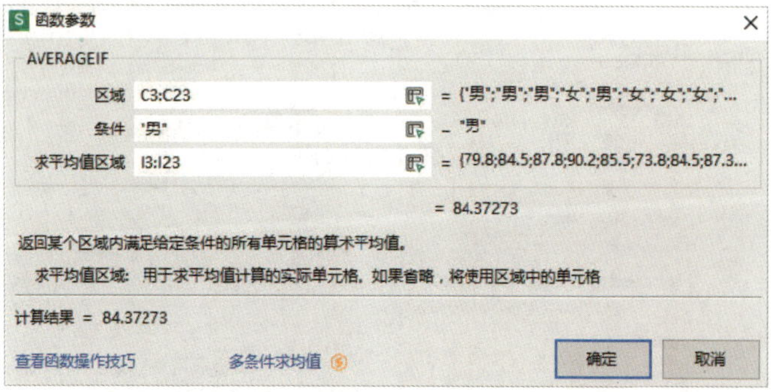

图 3.3.26　AVERAGEIF"函数参数"对话框

步骤 3：单击"确定"按钮，求出男生成绩的平均分为"84.37272727"。

步骤 4：使用类似的方法，求出女生成绩的平均分为"84.83"。

（12）计算统计表 1 中的男/女生成绩的及格人数

计算男/女生成绩的及格人数时，可以使用多条件计数函数 COUNTIFS，操作步骤如下。

步骤 1：选定 E32 单元格，单击编辑栏中的"插入函数"按钮，打开"插入函数"对话框，在对话框中选择"统计"分类中的 COUNTIFS 函数，然后单击"确定"按钮。

步骤 2：打开"函数参数"对话框，在第 1 个参数"区域 1"文本框中选定 C3:C23 单元格区域，在第 2 个参数"条件 1"文本框中输入"男"，在第 3 个参数"区域 2"文本框中选定 I3:I23 单元格区域，在第 4 个参数"条件 2"文本框中输入">=60"，如图 3.3.27 所示。

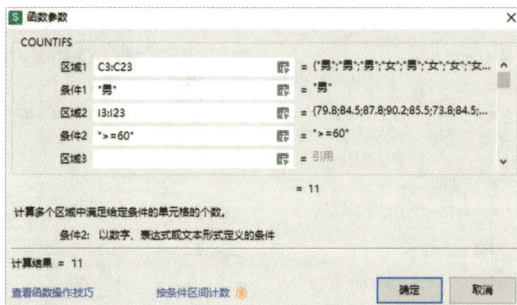

图 3.3.27　COUNTIFS "函数参数" 对话框

步骤 3：单击"确定"按钮，求出男生成绩及格的人数为"11"。

步骤 4：使用类似的方法，求出女生成绩及格的人数为"10"。

（13）计算统计表 2 中各组各成绩等级的成绩平均分

计算各组（第 1 组、第 2 组、第 3 组）各成绩等级（优秀、一般、不及格）的成绩平均分时，可以使用多条件求平均值函数 AVERAGEIFS，操作步骤如下。

步骤 1：选定 B37 单元格，单击编辑栏中的"插入函数"按钮，打开"插入函数"对话框，在对话框中选择"统计"分类中的 AVERAGEIFS 函数，然后单击"确定"按钮。

步骤 2：打开"函数参数"对话框，在第 1 个参数"求平均值区域"文本框中选定 I3:I23 单元格区域，在第 2 个参数"区域 1"文本框中选定 D3:D23 单元格区域，在第 3 个参数"条件 1"文本框中选定 A37 单元格，在第 4 个参数"区域 2"文本框中选定 L3:L23 单元格区域，在第 5 个参数"条件 2"文本框中输入"优秀"，如图 3.3.28 所示。

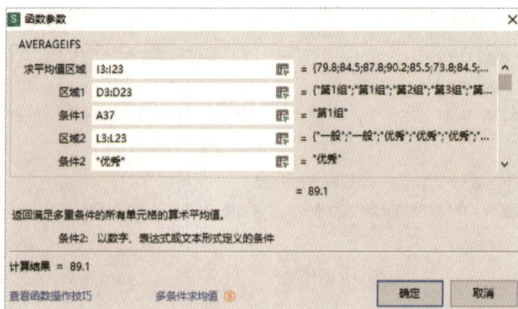

图 3.3.28　AVERAGEIFS "函数参数" 对话框

步骤 3：此时，第 1 组成绩等级为"优秀"的成绩平均分"89.1"已经显示出来了。为了使"求平均值区域""区域 1""区域 2"等参数的单元格引用地址保持不变，要将这 3 个参数引用的单元格区域改为绝对地址引用，如图 3.3.29 所示，再单击"确定"按钮。

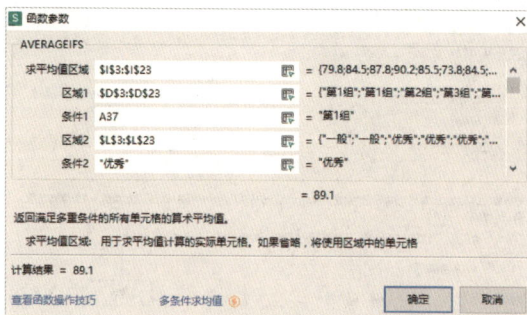

图 3.3.29　使用绝对地址引用单元格区域 2

步骤 4：使用填充柄复制 B37 单元格中的公式到 B38 单元格和 B39 单元格，求出第 2、3 组成绩等级为"优秀"的成绩平均分为"87.23333333"和"88.96"。

步骤 5：使用类似的方法，求出各组"成绩等级为'一般'的成绩平均分"和各组"成绩等级为'不及格'的成绩平均分"，结果如图 3.3.30 所示。

统计表2			
组别	成绩等级为"优秀"的成绩平均分	成绩等级为"一般"的成绩平均分	成绩等级为"不及格"的成绩平均分
第1组	89.1	82.15	82.15
第2组	87.23333333	76.6	76.6
第3组	88.96	83.6	83.6

图 3.3.30　统计表 2 中各项数据的结果

（14）计算各人的辅导课室

依据本工作簿"信息技术"期中考试成绩表中 Q3:R7 单元格区域所列的内容，填写"辅导课室"列的内容，可以使用纵向查找函数 VLOOKUP 来实现。操作步骤如下。

步骤 1：选定 M3 单元格，单击编辑栏中的"插入函数"按钮，打开"插入函数"对话框，在对话框中选择"查找与引用"分类中的 VLOOKUP 函数，然后单击"确定"按钮。

步骤 2：打开"函数参数"对话框，在第 1 个参数"查找值"文本框中选定 L3 单元格，在第 2 个参数"数据表"文本框中选定 Q3:R7 单元格区域，在第 3 个参数"列序数"文本框中输入数字"2"，在第 4 个参数"匹配条件"文本框中输入"FALSE"（精确匹配，也可以根据需要输入 TRUE 或忽略进行大致匹配），如图 3.3.31 所示。

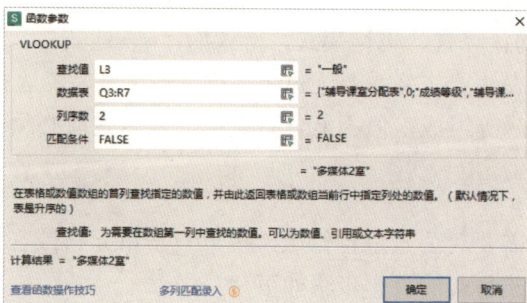

图 3.3.31　VLOOKUP"函数参数"对话框

步骤 3：此时，第 1 个学生的辅导课室已经显示出来了。为了使"数据表"参数的单元格引用地址保持不变，要将 Q3:R7 单元格区域引用改为绝对地址引用，如图 3.3.32 所示，再单击"确定"按钮。

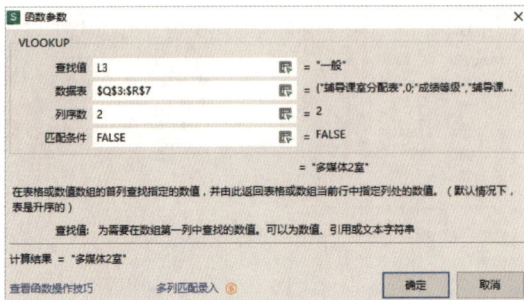

图 3.3.32　使用绝对地址引用单元格区域 3

步骤 4：使用填充柄复制 M3 单元格中的公式到 M4:M23 单元格区域，各位学生的辅导课室即可自动填充完毕，结果如图 3.3.33 所示。

图 3.3.33　各位学生辅导课室的分配结果

相关知识

1. 公式的格式

公式即 WPS 表格的计算式，也称等式，形式为"=表达式"。

表达式可以是算术表达式、关系表达式和字符串表达式，表达式可以由运算符、常量、单元格地址、函数及括号等组成，但不能含有空格，表达式前必须有等号"="。

2. 修改公式

输入公式后，有时需要对公式进行修改，可以双击单元格或在数据编辑区进行公式的修改。在数据编辑区修改公式的操作步骤如下。

步骤 1：选定公式所在的单元格。

步骤 2：单击数据编辑区，对公式进行修改。

步骤 3：按 Enter 键确认。

3. 运算符

使用运算符把常量、单元格地址、函数及括号等连接起来就构成了表达式。常用的运算符有加、减、乘、除算术运算符，还有字符运算符和关系运算符，如表 3.3.1 所示。

表 3.3.1　常用运算符及功能

类别	运算符	功能	举例
算术运算符	－	负号	－6，－F7
	%	百分数	12%（即 0.12）
	^	乘方	7^2（即 7^2）
	*，/	乘，除	6*8，3/8
	+，－	加，减	5+75，6-3
字符运算符	&	字符串连接	"中国" & "2021"（即中国 2021）
关系运算符	=	等于	4=5 的值为假
	<>	不等于	4<>5 的值为真
	>	大于	4>5 的值为假
	>=	大于等于	4>=5 的值为假
	<	小于	4<5 的值为真
	<=	小于等于	4<=5 的值为真

4. 引用格式

在 WPS 表格公式中，经常使用单元格地址来进行计算，这种方法称为"引用"。引用有单元格引用、跨表引用和三维引用 3 种形式，引用方式上又分为绝对地址引用和相对地址引用两种。引用的作用在于标识工作表中的单元格或单元格区域，并指明公式中所使用数据的位置。通过引用，可以在公式中引用工作表不同部分的数据，或者在多个公式中引用同一个单元格的数据。

（1）单元格引用

将该单元格的列序号和行序号依次连接起来即可。例如，A1 引用的是工作表中第一行第一列的单元格数据，D10 引用的是工作表中第 10 行第 4 列的数据。

单元格区域是由该区域左上角和右下角的单元格地址组合来识别的。引用单元格区域就是引用该区域内所有的单元格，其表现形式是左上角单元格名称:右下角单元格名称，如 A1:G4 引用的就是如图 3.3.34 所示的单元格区域。

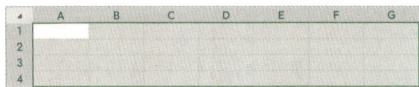

图 3.3.34　A1:G4 单元格区域

（2）跨表引用

跨表引用是指引用其他工作表内的单元格或单元格区域。引用时要在单元格或单元格区域前加工作表和"!"。例如，"学生基本信息表!B3"表示引用"学生基本信息表"工作表中的 B3 单元格；"学生基本信息表!B3:G18"表示引用"学生基本信息表"工作表中的 B3:G18 单元格区域。

（3）三维引用

三维引用是指引用连续的工作表中同一单元格或单元格区域。这种引用类似一个三维的长方体，所以称为三维引用。

三维引用单元格的形式：工作表名称+“:”+工作表名称+“!”+单元格引用。

三维引用单元格区域的形式：工作表名称+“:”+工作表名称+“!”+单元格区域引用。

（4）相对地址和绝对地址引用

相对地址引用是指公式中的单元格地址是当前单元格与公式所在单元格的相对位置。默认情况下复制公式时单元格地址均使用相对引用，此时复制公式到另一单元格时，WPS表格本身会根据“公式的原来位置和复制后的位置，两者间的变化规律”自动调整单元格的地址。

例如，在 H3 单元格中计算“三项总分”，输入公式“=E3+F3+G3”，实际上代表了将E3 单元格、F3 单元格和 G3 单元格中的数字相加并把结果放到 H3 单元格中。将 H3 单元格中的公式使用填充柄复制到 H4 单元格中，H4 单元格相对于 H3 单元格，列序号没有变，行要加 1，于是 E3 单元格变 E4 单元格，F3 单元格变 F4 单元格，G3 单元格变 G4 单元格，复制后的公式为“=E4+F4+G4”。

绝对地址引用是指公式中的单元格地址是绝对地址，无论怎样复制公式，地址永远不会变化。为了与相对地址区分，在单元格的列序号和行序号之前添加“$”符号即为绝对地址引用。在行序号前加“$”是绝对引用行；在列序号前加“$”是绝对引用列；行序号和列序号前面分别加“$”表示绝对引用某个单元格。

5. 复制公式的方法

复制公式的方法有以下两种。

方法 1：选定含有公式的单元格，执行“复制”操作，选定目标单元格，再执行“粘贴”操作。

方法 2：选定含有公式的单元格，拖动该单元格的填充柄进行填充，即可完成公式的复制。

6. 函数的格式

函数的格式：=函数名([参数 1],[参数 2],…)。

例如，SUM 函数的语法是“SUM(数值 1,数值 2…)”，其中，SUM 是函数名，一个函数只有唯一的一个名称，它决定了函数的功能和用途。函数名后紧跟左括号，接着是用逗号分隔的称为参数的内容，最后用一个右括号表示函数结束。参数是函数中最复杂的组成部分，它规定了函数的运算对象、顺序或结构等。

在 WPS 表格中，函数的使用有以下几点要求。

1）函数必须有函数名，并且以“=”开头，如“=SUM(D3:F3)”。

2）函数的参数必须用括号( )括起来。其中，函数名与左括号之间不能有空格，个别函数如果不需要参数，也必须在函数名后加上空括号，如“=PI()*3^2”。

3）函数的参数个数多于 1 个时，参数之间必须用“,”分隔，如“=IF(I3>=60,"及格","不及格")”。

4）函数参数的类型可以是数字、文本、逻辑值、单元格的引用等，但都必须使用英文半角标点符号。

7. 自动求和按钮

求"理论题""上机操作""文字录入"的三项总分，也可以利用"求和"按钮更快速地求出，操作步骤如下。

步骤 1：选择 E3:H23 单元格区域。

步骤 2：选择"开始"→"求和"→"求和"选项。

除了可以自动求和，还可以自动求平均值、自动计数、自动求最大值、自动求最小值等。

任务 *3.4* 分析成绩统计表

☞ **任务描述**

　　已经使用公式或函数将"信息技术"的期中考试成绩统计出来了，为进一步了解"信息技术"考试成绩的情况，需要完成以下几项任务目标操作。

微课：分析成绩
统计表

☞ **任务目标**

　　1）按成绩由高分到低分排序。

　　2）先按各小组排序，再按成绩由高分到低分排序。

　　3）筛选出"理论题""上机操作""文字录入"3 项考试成绩均在 85 分以上的记录。

　　4）筛选出第 1 组成绩大于或等于 85 分的学生记录。

　　5）分类汇总出每个小组各项平均分的情况。

　　6）能根据要求对班级成绩表中的相关数据进行分析。

　　7）培养逻辑思维、创新思维和深入思考、刻苦钻研的学习精神。

💻 **任务实施**

为了方便查看处理之后的数据，新建了 5 个工作表，依次用"期中成绩排序""小组期中成绩排序""三项成绩筛选""第 1 组成绩筛选""汇总小组成绩"来重命名各工作表，如图 3.4.1 所示。复制"Sheet1"工作表的第 1～23 行数据到各工作表中。

图 3.4.1　新建并重命名各工作表

1.　排序

排序是指以一个或几个关键字为依据，按一定顺序对数据进行重新排列。要完成两种不同情况的排序：简单排序和自定义排序。

图 3.4.2　降序命令

（1）按成绩由高分到低分排序

按成绩由高分到低分排序，属于按一个关键字进行排序，是简单的排序。操作步骤如下。

步骤 1：选定"期中成绩排序"工作表。

步骤 2：单击作为排序依据的"成绩"列的任意一个单元格，如 I3。

步骤 3：选择"开始"→"排序"→"降序"选项，如图 3.4.2 所示，即可按"成绩"由高分到低分进行重新排序，如图 3.4.3 所示。

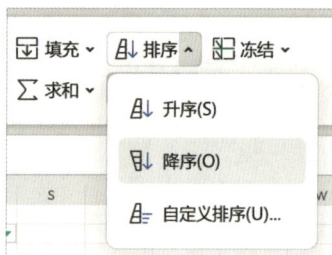

图 3.4.3　按"成绩"降序排序的结果

（2）先按各小组排序，再按成绩由高分到低分排序

先按各小组排序，再按成绩由高分到低分排序，属于按多个关键字进行排序，要使用"自定义排序"的方法来完成。操作步骤如下。

步骤 1：选定"小组期中成绩排序"工作表。

步骤 2：单击该工作表中 A2:M23 单元格区域中的任意一个单元格，如 B13 单元格。

步骤 3：选择"开始"→"排序"→"自定义排序"选项。

步骤 4：打开"排序"对话框，在"主要关键字"下拉列表中选择"组别"选项，排序依据为"数值"，次序为"升序"；然后单击"添加条件"按钮，在"次要关键字"下拉列表中选择"成绩"选项，排序依据为"数值"，次序为"降序"，如图 3.4.4 所示。

图 3.4.4 "排序"对话框

步骤 5：单击"确定"按钮，即可得到先按"小组"升序排序，如果"小组"相同，再按"成绩"降序排序的结果，如图 3.4.5 所示。

图 3.4.5 按"组别"升序、"成绩"降序排序的结果

2. 筛选

筛选是查找和处理数据的快捷方式。与排序不同，执行筛选时并不重排数据，筛选只是暂时隐藏不必显示的行。WPS 表格筛选有"自动筛选"和"高级筛选"两类。

要筛选出"理论题""上机操作""文字录入"3 项考试成绩均在 85 分以上的记录和第 1 组成绩大于或等于 85 分的学生记录。

（1）筛选出"理论题""上机操作""文字录入"3 项成绩均在 85 分以上的记录

使用"自动筛选"的方法来实现，操作步骤如下。

步骤 1：选定"三项成绩筛选"工作表。

步骤 2：选定该工作表中的 A2:M23 单元格区域。

步骤 3：选择"开始"→"筛选"→"筛选"选项，该数据工作表各列标题右侧都出现一个下拉按钮 ▼，如图 3.4.6 所示。

图 3.4.6 筛选下拉按钮

步骤 4：单击 E2 单元格（即"理论题"列标题）的下拉按钮，在弹出的下拉列表中选择"数字筛选"→"大于或等于"选项，如图 3.4.7 所示。

步骤 5：打开"自定义自动筛选方式"对话框，在"大于或等于"文本框中输入"85"，如图 3.4.8 所示。

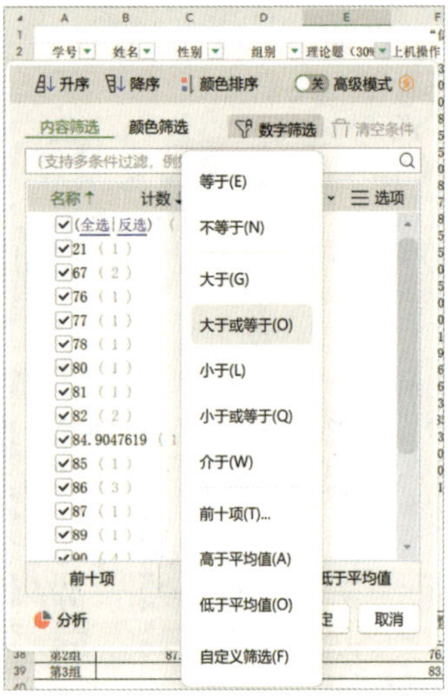

图 3.4.7　筛选菜单的下拉列表 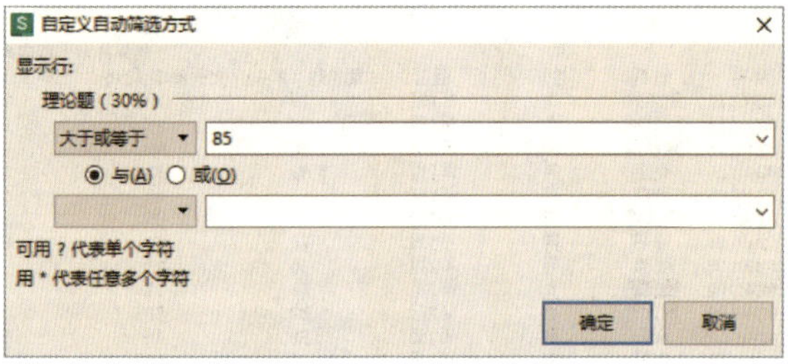　　　　　　　　图 3.4.8　输入筛选条件

步骤 6：单击"确定"按钮，筛选出符合条件的记录，如图 3.4.9 所示。

	A	B	C	D	E	F	G	H	I	J	K	L	M
1							"信息技术"期中考试成绩表						
2	学号	姓名	性别	组别	理论题（30%	上机操作（50%	文字录入（20%	三项总分	成绩	成绩名	是否	成绩等	辅导课
3	20240111	赵雨婷	女	第1组	90	93	90	273	91.5	1	及格	优秀	多媒体1室
4	20240114	张美丽	女	第1组	95	90	89	274	91.3	2	及格	优秀	多媒体1室
5	20240118	黄秋霞	女	第1组	86	90	92	268	89.2	6	及格	优秀	多媒体1室
6	20240121	赵宇	男	第1组	90	88	85	263	88	7	及格	优秀	多媒体1室
7	20240105	陈伟	男	第1组	90	85	80	255	85.5	13	及格	优秀	多媒体1室
10	20240103	张强	男	第2组	86	88	90	264	87.8	8	及格	优秀	多媒体1室
11	20240108	杨圆圆	女	第2组	86	87	90	263	87.3	10	及格	优秀	多媒体1室
17	20240104	刘军芳	女	第3组	92	90	88	270	90.2	3	及格	优秀	多媒体1室
18	20240113	王小明	男	第3组	93	90	85	268	89.9	4	及格	优秀	多媒体1室
19	20240112	李丽丽	女	第3组	89	91	88	268	89.8	5	及格	优秀	多媒体1室
20	20240110	吴娜	女	第3组	87	89	85	261	87.6	9	及格	优秀	多媒体1室
21	20240120	吴宇航	男	第3组	91	86	85	262	87.3	10	及格	优秀	多媒体1室
22	20240107	黄静	女	第3组	85	86	80	251	84.5	14	及格	一般	多媒体2室

图 3.4.9　筛选出"理论题"大于或等于 85 分以上的记录

步骤 7：单击 F2 单元格（即"上机操作"列标题）的下拉按钮，使用类似步骤 4～6 的方法筛选出"理论题"和"上机操作"均大于或等于 85 分以上的记录，如图 3.4.10 所示。

学号	姓名	性别	组别	理论题（30%	上机操作（50%	文字录入（20%	三项总分	成绩	成绩名	是否及	成绩等	辅导课
					"信息技术"期中考试成绩表							
20240111	赵雨婷	女	第1组	90	93	90	273	91.5	1	及格	优秀	多媒体1室
20240114	张美丽	女	第1组	95	90	89	274	91.3	2	及格	优秀	多媒体1室
20240118	黄秋霞	女	第1组	86	90	92	268	89.2	6	及格	优秀	多媒体1室
20240121	赵宇	男	第1组	90	88	85	263	88	7	及格	优秀	多媒体1室
20240105	陈伟	男	第1组	90	85	80	255	85.5	13	及格	优秀	多媒体1室
20240103	张强	男	第2组	86	88	90	264	87.8	8	及格	优秀	多媒体1室
20240108	杨圆圆	女	第2组	86	87	90	263	87.3	8	及格	优秀	多媒体1室
20240104	刘军芳	女	第3组	92	90	88	270	90.2	3	及格	优秀	多媒体1室
20240113	王小明	男	第3组	93	90	85	268	89.9	4	及格	优秀	多媒体1室
20240112	李丽丽	女	第3组	89	91	88	268	89.8	5	及格	优秀	多媒体1室
20240110	吴娜	女	第3组	87	89	85	261	87.6	9	及格	优秀	多媒体1室
20240120	吴宇航	男	第3组	91	86	85	262	87.3	10	及格	优秀	多媒体1室
20240107	黄静	女	第3组	85	86	80	251	84.5	14	及格	一般	多媒体2室

图 3.4.10　筛选出"理论题"和"上机操作"均大于或等于 85 分以上的记录

步骤 8：单击 G2 单元格（即"文字录入"列标题）的下拉按钮，使用类似步骤 4～6 的方法筛选出"理论题""上机操作""文字录入"均大于或等于 85 分以上的记录，如图 3.4.11 所示。

图 3.4.11 筛选出"理论题""上机操作""文字录入"均大于或等于 85 分以上的记录

（2）筛选出第 1 组成绩大于或等于 85 分的学生记录

使用"高级筛选"的方法来完成该操作，操作步骤如下。

步骤 1：选定"第 1 组成绩筛选"工作表。

步骤 2：在 A26:M27 单元格区域对应的列上输入高级筛选的条件，如图 3.4.12 所示。

图 3.4.12 输入高级筛选的条件

步骤 3：单击该工作表中 A2:M23 单元格区域中的任意一个单元格，如 A2 单元格。

步骤 4：选择"开始"→"筛选"→"高级筛选"选项，如图 3.4.13 所示。在打开的"高级筛选"对话框中，设置"方式"为"将筛选结果复制到其他位置"，在"列表区域"文本框中选择 A2:M23 单元格区域，在"条件区域"文本框中选择 A26:M27 单元格区域，在"复制到"文本框中选择 A29 单元格，如图 3.4.14 所示。

步骤 5：单击"确定"按钮，即从 A29 单元格开始显示筛选结果。

图 3.4.13 "高级筛选"命令

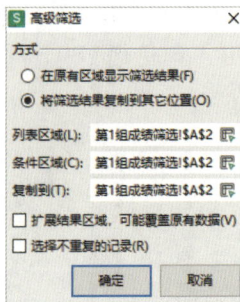

图 3.4.14 "高级筛选"对话框

3. 分类汇总

WPS 表格提供了分类汇总功能，可以帮助用户快速地对数据表进行自动汇总计算。

为了进一步了解各小组的成绩情况，要汇总出每个小组的各项平均分。这个操作要使用 WPS 表格的分类汇总功能来完成，操作步骤如下。

步骤 1：选定"汇总小组成绩"工作表。

步骤 2：单击该工作表中的 D2 单元格（即"组别"列标题），选择"开始"→"排序"→"升序"选项，将"组别"列的数据按升序进行排序，如图 3.4.15 所示。

图 3.4.15 按"组别"升序排序

步骤 3：选定 A2:M23 单元格区域，或在 A2:M23 单元格区域中任选一个单元格。

步骤 4：单击"数据"→"分类汇总"按钮，在打开的"分类汇总"对话框中进行相应的设置：在"分类字段"下拉列表中选择"组别"选项；在"汇总方式"下拉列表中选择"平均值"选项；在"选定汇总项"列表框中选中"理论题（30%）""上机操作（50%）""文字录入（20%）""成绩"复选框；选中"替换当前分类汇总"和"汇总结果显示在数据下方"复选框，如图 3.4.16 所示。

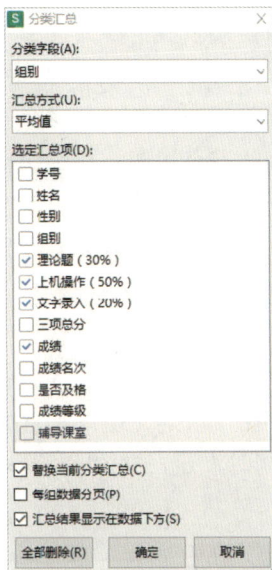

图 3.4.16　“分类汇总”对话框

步骤 5：单击“确定”按钮，按各小组分类汇总的结果如图 3.4.17 所示。

	A	B	C	D	E	F	G	H	I	J	K	L	M
1	“信息技术”期中考试成绩表												
2	学号	姓名	性别	组别	理论题（30%）	上机操作（50%）	文字录入（20%）	三项总分	成绩	成绩名次	是否及格	成绩等级	辅导课室
3	20240111	赵雨婷	女	第1组	90	93	90	273	91.5	1	及格	优秀	多媒体1室
4	20240114	张美丽	女	第1组	95	90	89	274	91.3	2	及格	优秀	多媒体1室
5	20240118	黄秋霞	女	第1组	86	90	92	268	89.2	6	及格	优秀	多媒体1室
6	20240121	赵宇	男	第1组	90	88	85	263	88	7	及格	优秀	多媒体1室
7	20240105	陈伟	男	第1组	90	85	80	255	85.5	14	及格	优秀	多媒体1室
8	20240102	王大海	男	第1组	82	85	87	254	84.5	15	及格	一般	多媒体2室
9	20240101	李明	男	第1组	78	80	82	240	79.8	20	及格	一般	多媒体2室
10				**第1组 平均值**	87.28571429	87.28571429	86.42857143		87.11428571				
11	20240103	张强	男	第2组	86	88	90	264	87.8	8	及格	优秀	多媒体1室
12	20240108	杨圆圆	女	第2组	86	87	90	263	87.3	10	及格	优秀	多媒体1室
13	20240109	周阳光	男	第2组	82	88	90	260	86.6	13	及格	优秀	多媒体1室
14	20240119	周勇	男	第2组	81	85	83	249	83.4	17	及格	一般	多媒体2室
15	20240115	刘芳	女	第2组	77	75	80	232	76.6	21	及格	一般	多媒体2室
16	20240106	杨春风	女	第2组	76	70	80	226	73.8	22	及格	一般	多媒体2室
17	20240116	陈华东	男	第2组	67	75	75	217	72.6	23	及格	一般	多媒体2室
18				**第2组 平均值**	79.28571429	81.14285714	84		81.15714286				
19	20240104	刘军芳	女	第3组	92	90	88	270	90.2	3	及格	优秀	多媒体1室
20	20240113	王小明	男	第3组	93	90	85	268	89.9	4	及格	优秀	多媒体1室
21	20240112	李丽丽	女	第3组	89	91	88	268	89.8	5	及格	优秀	多媒体1室
22	20240110	吴娜	女	第3组	87	89	85	261	87.6	9	及格	优秀	多媒体1室
23	20240120	吴宇航	男	第3组	91	86	85	262	87.3	10	及格	优秀	多媒体1室
24	20240107	黄静	女	第3组	85	86	80	251	84.5	15	及格	一般	多媒体2室
25	20240117	杨洋	男	第3组	80	83	86	249	82.7	18	及格	一般	多媒体2室
26				**第3组 平均值**	88.14285714	87.85714286	85.28571429		87.42857143				
27				**总平均值**	84.9047619	85.42857143	85.23809524		85.23333333				

图 3.4.17　按各小组分类汇总的结果

相关知识

1. 对数据进行自动筛选的另一种方法

对数据进行自动筛选，除可以使用“开始”→“筛选”→“筛选”选项外，也可以使用“数据”→“自动筛选”按钮，操作方法与前面所述相同，这里不再赘述。

2. 多条件筛选

多条件筛选通过多重条件的灵活组合对数据进行筛选，从而帮助用户较为轻松地统计、分析复杂的数据。多条件筛选有同要素多重条件筛选和不同要素多重条件筛选。

（1）同要素多重条件筛选

例如，要筛选"成绩等级"为优秀和不及格的学生记录，操作步骤为，在自动筛选的数据状态下，单击"成绩等级"列的下拉按钮，在弹出的下拉列表中取消选中"一般"复选框，然后选定"优秀"和"不及格"两个条件，即可完成筛选。

（2）不同要素多重条件筛选

例如，完成的"'理论题''上机操作''文字录入'3 项考试成绩均在 85 分以上的记录"筛选属于不同要素多重条件筛选。

（3）"与/或"关系

当同一列有两个筛选条件时，在"自定义自动筛选方式"对话框中有"与"和"或"两种情况，"与"表示两个条件要同时满足，"或"表示只要满足其中一个条件即可。

（4）取消筛选

1）取消其中一列的筛选条件。例如，消除"文字录入"列的筛选条件，操作步骤为：单击该列筛选的下拉按钮，在弹出的下拉列表中单击"清空条件"按钮，即可清除"文字录入"列的筛选条件。

2）取消所有筛选的条件，有以下 3 种方法。

方法 1：选择"开始"→"筛选"→"全部显示"选项。这种方法显示全部数据，但仍在筛选状态。

方法 2：单击"数据"→"全部显示"按钮。这种方法显示全部数据，但仍在筛选状态。

方法 3：单击"数据"→"筛选"按钮。这种方法直接退出筛选状态，显示原来的数据。

（5）设置筛选条件

进行高级筛选时，必须在工作表中建立一个条件区域，输入条件的字段名称和条件值。设置筛选条件时有以下几个原则。

1）条件区域的字段名放在同一行，字段名必须与数据表区域内容完全一样。

2）同一行的条件值是逻辑"与"的关系，即所有条件都满足才符合筛选条件，如图 3.4.18（a）所示。

3）不同行的条件值是逻辑"或"的关系，即满足其中任何一个条件都符合筛选条件，如图 3.4.18（b）所示。

4）同一列的条件值是逻辑"或"的关系，如图 3.4.18（c）所示。

5）在输入高级筛选的条件时，条件表达式的逻辑符号必须使用半角的英文符号。

组别	成绩
第1组	>=85

（a）同一行逻辑"与"

理论题	上机操作	文字录入
>=85		
	>=85	
		>=85

（b）不同行逻辑"或"

成绩
>=85
<60

（c）同一列逻辑"或"

图 3.4.18　高级筛选的与/或关系

3. 按分类字段排序

如果要使用 WPS 表格的“分类汇总”功能，则必须先按分类字段进行排序，将要进行分类汇总的行组合到一起，然后为包含数字的列计算分类汇总。

4. 分级按钮

分类汇总后，工作表的左上角显示层级编号，单击编号 1 将显示全部数据的汇总结果，即“总平均值”行；单击编号 2 将显示每组数据的汇总结果，即“总平均值”行和“第 1 组平均值”“第 2 组平均值”“第 3 组平均值”汇总行；单击编号 3 则显示全部数据。

5. 显示或隐藏数据

分类汇总后，可以单击工作表行号左侧的减号按钮或加号按钮，显示或隐藏数据；或单击“数据”选项卡中的“显示明细数据”按钮或“隐藏明细数据”按钮，显示或隐藏数据。

6. 取消分类汇总

如果要取消当前的分类汇总，则单击“数据”→“分类汇总”按钮，在打开的“分类汇总”对话框中单击“全部删除”按钮即可。

7. 数据透视表

数据透视表是一种交互式的表，可以对数据进行求和计算和分类汇总等，可以动态地改变数据的版面布置，以便按照不同方式分析数据。

在学校技能节比赛中，2024 年春季学期歌唱比赛成绩表如图 3.4.19 所示。

要对 2024 年春季学期歌唱比赛的成绩进行汇总分析，这个操作可以使用 WPS 表格的“数据透视表”功能来完成，操作步骤如下。

步骤 1：打开“2024 年春季学期歌唱比赛成绩表”工作簿，选定 Sheet1 工作表 A2:F30 单元格区域中的任一单元格。

步骤 2：单击“插入”→“数据透视表”按钮，或单击“数据”→“数据透视表”按钮，打开“创建数据透视表”对话框。

2024年春季学期歌唱比赛成绩表					
歌曲名称	班别	学号	姓名	成绩	奖项
说谎"	202301	20240101	李明	88	第四名
"演员"	202301	20240102	王大海	85	第五名
"成全"	202302	20240103	张强	82	第七名
"小幸运"	202303	20240104	刘军芳	79	第九名
"情歌"	202303	20240105	陈伟	89	第三名
"红玫瑰"	202303	20240106	杨春风	90	第二名
"认真的雪"	202302	20240107	黄静	76	第十一名
"旋木"	202303	20240108	杨圆圆	75	第十二名
"彩虹"	202301	20240109	周阳光	78	第十名
"月亮代表我的	202302	20240110	吴娜	92	第一名
菊花台"	202303	20240111	赵雨婷	83	第六名
"寂寞寂寞就好"	202301	20240112	李丽丽	80	第八名

图 3.4.19 2024 年春季学期歌唱比赛成绩表

步骤 3：在“创建数据透视表”对话框中，由于前面已选定了 A2:F14 单元格区域中的任一单元格为当前单元格，所以“请选择单元格区域”文本框中自动选定了 A2:F14 的数据表区域。在“请选择放置数据透视表的位置”选项组中选中“现有工作表”单选按钮，位置为当前工作表的 H2 单元格，如图 3.4.20 所示。

步骤 4：单击“确定”按钮。

步骤 5：在窗口右侧的“数据透视表”任务窗格中将“班别”和“姓名”拖到“行”区域，将“歌曲名称”拖到“列”区域，将“成绩”拖到“值”区域，如图 3.4.21 所示。数据透视表默认按"班别"和"姓名"自动统计各项目各班学生的成绩平均值。

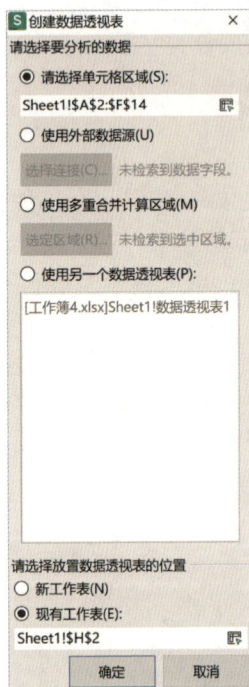

图 3.4.20　设置后的"创建数据透视表"对话框

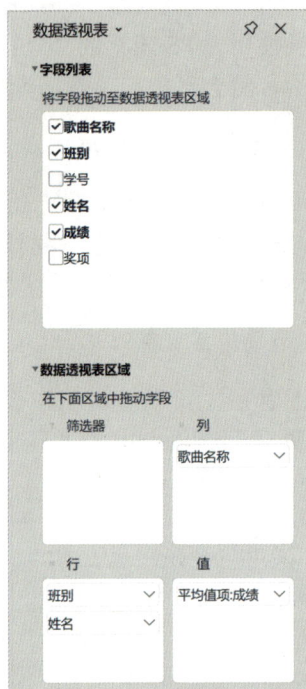

图 3.4.21　设置数据透视表

步骤 6：汇总各项目各班学生成绩的平均值。单击"平均值项:成绩"下拉按钮，在弹出的下拉列表中选择"值字段设置"选项，打开"值字段设置"对话框。在对话框的"值字段汇总方式"选项组的"选择用于汇总所选字段数据的计算类型"列表框中选择"平均值"选项，如图 3.4.22 所示，然后单击"确定"按钮。

图 3.4.22　"值字段设置"对话框

生成的数据透视表如图 3.4.23 所示。

平均值项: 成绩	歌曲名称 ▼													
班级 ▼	姓名 ▼	"彩虹"	"成全"	"红玫瑰"	"寂寞寂寞就好"	"情歌"	"认真的雪"	"小幸运"	"痛哭"	"演员"	"月亮代表我的心"	"菊花台"	"说谎"	总计
⊟202301		78			80					85			88	82.75
	李丽丽				80									80
	李明												88	88
	王大海									85				85
	周阳光	78												78
⊟202302			82				76				92			83.33333333
	黄静						76							76
	吴柳										92			92
	张强		82											82
⊟202303				90		89		79	75			83		83.2
	陈伟					89								89
	刘军芳							79						79
	杨春风			90										90
	杨西圆								75					75
	赵雨桦											83		83
总计		78	82	90	80	89	76	79	75	85	92	83	88	83.0833333

图 3.4.23　生成的数据透视表

步骤 7：选择创建好的数据透视表，在"设计"选项卡中可以对数据透视表应用"数据透视表样式"。如果想要移动或删除数据透视表，则可以单击"分析"→"移动数据透视表"按钮或"删除数据透视表"按钮。

任务 *3.5* 制作成绩统计图表

☞ 任务描述

图表具有较好的视觉效果，能够直观地体现工作表数据之间的关系，增强数据的说服力，引起人们的兴趣并注意到数据的差异和预测趋势。为了更清晰、直观地分析学生的期中考试情况，使用 WPS 表格的图表来进行分析。

☞ 任务目标

1）将所有人的成绩使用簇状柱形图展示，需掌握簇状柱形图的设置方法。

2）掌握图表标题的设置方法。

3）掌握数值轴坐标的设置方法。

4）根据提供的数据制作成绩统计图表，直观地展示数据。

5）培养数据思维，善于洞察数据背后的规律和趋势。

💻 任务实施

1. 修改图标布局、美化图标

使用"姓名"列和"成绩"列数据创建图表，再根据实际情况修改图表布局和美化图表。

步骤1：打开"'信息技术'期中考试成绩表"工作簿，选定 Sheet1 工作表为当前工作表。

步骤2：选定 B2:B23 单元格区域，按住 Ctrl 键，选定 I2:I23 单元格区域，如图 3.5.1 所示。

	A	B	C	D	E	F	G	H	I	J	K	L	M
1							"信息技术"期中考试成绩表						
2	学号	姓名	性别	组别	理论题（30%）	上机操作（50%）	文字录入（20%）	三项总分	成绩	成绩名次	是否及格	成绩等级	辅导课室
3	20240101	李明	男	第1组	78	80	82	240	79.8	18	及格	一般	多媒体2室
4	20240102	王大海	男	第1组	82	85	87	254	84.5	14	及格	一般	多媒体2室
5	20240103	张强	男	第2组	86	88	90	264	87.8	8	及格	优秀	多媒体1室
6	20240104	刘军芳	女	第3组	92	90	88	270	90.2	3	及格	优秀	多媒体1室
7	20240105	陈伟	男	第1组	90	85	80	255	85.5	13	及格	优秀	多媒体2室
8	20240106	杨春风	男	第2组	76	70	80	226	73.8	20	及格	一般	多媒体2室
9	20240107	黄静	女	第3组	85	86	80	251	84.5	14	及格	一般	多媒体2室
10	20240108	杨圆圆	女	第2组	86	87	90	263	87.3	10	及格	优秀	多媒体1室
11	20240109	周阳光	男	第2组	82	88	90	260	86.6	12	及格	优秀	多媒体1室
12	20240110	吴娜	女	第3组	87	89	85	261	87.6	9	及格	优秀	多媒体1室
13	20240111	赵雨婷	女	第1组	90	93	90	273	91.5	1	及格	优秀	多媒体1室
14	20240112	李丽丽	女	第3组	89	91	88	268	89.8	5	及格	优秀	多媒体1室
15	20240113	王小明	男	第3组	93	90	85	268	89.9	4	及格	优秀	多媒体1室
16	20240114	张美丽	女	第1组	95	90	89	274	91.3	2	及格	优秀	多媒体1室
17	20240115	刘芳	女	第2组	77	75	80	232	76.6	19	及格	一般	多媒体2室
18	20240116	陈华东	男	第1组	67	75	75	217	72.6	21	及格	一般	多媒体2室
19	20240117	杨洋	男	第3组	80	83	86	249	82.7	17	及格	一般	多媒体2室
20	20240118	黄秋霞	女	第2组	86	90	92	268	89.2	6	及格	优秀	多媒体1室
21	20240119	周勇	男	第2组	81	85	83	249	83.4	16	及格	一般	多媒体2室
22	20240120	吴宇航	男	第3组	91	86	85	262	87.3	10	及格	优秀	多媒体1室
23	20240121	赵宇	男	第1组	90	88	85	263	88	7	及格	优秀	多媒体1室

图 3.5.1　选定创建图表的数据源

步骤3：单击"插入"→"图表"按钮，打开"图表"对话框。在该对话框中选择"柱形图"选项卡中的"簇状"选项，如图 3.5.2 所示。

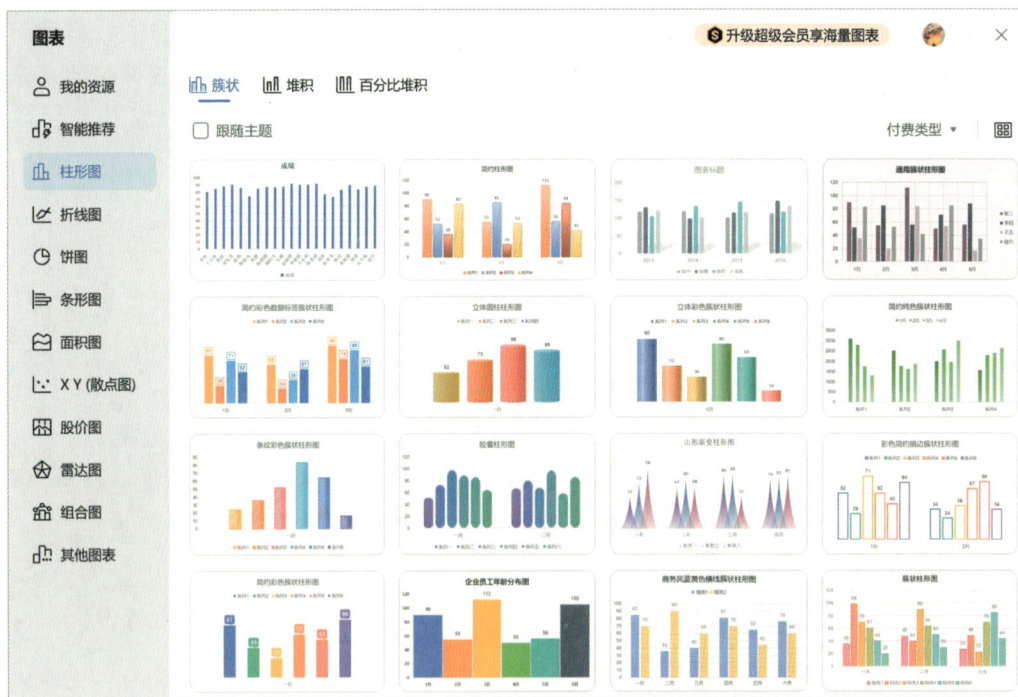

图 3.5.2　选定图表类型为簇状柱形图

步骤4：选择第一种图表效果，即可创建如图 3.5.3 所示的图表。同时，在功能区出现了有关图表的选项卡，即"绘图工具""文本工具""图表工具"选项卡，如图 3.5.4 所示。

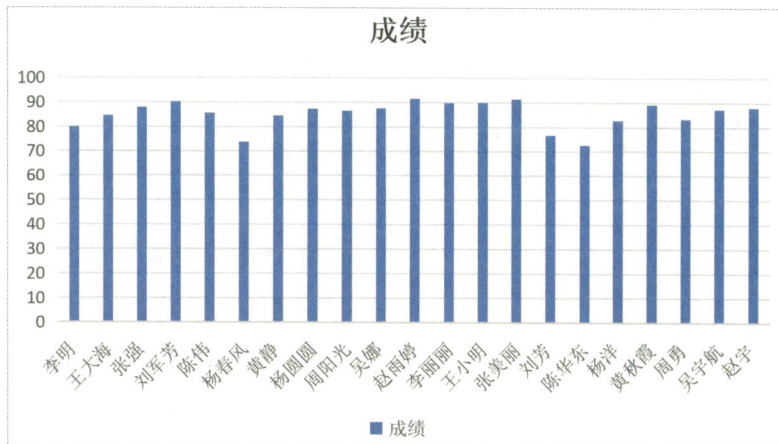

图 3.5.3   创建的图表

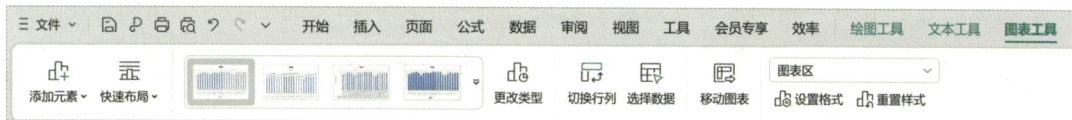

图 3.5.4   有关图表的选项卡

2. 修改图表

图表制作完成后，如果不满意其展示的效果，则可以进一步对创建的图表进行修改，如改变图表的位置与大小、添加图表标题、添加图例和数据标签等，使其变得更加美观。

（1）改变图表的位置

为了不让图表挡住数据表的数据，需要移动图表来改变其位置，操作步骤如下：将鼠标指针移到图表的任一位置，当指针变成 形状时，按住鼠标左键，拖动图表到以 N2 开始的单元格区域。

（2）改变图表的大小

步骤 1：选定已创建的图表，这时图表的轮廓上有 6 个控点○出现。

步骤 2：拖动这 6 个控点到适当的位置，即可改变图表的大小。

（3）添加图表标题

为了更清楚地说明该图表，要为该图表添加标题，操作步骤如下。

步骤 1：选定已创建的图表。

步骤 2：选择"图表工具"→"添加元素"→"图表标题"→"图表上方"选项；或单击图表轮廓右侧的"图表元素"按钮，在弹出的"图表元素"下拉列表中选中"图表标题"复选框，并选择其级联菜单中的图表标题的显示位置。默认情况下图表标题在创建图表时自动添加。

步骤 3：修改"图表标题"框中的文字为"成绩图"，结果如图 3.5.5 所示。

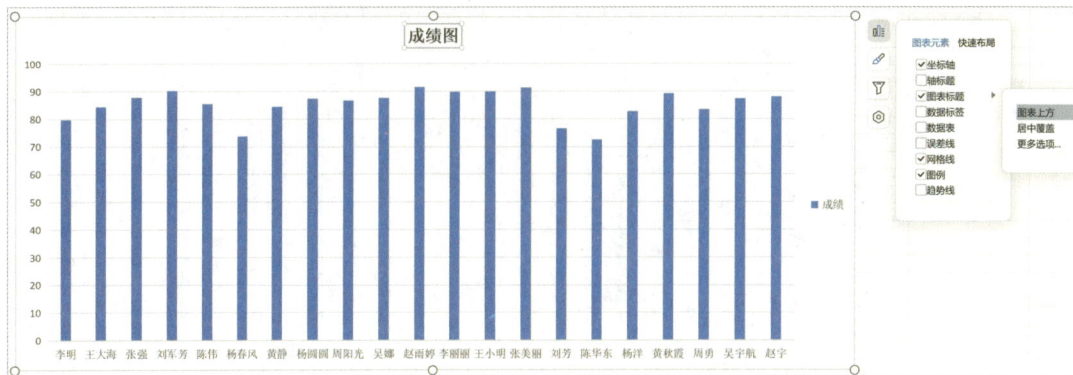

图 3.5.5　添加图表标题

（4）添加并修改图例

图表创建好后，若图例没有在图表中出现，则要把图例添加进来，并让图例在图表区的右侧显示。操作步骤是，选择"图表工具"→"添加元素"→"图例"→"右侧"选项；或单击图表轮廓右侧的"图表元素"按钮，在弹出的"图表元素"下拉列表中选中"图例"复选框，并选择其级联菜单中的"右"选项，如图 3.5.6 所示。

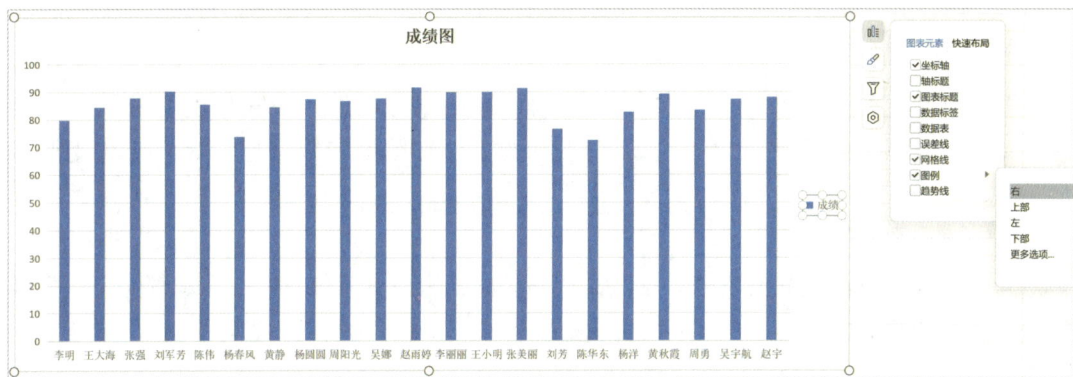

图 3.5.6　添加并修改图例

（5）添加并修改数据标签

若想看到图表中各系列的数据，则可以通过添加数据标签来实现，操作步骤如下。

选择"图表工具"→"添加元素"→"数据标签"选项，在弹出的级联菜单中选择数据的显示位置即可，如选择"数据标签外"选项；或单击图表轮廓右侧的"图表元素"按钮，在弹出的下拉列表中选中"数据标签"复选框，并选择其级联菜单中的"数据标签外"选项，如图 3.5.7 所示。

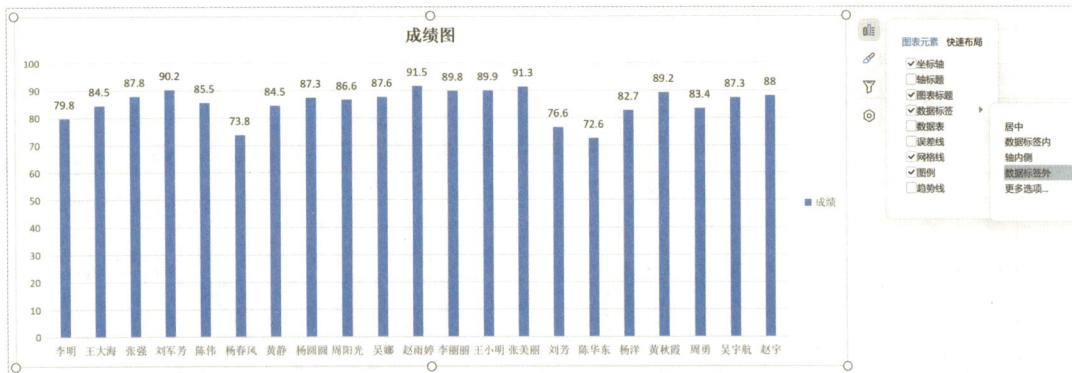

图 3.5.7　添加数据标签后的效果

3. 修饰图表

为了更好地展示数据关系，需要设置各图表元素，进一步修饰美化图表。

（1）设置图表区格式

步骤 1：在图表的空白位置单击，即可选定图表的图表区。

步骤 2：选择"绘图工具"→"形状样式"中的某样式，如图 3.5.8 所示。

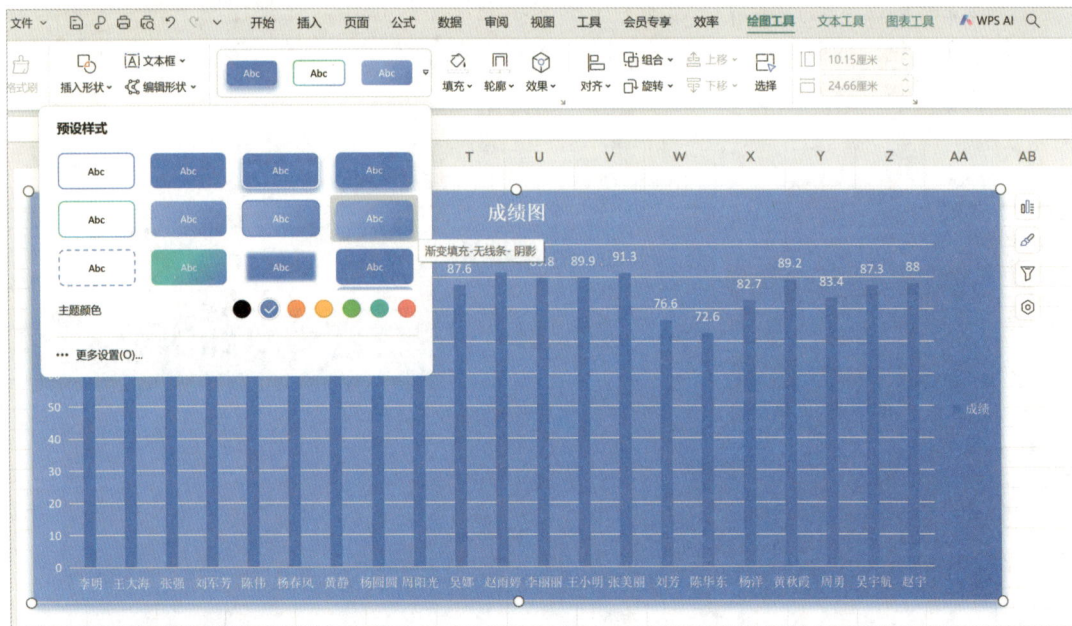

图 3.5.8　选择形状样式美化图表区

（2）设置图表标题格式

步骤 1：移动鼠标指针至图表标题上方，单击选定图表标题。

步骤 2：将图表标题设置为幼圆、14 号、加粗、白色字体，如图 3.5.9 所示。

步骤 3：使用"绘图工具"选项卡中的"填充"按钮，为图表标题添加"橙色"的填充颜色，如图 3.5.10 所示。

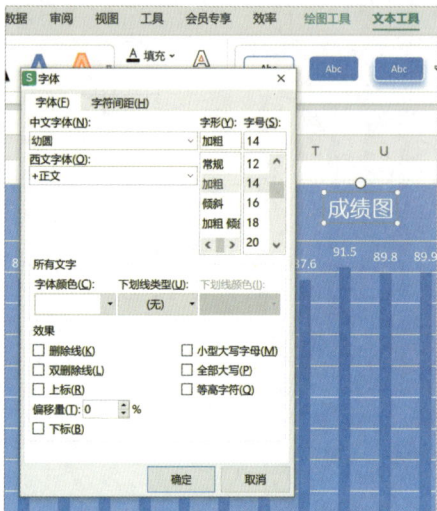

图 3.5.9　设置图表标题的格式

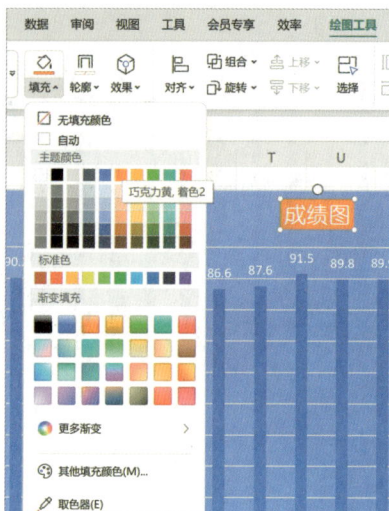

图 3.5.10　为图表标题填充颜色

（3）设置"成绩"数据系列的填充颜色

步骤 1：移动鼠标指针至"成绩"数据系列上方，单击选定所有的"成绩"数据系列。

步骤 2：单击"绘图工具"选项卡中的"填充"下拉按钮，在弹出的下拉列表中为数据系列填充颜色，如图 3.5.11 所示；或在"绘图工具"选项卡中的"形状样式"下拉列表中选择某个样式。

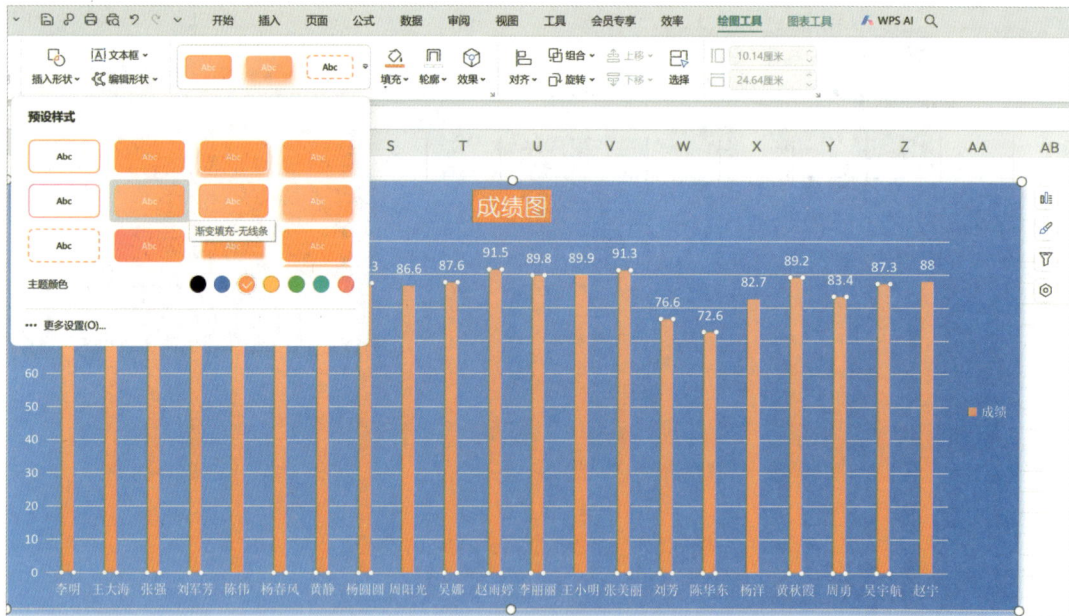

图 3.5.11　设置"成绩"数据系列的填充颜色

（4）设置坐标轴格式

步骤 1：将鼠标指针移到垂直轴上，单击选定垂直轴。

步骤 2：单击"图表工具"选项卡中的"设置格式"按钮；或在选定的垂直轴数据栏上右击，在弹出的快捷菜单中选择"设置坐标轴格式"选项，如图 3.5.12 所示。

步骤 3：打开"属性"任务窗格，在该任务窗格中设置坐标轴的各选项，如图 3.5.13 所示。

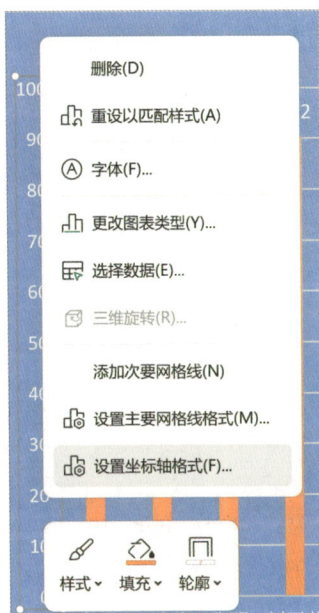

图 3.5.12　选择"设置坐标轴格式"选项

图 3.5.13　设置坐标轴的各选项

设置完毕后的图表的最终效果如图 3.5.14 所示。

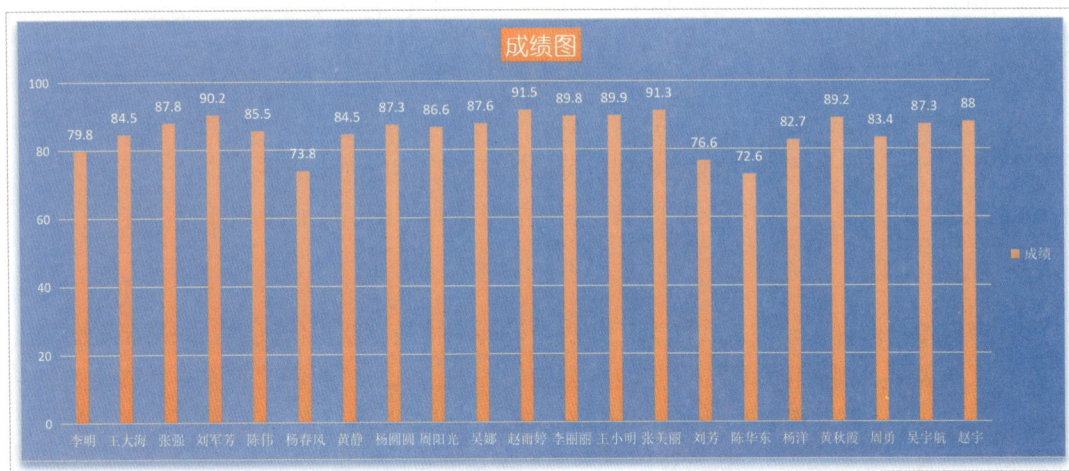

图 3.5.14　图表的最终效果

📖 **相关知识** ━━━━━━━━━━━━━━━━━━━━━━━━━━━━━━━━━━━━━ ■

1. 图表类型

WPS 表格提供了多种类型的图表，主要有柱形图、折线图、饼图、条形图、面积图、散点图、股份图、雷达图、组合图等，而每一种类型的图表又有多种不同的表现形式。常用的图表类型及功能如表 3.5.1 所示。

表 3.5.1　常用的图表类型及功能

图表类型	功能
柱形图	直观地展示各项之间的差异
条形图	柱形图的水平表示
折线图	强调数值随时间的变化趋势
饼图	直观显示各部分与整体之间的关系

2. 图表的组成要素

图表一般由以下几个要素构成。

标题：包括图表的标题、主要横向坐标轴标题和主要纵向坐标轴标题。

图表区：图表所在的区域，图表的所有要素都放置在图表区中。

绘图区：图表的主体部分，是展示数据的图形所在区域。

图例：显示数据系列名称及其对应的图案和颜色。

坐标轴：由两部分组成，即主要横向坐标轴和主要纵向坐标轴。主要横向坐标轴即 x 轴，主要纵向坐标轴即 y 轴。

3. 图表的重要名词

数据源：建立图表时所依据的数据来源。

数据系列：由一组数据生成的系列，可以选择按行或按列生成系列。

数据标签：组成系列的数据点的值，它可以是数据中的值、百分比、标签等。

4. 图表位置

图表位置分两种：一种是在已有工作表中，另一种是在新工作表中。如果要将图表创建在新工作表中，则操作步骤是，选定已创建的图表，单击"图表工具"→"移动图表"按钮，在打开的"移动图表"对话框中选择"新工作表"选项，将"Chart1"重命名为"信息技术期中考试成绩图表"，然后单击"确定"按钮即可。

5. "设置格式"按钮

设置标题、图表区、绘图区、图例、坐标轴等图表元素格式时，都可以单击"图表工具"→"设置格式"按钮，在打开的属性对话框中进行设置。

6. 清除图表元素的格式

如果要清除图表元素的格式，还原成默认格式，则操作步骤如下。

步骤 1：选定要清除格式的图表元素，如选定图表标题。

步骤 2：单击"图表工具"→"重置格式"按钮，图表标题所设的字体、填充颜色、边框等格式全部被清除，被还原成默认格式。

4

演示文稿制作

项目导读

　　PowerPoint 是一款演示文稿图形程序，是 WPS Office 办公软件的三大核心组件之一，PPT 就是它的简称，其基本界面与 Word 和 Excel 十分相似，用户可以在投影仪或计算机上进行演示，也可以将演示文稿打印出来，是工作中进行汇报演示时经常用到的软件。无论是演讲、培训、教学或进行专题报告，只要提前使用 PowerPoint 制作一个演示文稿，就会使阐述过程变得简明而清晰，从而使观众更有效地理解讲述的内容。本项目主要介绍 WPS Office 中 PowerPoint 的功能及运行环境、演示文稿的创建和编辑，以及幻灯片的制作等。

学习目标

知识目标

- 了解演示文稿的应用场景，熟悉相关工具的功能、操作界面和制作流程。
- 掌握 WPS 演示文稿启动与退出的方法，界面功能，演示文稿的创建及编辑方法。
- 掌握 WPS 演示文稿美化的基本操作，包括文字设计、图片插入、艺术字的插入与使用。
- 理解母版的概念，会改变母版的设置，掌握幻灯片母版、备注母版的编辑及应用方法。
- 理解幻灯片的切换效果，掌握切换效果的设置方法和幻灯片的放映方式。

能力目标

- 能根据提示完成"四川非遗"演示文稿的制作。
- 能构思演示文稿的基本架构，以及设计演示文稿的母版和版式。
- 能提前准备幻灯片所需要的文字、图片及视频音频材料。
- 能在幻灯片中插入各类对象，如文本框、图形、图片、表格、音频、视频等。
- 能在幻灯片中插入切换动画、对象动画等。

素养目标

- 提升文化素养和审美能力，弘扬中华优秀传统文化，增强文化自信。
- 培养积极思考、勇于探索、勇于创新的精神。
- 具备细致认真、精益求精的精神和品质。

任务 *4.1* 设计四川非遗演示文稿母版

☞ 任务描述

为大力弘扬四川非物质文化遗产，使广大学生对巴蜀文化有一个深入的了解，做到传承有方、发展有道。学院要求每个班级组织一场以"璀璨非遗，永续传承"为主题的班会。学前教育×班团支书小明需要制作本次主题班会的汇报演示文稿。

微课：设计四川非遗演示文稿母版

☞ 任务目标

1）掌握演示文稿基本操作、幻灯片基本操作的相关知识。
2）掌握演示文稿的建立及编辑方法。
3）掌握幻灯片的母版设计及应用方法。
4）能构思演示文稿的基本架构，以及设计演示文稿的母版和版式。
5）提升文化素养和审美能力，弘扬中华优秀传统文化，增强文化自信。

🖥 任务实施

1. 新建演示文稿、打开幻灯片母版

步骤 1：运行"WPS Office"程序，在"WPS Office"标签中单击主导航中的"新建"按钮，打开"新建"界面，单击界面左侧的"新建演示"按钮，然后选择"新建空白演示"选项，打开如图 4.1.1 所示的界面，将其命名为"璀璨非遗，永续传承.pptx"。

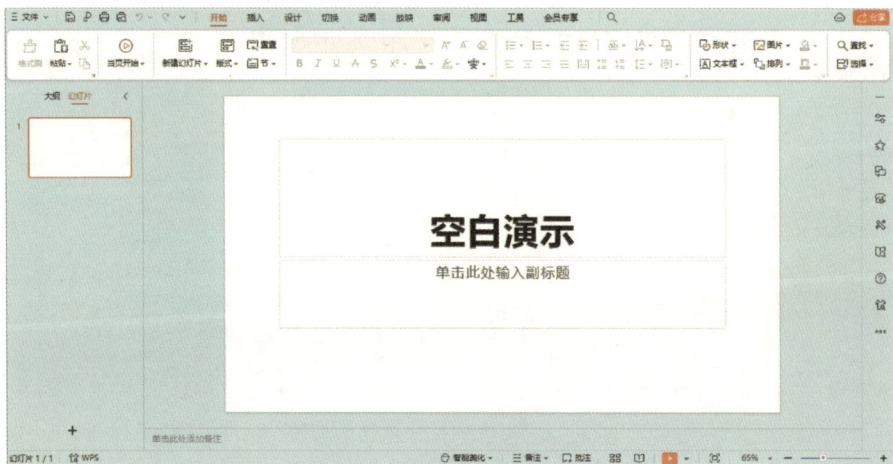

图 4.1.1　WPS 演示文稿界面

步骤 2：单击"视图"→"幻灯片母版"按钮，即可进入幻灯片母版编辑界面，如图 4.1.2 所示。

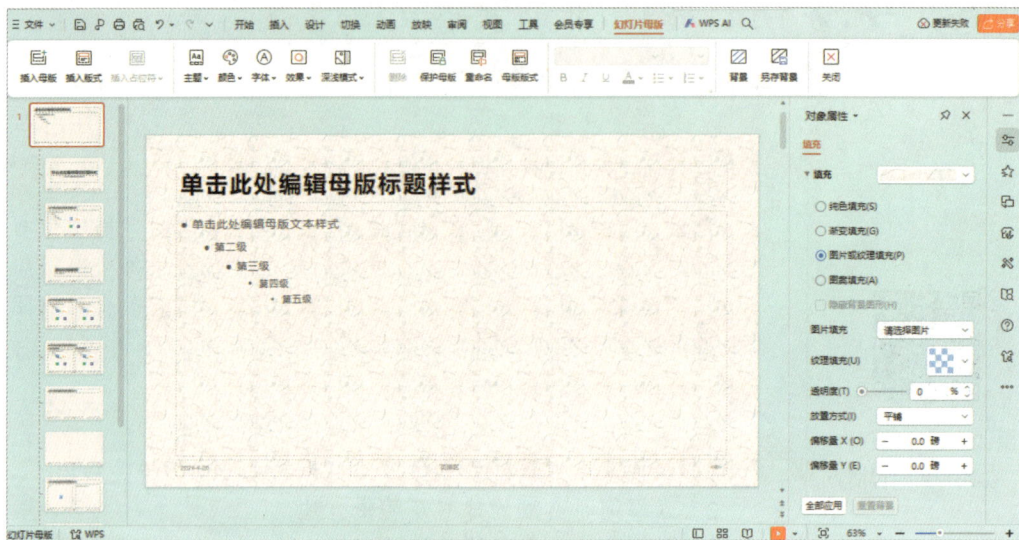

图 4.1.2　幻灯片母版编辑界面

2. 设置幻灯片母版的背景

选中左侧的母版幻灯片，单击"幻灯片母版"→"背景"按钮，打开"对象属性"任务窗格。选中"填充"选项组中的"图片或纹理填充"单选按钮，在"图片填充"下拉列表中选择"本地文件"选项，打开"选择纹理"对话框，找到"纸纹 2"并打开，结果如图 4.1.3 所示。

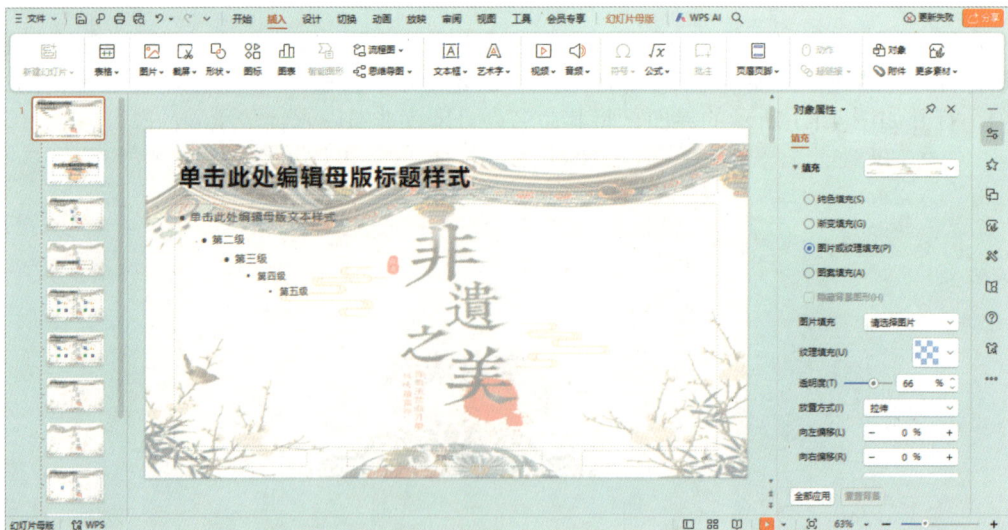

图 4.1.3　设置幻灯片母版的背景

3. 设置标题幻灯片的版式

步骤 1：选中左侧标题幻灯片版式，调整该版式背景样式中背景图片的透明度为 72%。

步骤 2：插入图片素材"川剧变脸素材"，并调整大小及位置，结果如图 4.1.4 所示。

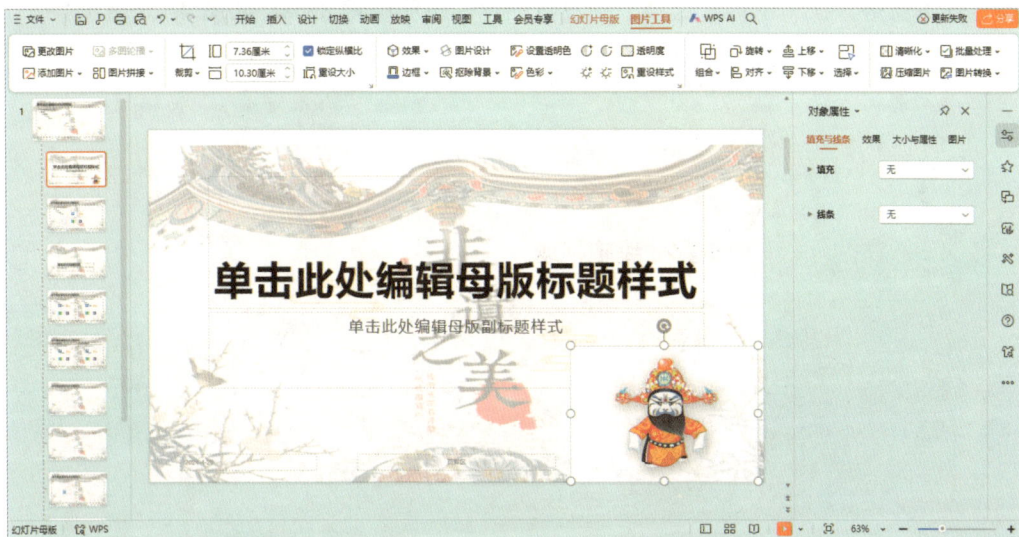

图 4.1.4　标题幻灯片的版式

4. 设置目录幻灯片的版式

步骤 1：选中左侧标题幻灯片版式，右击，在弹出的快捷菜单中选择"新建幻灯片版式"选项；右击新建的幻灯片版式，在弹出的快捷菜单中选择"重命名版式"选项，将其重命名为"目录幻灯片"。

步骤 2：调整该版式背景样式中背景图片的透明度为 39%，如图 4.1.5 所示。

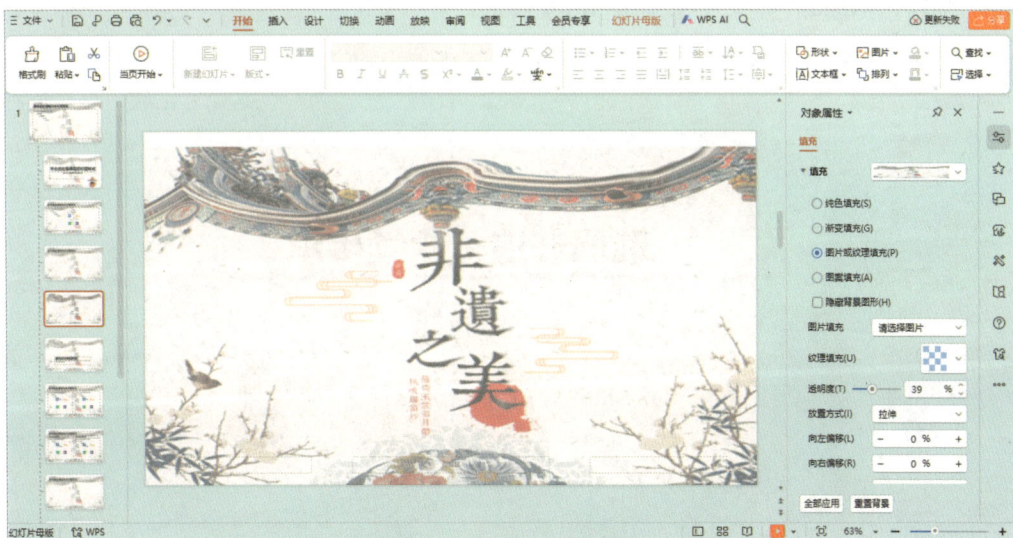

图 4.1.5　目录幻灯片的版式

5. 设置节标题幻灯片的版式

步骤 1：选中左侧节标题幻灯片版式，调整该版式背景样式中背景图片的透明度为 66%。

步骤 2：插入素材图片"大熊猫蜀绣"，并调整大小和位置。双击该图片，打开"对象属性"任务窗格，在"图片"选项卡中设置图片的透明度为 35%，如图 4.1.6 所示。

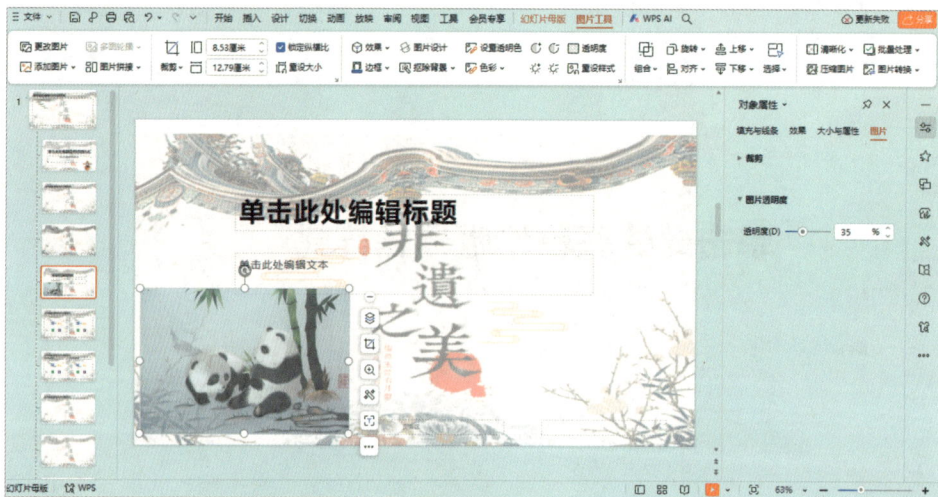

图 4.1.6　节标题幻灯片的版式

6. 设置仅标题幻灯片的版式

步骤 1：在幻灯片上方插入矩形。选择"插入"选项卡，在"形状"下拉列表中选择"矩形"形状并在幻灯片中绘制矩形，然后设置矩形的填充颜色和轮廓颜色为"深蓝，渐变填充"，并将其移动到合适的位置。

步骤 2：调整该文档标题占位符的大小，输入标题并设置标题字体为微软雅黑，字号为 60，加粗，标题颜色为黑色，如图 4.1.7 所示。

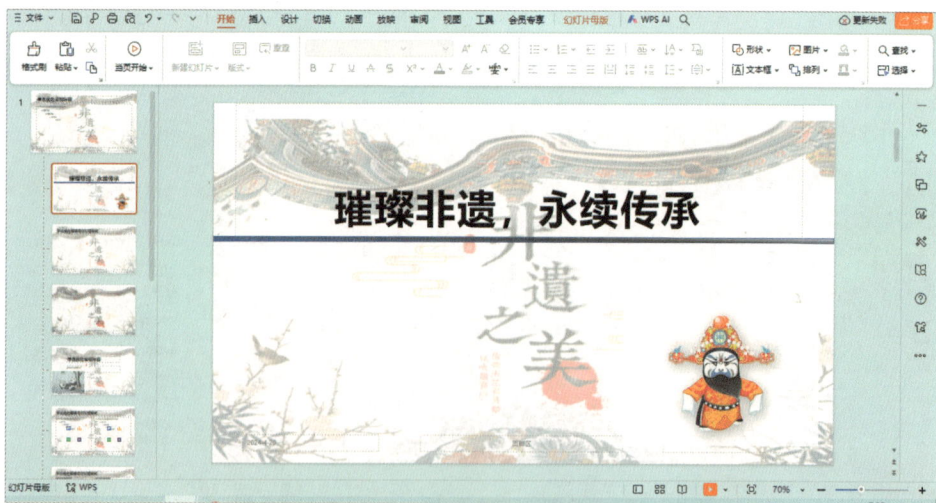

图 4.1.7　仅标题幻灯片的版式

7. 保存文件

在"幻灯片母版"选项卡中单击"关闭母版视图"按钮，退出母版的编辑状态，并保存文件。

📖 **相关知识** ──────────────────────────────────── ▪

1. WPS PowerPoint 软件界面的组成

演示文稿的工作界面主要由标题栏、"文件"菜单、快速访问工具栏、功能区、大纲/幻灯片窗格、任务窗格、编辑区、备注窗及状态栏组成。

（1）标题栏

标题栏位于界面最上方，显示"WPS Office"标签、"找稻壳模板"标签、当前打开的文件名称、"新建"按钮及"最小化""最大化/还原""关闭"按钮。单击"WPS Office"标签和"演示文稿 1"标题标签（或其他打开的文稿标题标签）即可快速切换到指定文稿。

（2）"文件"菜单

"文件"菜单位于标题栏左下方，里面是关于演示文稿文件的相关操作命令，如打开、保存等。

（3）快速访问工具栏

快速访问工具栏中包括操作演示文稿常用的操作按钮，如"保存"、"打印"及"撤销"按钮等。

（4）功能区

功能区包括 10 个选项卡和一个搜索框。选项卡分别是"开始""插入""设计""切换""动画""放映""审阅""视图""工具""会员专享"。这些选项卡中包含了 WPS 演示文稿中的各种命令按钮，鼠标指针移动至按钮上方时就会出现该按钮的功能提示。使用搜索框可以搜索 WPS 演示文稿中的命令或模板。

（5）大纲/幻灯片窗格

大纲/幻灯片窗格位于功能区的下方、编辑区的左侧，在该窗格中可以查看所有幻灯片的缩略图，辅助进行幻灯片的基本操作。

（6）任务窗格

任务窗格位于界面右侧，通常靠边显示为侧边栏，其中包括样式和格式、对象属性、动画窗格、幻灯片切换、帮助中心、稻壳资源和稻壳智能特性等按钮，单击这些按钮会在任务窗格中打开对应的编辑窗口。

（7）编辑区

编辑区显示当前幻灯片，在该区域中可以进行幻灯片的编辑操作。单击幻灯片上的"空白演示"和"单击输入您的封面副标题"文本框就可以根据提示输入幻灯片标题的内容了。

（8）备注窗格

备注窗格用于输入、编辑和显示幻灯片的解释、说明等备注信息。

（9）状态栏

状态栏位于窗口的最下方，在状态栏中可以看到当前演示文稿中当前幻灯片的页码/总页数和视图切换按钮，如"隐藏或显示备注面板""批注""普通视图""幻灯片浏览""阅读视图""从当前幻灯片开始播放""缩放比例"按钮等。

2. WPS 演示文稿中的视图

演示文稿中的视图有 4 种，分别是普通视图、幻灯片浏览视图、备注页视图和阅读视图，选择"视图"选项卡，即可看到这 4 种视图按钮，如图 4.1.8 所示。

图 4.1.8　"视图"选项卡

（1）普通视图

普通视图是默认的视图模式，主要分为左侧的大纲/幻灯片窗格和右侧的幻灯片编辑区两部分。

（2）幻灯片浏览视图

在幻灯片浏览视图中，所有幻灯片都以缩略图方式显示，幻灯片下方显示幻灯片编号和当前幻灯片放映的时长。在幻灯片浏览视图中，可以浏览演示文稿的整体效果，单击窗口右下角的"显示比例"滑块，调整缩略图的显示比例，拖动幻灯片可以调整幻灯片的顺序，还可以删除、移动、复制和隐藏幻灯片。

（3）备注页视图

在备注页视图下，幻灯片和备注页位于同一页上，页面上方是幻灯片，下方是演讲者备注，可以在备注区域输入幻灯片的备注。

（4）阅读视图

在阅读视图模式下，功能区、菜单等全部被隐藏，只显示标题栏和状态栏。此时演示文稿是浏览者自行放映的模式，按 Esc 键可以恢复为普通视图。

3. WPS 演示中的基本概念

（1）演示文稿

使用 WPS 演示建立的文件通常称为演示文稿，演示文稿通过显示器/投影仪播放，向观众展示演讲内容。

（2）幻灯片

演示文稿中的每一"页"称为一张幻灯片。演示文稿可以有很多张幻灯片，每张幻灯片有默认的编号，在默认情况下，演示文稿按照幻灯片的编号顺序播放。

（3）幻灯片版式

幻灯片版式是 WPS 演示文稿中的一种内置的幻灯片排版格式，版式上通过占位符表示可以放置的内容和位置。通过应用幻灯片版式，可快速布局幻灯片上的文字、图片、表格等元素。

（4）占位符

占位符是幻灯片版式中的内置对象，通常会以虚线框的形式显示，里面有内容提示。

WPS 默认提供文本占位符、内容占位符（含图片、表格、图表、媒体）、图片占位符 3 种类型。

新建演示文稿的第 1 张幻灯片，默认版式是"标题"版式，有 2 个占位符：标题占位符中显示"空白演示"，副标题占位符中显示"单击输入您的封面副标题"，单击它们即可输入内容。

4. 创建演示文稿

（1）新建空白演示文稿

打开 WPS Office，单击"WPS Office"标签中的"新建"按钮或标题栏中的"新建"按钮，在打开的"新建"界面中，选择"演示"选项，单击"新建空白演示"模板，即可新建一个新的空白演示文稿文件。

（2）以其他方式新建演示文稿

选择"新建"界面中的其他模板，可以创建基于这些模板的演示文稿，还可以以下载的模板或演示文稿为基础创建演示文稿。

5. 幻灯片母版

幻灯片母版是存储演示文稿模板信息的地方，修改幻灯片母版，可以统一修改幻灯片的外观。单击"视图"选项卡中的"幻灯片母版"按钮，进入母版编辑视图，左侧窗格显示的是幻灯片母版，第 1 张幻灯片是顶层幻灯片，是"主母版"，后面的幻灯片母版是不同版式的幻灯片母版，简称"版式母版"。

6. 编辑幻灯片母版

1）主题。主题是用来匹配演示文稿中所有幻灯片外观的一种样式，如让幻灯片具有统一的背景效果、统一的修饰元素和统一的文字格式等。默认创建的演示文稿采用的是空白页，当应用了主题后，无论新建什么版式的幻灯片都会保持统一的风格。单击"幻灯片母版"选项卡中的"主题"下拉按钮，在弹出的下拉列表中可以为演示文稿选择一种主题效果。

2）颜色。单击"幻灯片母版"选项卡中的"颜色"下拉按钮，在弹出的下拉列表中有很多颜色样式，每一种颜色样式就是一套幻灯片中各对象的颜色组合，选择这些颜色样式就会改变当前主题的整体颜色。

3）字体。单击"幻灯片母版"选项卡中的"字体"下拉按钮，在弹出的下拉列表中有很多字体样式，选择这些字体样式就会改变当前的主题字体。

4）效果。单击"幻灯片母版"选项卡中的"效果"下拉按钮，在弹出的下拉列表中有很多效果样式，选择这些效果就会应用于当前主题中的对象上。

5）背景。为幻灯片母版设置背景后，单击"幻灯片母版"选项卡中的"背景"按钮，打开"对象属性"任务窗格，在该任务窗格中可以设置幻灯片背景。为当前幻灯片母版设置好背景后，单击任务窗格下方的"全部应用"按钮，设置的背景会自动应用到所有幻灯片。单击"幻灯片母版"选项卡中的"另存背景"按钮，可以将设置的当前幻灯片母版的背景保存为图片。

7. 演示文稿设计和布局的基本原则

1）统一原则：一组幻灯片应该具有统一的文本格式、网格、页边距和色彩等。

2）均衡原则：在布局标题、文本和图像时，应该保证布局均衡，页面留有合适的空白，幻灯片不能填充太满。

3）强调原则：通过色彩、结构的分布来强调要表达的主题，不能主次不分、层次不明。

4）结合原则：演示文稿中的图片和文字放在一起进行图文混排时，要注意大小比例合适、位置恰当、图文内容互补。

任务 4.2 编辑四川非遗演示文稿内容

☞ **任务描述**

微课：编辑四川非遗演示文稿内容

设置好"璀璨非遗，永续传承"主题班会演示文稿母版后，学前教育×班团支书小明同学开始着手添加演示文稿的内容。小明同学制作好的演示文稿内容如图 4.2.1 所示。

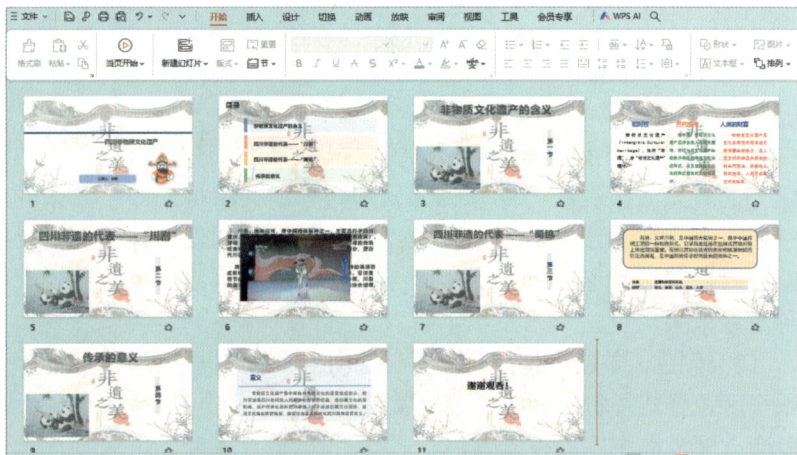

图 4.2.1 "璀璨非遗，永续传承"演示文稿内容

☞ **任务目标**

1）掌握 WPS 演示文稿美化的基本操作。

2）能提前准备幻灯片所需要的文字、图片及视频、音频材料。

3）能在幻灯片中插入各类对象，如文本框、图形、图片、表格、音频、视频等对象。

4）培养积极思考、勇于探索、勇于创新的精神。

💻 **任务实施** ━━ ▪

1. 设计标题幻灯片

步骤 1：在"开始"选项卡中，单击"新建幻灯片"下拉按钮，在弹出的下拉列表中选择"新建单页幻灯片"→"版式"→"标题幻灯片"选项。

步骤 2：编辑标题文字"璀璨非遗，永续传承"，并设置标题字体为微软雅黑，加粗，字号为 60，颜色为黑色；在"绘图工具"选项卡中，单击"艺术字样式"下拉按钮，在弹出的下拉列表中选择设置艺术字为"填充-黑色，阴影"。

步骤 3：编辑副标题文字"——四川非物质文化遗产"，并设置字体为微软雅黑，加粗，字号为 32，颜色为深蓝色。

步骤 4：绘制一个圆角矩形并填充颜色和文字。首先，选择"插入"→"形状"→"矩形"→"圆角矩形"选项，并绘制一个圆角矩形；然后，选择"绘图工具"选项卡，设置填充颜色为钢蓝色，无形状轮廓；最后，输入文字"汇报人：小明"，并设置文字字体为微软雅黑，加粗，字号为 18，文字颜色为黑色。标题幻灯片的效果如图 4.2.2 所示。

图 4.2.2　标题幻灯片的效果

2. 设计目录幻灯片

步骤 1：新建"目录幻灯片"。在"开始"选项卡中单击"新建幻灯片"下拉按钮，在弹出的下拉列表中选择"目录幻灯片"选项。

步骤 2：在文本框中输入文本"目录"，并设置"目录"两个字的字体为微软雅黑，加粗，字号为 36，颜色为黑色。

步骤 3：插入智能图形。单击"插入"→"智能图形"按钮，在打开的"智能图形"对话框中选择"纯文本"选项。单击文本框，分别在 4 个智能图形文本框中输入相应的文字内容。输入文本"非物质文化遗产的含义"，并设置文本的字体为微软雅黑，加粗，字号为 28。其余 3 个文本框在输入文字后，使用格式刷，使 4 个文本的字体、字号保持一致，并调整到合适的位置。目录幻灯片的效果如图 4.2.3 所示。

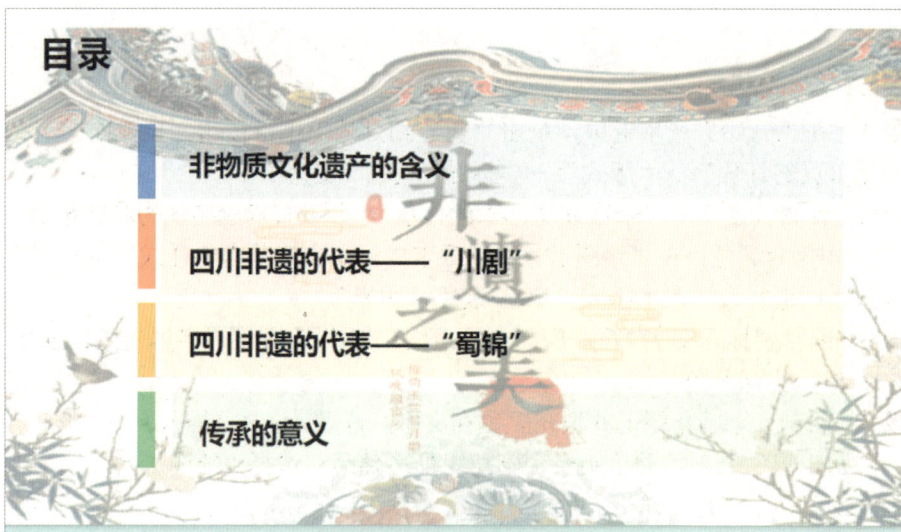

图 4.2.3 目录幻灯片的效果

3. 设计节标题幻灯片

步骤 1：新建"节标题幻灯片"。选择"开始"→"新建幻灯片"→"节标题幻灯片"选项。

步骤 2：输入节标题文本"非物质文化遗产的含义"，并设置字体为微软雅黑，加粗，字号为 60，文本颜色为黑色，文本效果为"图案填充、深色上对角线、阴影"。

步骤 3：在幻灯片右侧插入矩形。首先，选择"插入"→"形状"→"矩形"形状，并绘制一个矩形，设置填充颜色为"浅灰，无轮廓颜色"，将其移动到合适的位置。输入文本"第一节"，并设置字体为宋体，加粗，字号为 32。节标题幻灯片的效果如图 4.2.4 所示。

图 4.2.4 节标题幻灯片的效果

步骤 4：复制并粘贴出 3 个相同的节标题幻灯片，修改幻灯片中的文本，使其分别与目录幻灯片中的 4 项内容相对应。

4. 编辑幻灯片

在节标题为第 1 节的幻灯片下新建 1 张版式为"空白"的幻灯片，单击"插入"→"智能图形"按钮，在打开的"智能图形"对话框中选择"纯文本"选项。按照图 4.2.5 所示的内容输入文本，并将文本框调整到合适的位置。

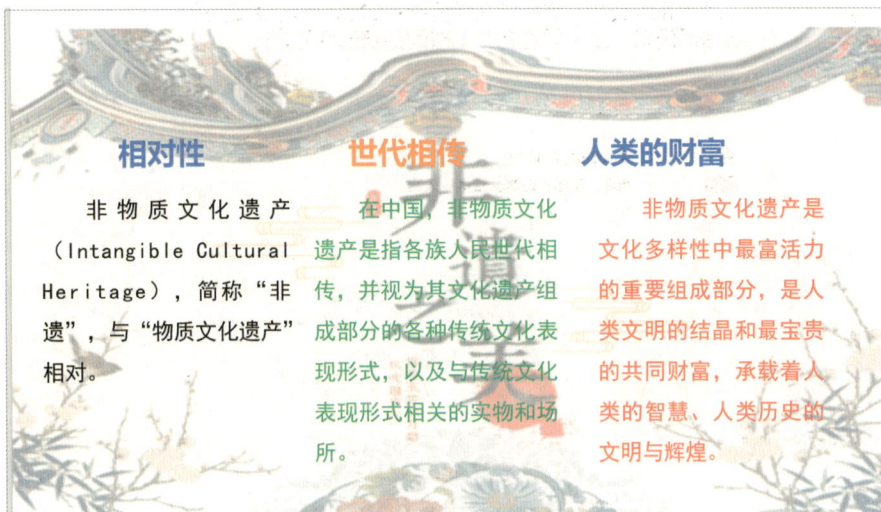

图 4.2.5　第 4 张幻灯片的效果

注意：WPS 提供了很多图形，同学们在练习的时候可以自由选择。

5. 编辑第 6 张幻灯片

在节标题为第 2 节的幻灯片下新建 1 张版式为"空白"的幻灯片，然后输入相应文字，并插入一个川剧视频。单击"插入"→"视频"下拉按钮，在弹出的下拉列表中可以选择"嵌入视频""链接到视频""屏幕录制"3 种途径来插入视频文件，如图 4.2.6 所示。

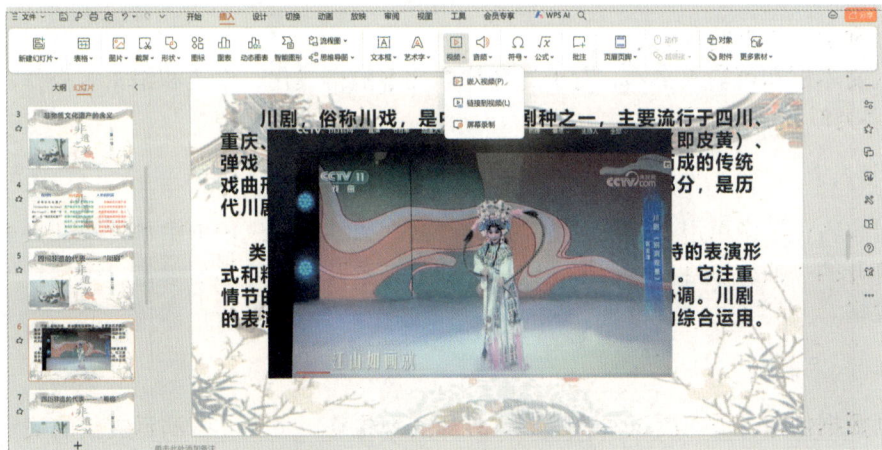

图 4.2.6　插入视频

6. 编辑第 8 张幻灯片

在节标题为第 3 节的幻灯片下新建 1 张版式为"空白"的幻灯片，输入相应的文字，并插入一个表格，效果如图 4.2.7 所示。

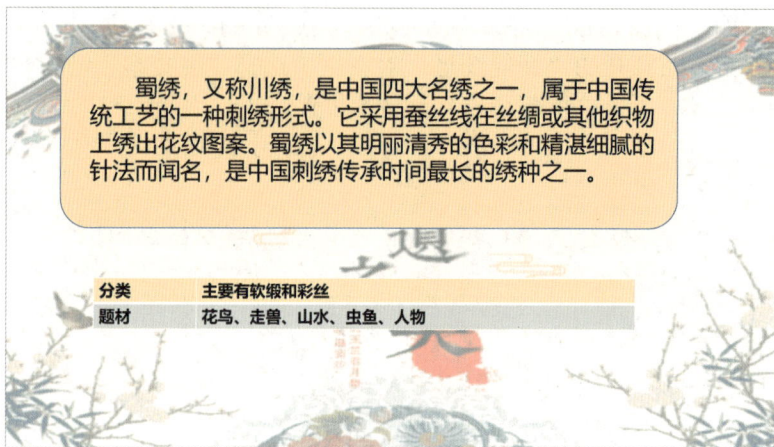

图 4.2.7　插入表格

相关知识

1. 编辑文本

文本是幻灯片中最基本的元素，任何说明都离不开文字。在幻灯片中添加文本的方法主要有两种：在占位符中输入文本和利用文本框输入文本。

（1）在占位符中输入文本

新建一张幻灯片时，页面中会出现占位符。占位符是一种带有虚线边缘的框，在框内可以输入标题、正文、图表、图片、音频、视频等对象。在占位符中单击，里面原有的提示文本消失，随即出现闪烁的光标，等待输入文字。当文本输入后，在文本框外的任何位置单击即可完成文本的输入。此时可以发现，输入的文本与之前占位符文字的格式和排列是一致的。

（2）利用文本框输入文本

插入文本框即可输入文本。对于幻灯片中文本的格式化、修改和编辑等操作，方法与 WPS 文字类似，这里不再赘述。

2. 插入表格

在内容占位符中单击"插入表格"图标，或在"插入"选项卡中单击"插入表格"按钮，在打开的"插入表格"对话框中输入需要的列数和行数，然后单击"确定"按钮，即可插入表格。

3. 插入图表

根据数据创建合适的图表，表现形式更加直观生动，可以丰富演示文稿的演示效果。在内容占位符中单击"插入图表"图标，或在"插入"选项卡中单击"插入图表"按钮，在打开的"插入图表"对话框中选择一种图表类型后，单击"确定"按钮插入图表，即可在幻灯片中插入图表，如图 4.2.8 所示。

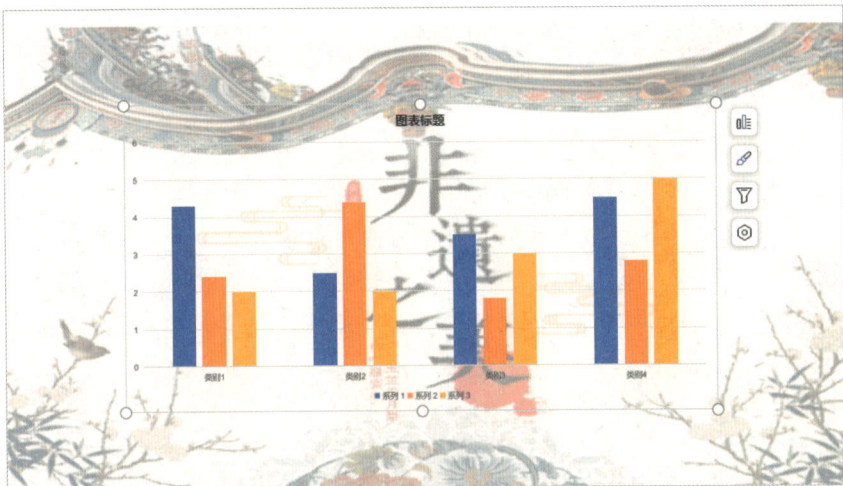

图 4.2.8　插入图表

4. 插入多媒体信息

多媒体技术是一种把文本、图形、图像、动画和声音等多种信息类型综合在一起，并通过计算机进行综合处理和控制，能支持完成一系列交互式操作的信息技术。多媒体信息以文件的形式存放在存储介质上，一般包括图形、图像、动画和声音等。

5. 插入页眉页脚

单击"插入"选项卡中的"页眉页脚"按钮，打开"页眉和页脚"对话框，选择"幻灯片"选项卡，如图 4.2.9 所示。按需求选中相应的复选框，可以设置是否在幻灯片的下方添加日期和时间、幻灯片编号、页脚等。设置完毕后，若单击"全部应用"按钮，则所做的设置将应用于所有幻灯片；若单击"应用"按钮，则所做的设置仅应用于当前幻灯片；若选中"标题幻灯片不显示"复选框，则所有设置将不应用于第 1 张幻灯片。

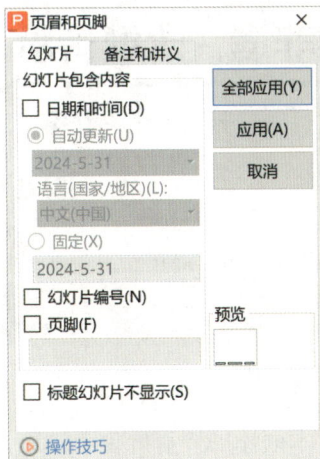

图 4.2.9　"页眉和页脚"对话框

任务 *4.3* 设计四川非遗演示文稿动画和交互

☞ **任务描述**

经过前面的"璀璨非遗，永续传承"演示文稿的母版设计和内容输入后，现在到了最后一步添加动画阶段。小明同学学习了演示文稿的动画设置之后，为班会演示文稿添加了精美的动画效果。

☞ **任务目标**

1）掌握切换效果的设置方法和幻灯片的放映方式。
2）能为幻灯片插入切换动画、对象动画等。
3）具备细致认真、精益求精的精神和品质。

微课：设计四川非遗演示文稿动画和交互

💻 **任务实施**

1. 给元素添加动画

步骤 1：单击"动画"选项卡中的"动画窗格"按钮，打开"动画窗格"任务窗格。为副标题"——四川非物质文化遗产"添加"轮子"动画，速度为中速 2 秒，如图 4.3.1 所示。

图 4.3.1　添加"轮子"动画

步骤 2：为第 8 张幻灯片文本框添加"百叶窗"动画，开始时间为上一动画之后，快速 1 秒，如图 4.3.2 所示。

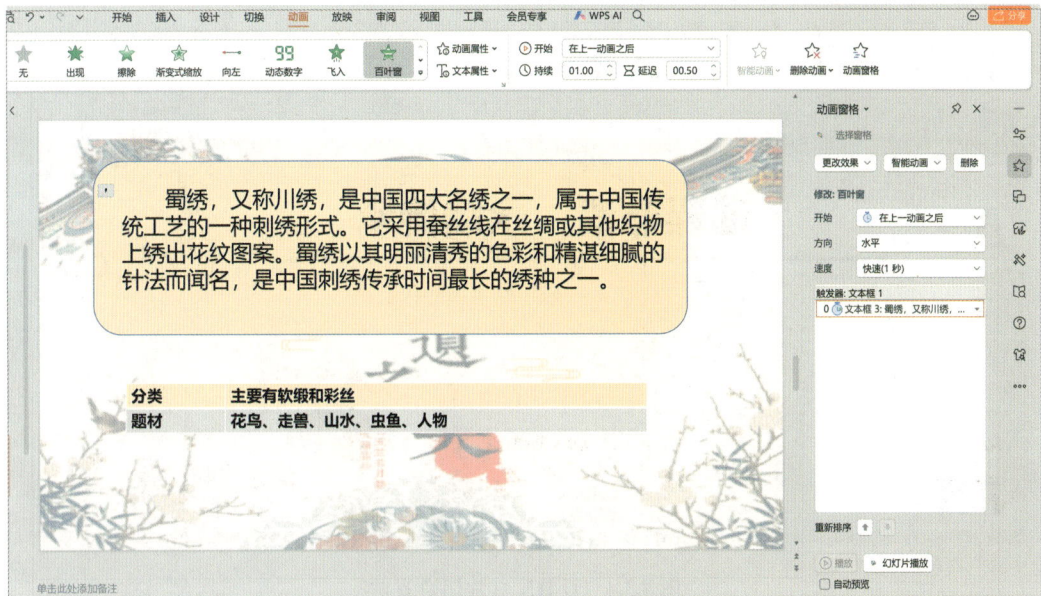

图 4.3.2 添加"百叶窗"动画

步骤 3：为第 4 张幻灯片文本内容添加"橄榄球形"动画，效果选项为"放大"，开始时间为上一动画之后，持续 2 秒，延迟 1 秒，如图 4.3.3 所示。

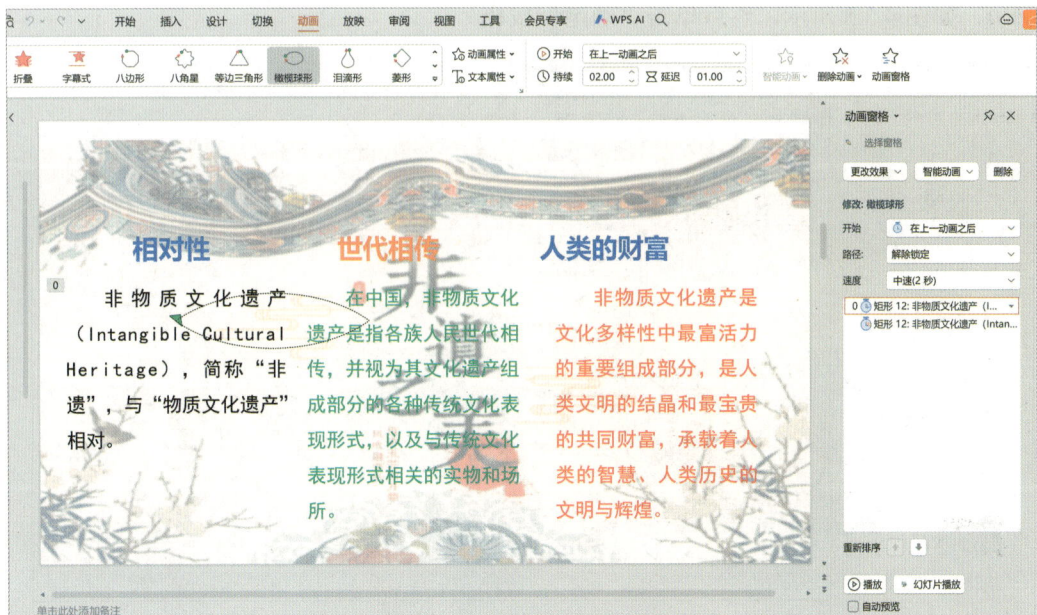

图 4.3.3 添加"橄榄球形"动画

2. 给幻灯片添加切换效果

选择"切换"选项卡，再选择"擦除"效果，速度为 1 秒，最后单击"应用到全部"按钮，如图 4.3.4 所示。

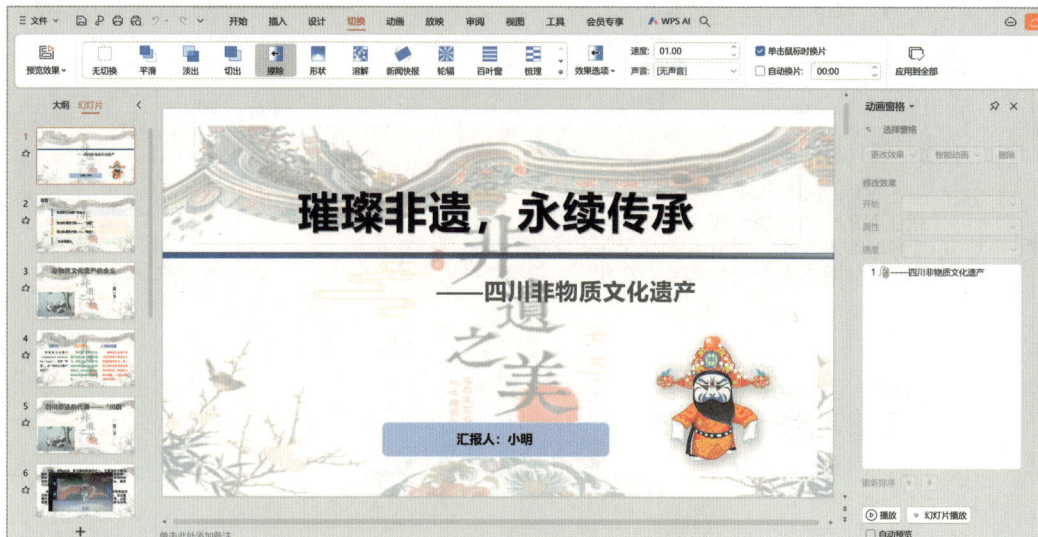

图 4.3.4　设置幻灯片切换效果

3. 设置放映方式

单击"放映"→"放映设置"按钮，打开"设置放映方式"对话框，设置放映类型为"演讲者放映（全屏幕）"，放映幻灯片为"全部"，换片方式为"手动"（即汇报人单击时放映），如图 4.3.5 所示，然后单击"确定"按钮。

图 4.3.5　设置幻灯片放映

相关知识

1. 演示文稿中的动画

在演示文稿中，设置幻灯片动画效果就是为幻灯片中的各对象添加动画效果。幻灯片动画有幻灯片切换动画和幻灯片对象动画两种类型。

（1）幻灯片切换动画

幻灯片切换动画是指在演示文稿放映时，从一张幻灯片切换到下一张幻灯片时的动画。为了保持演示文稿的统一风格，通常一个演示文稿使用同一种切换效果。

选择"切换"选项卡，如图 4.3.6 所示，默认幻灯片没有切换效果，选择一种预设的幻灯片切换样式，就可以在当前幻灯片中预览到幻灯片的切换效果。

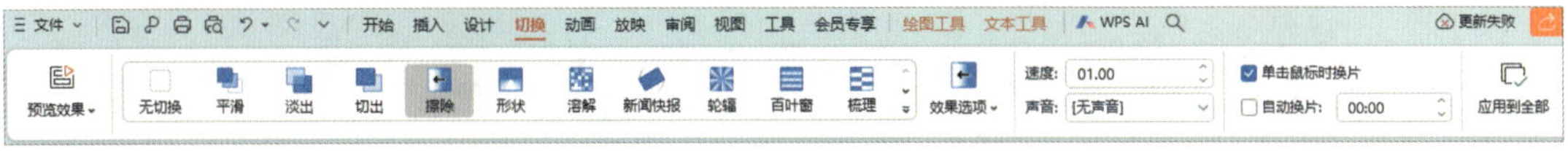

图 4.3.6　"切换"选项卡

选择了一种幻灯片的切换效果后，即可设置切换的效果、切换的声音、切换时幻灯片的换片方式、自动换片时间等，单击"应用到全部"按钮，就能将设置好的效果应用到整个演示文稿中。

（2）幻灯片对象动画

幻灯片对象动画是指给幻灯片中的各对象设置动画效果。对象指的是幻灯片中的元素，无论是占位符、图片、形状、文本框、视频等，都统称为"对象"。对象动画主要分为进入动画、强调动画、退出动画、动作路径动画、绘制自定义路径动画和智能动画等。

1）进入动画：指对象从幻灯片显示范围之外，进入幻灯片内部的动画效果。

2）强调动画：指对象本身已显示在幻灯片之中，然后对其进行突出显示，从而起到强调作用。

3）退出动画：指对象本身已显示在幻灯片之中，然后以指定的动画效果离开幻灯片。

4）动作路径动画：指对象按系统预设的路径进行移动的动画。

5）绘制自定义路径动画：指对象按照用户绘制的路径移动的动画，这个路径是用户拖动对象在幻灯片上形成的路径轨迹。

6）智能动画：指 WPS 演示提供的一种对多种内容设置的动画效果。例如，对图片这类内容设置动画效果，选中图片后单击"动画"选项卡中的"智能动画"下拉按钮，在弹出的下拉列表中选择"轮播"效果，即可在单个页面中滚动展示多张图片。借助 WPS 演示的智能动画功能，可以非常方便地为演示文稿中的内容添加动画效果，也可以根据实际需求对每个动画效果进行单独调整。

2. 插入和编辑对象动画

（1）创建动画

使用动画列表创建动画。选择对象，选择"动画"选项卡，在动画列表框中选择一个动画，就为该对象设置了动画效果。

（2）为对象添加更多的动画效果

选中对象，单击"动画"选项卡中的"动画窗格"按钮，在打开的"动画窗格"任务窗格中单击"添加效果"下拉按钮，在弹出的下拉列表中选择需要的动画效果；或单击"动画"选项卡动画列表框右侧的下拉按钮，在弹出的下拉列表中选择需要的动画效果，如

图 4.3.7 所示，刚添加的动画效果在幻灯片中即时播放。单击"动画窗格"任务窗格下方的"播放"按钮，可以查看所选对象的动画效果；单击"幻灯片播放"按钮，可以随时查看当前幻灯片中所有对象的动画效果。

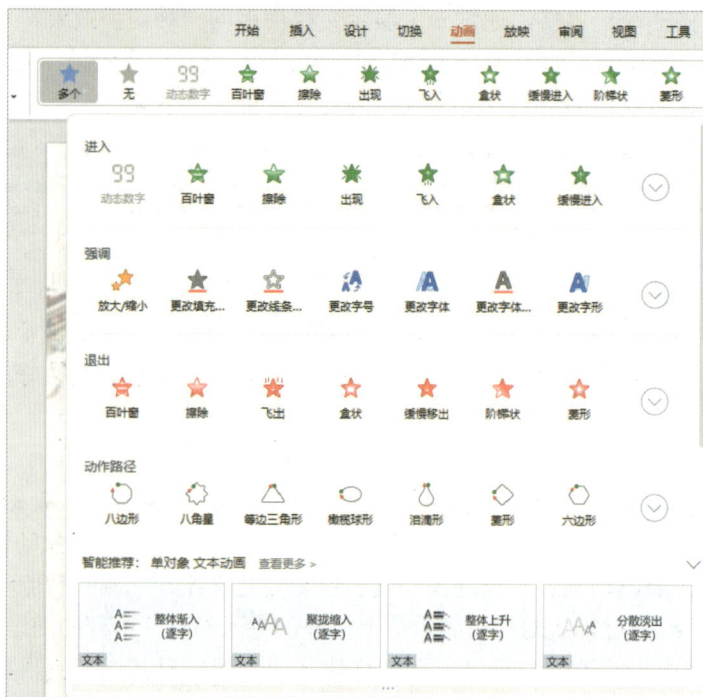

图 4.3.7　动画效果下拉列表

（3）编辑动画

选择一个动画对象，在"动画窗格"任务窗格中会显示当前动画的具体信息，如动画名称、开始、方向和速度。单击这些选项右侧的下拉按钮，在弹出的下拉列表选择不同的选项，动画效果也会变化。

1）为同一对象添加多个动画效果。

2）为了使幻灯片中对象的动画效果丰富，可对其添加多个动画效果。

选中要添加动画效果的对象，切换到"动画"选项卡，然后在"动画"选项组中单击列表框右侧的下拉按钮，在弹出的下拉列表中选择需要的动画效果，在"动画"选项卡的"高级动画"选项组中单击"添加动画"下拉按钮，在弹出的下拉列表中选择需要添加的第 2 个动画效果，一般在进入式动画后添加强调式、动作路径式动画，最后添加退出式动画。参照添加的第 2 个动画的操作步骤，可以继续为选中的对象添加其他动画效果。为选中的对象添加多个动画效果后，该对象的左侧会出现编号，该编号是根据添加动画效果的顺序而自动添加的。

（4）删除动画

选中已有动画的对象，单击"动画窗格"任务窗格中的"删除"按钮，即可删除当前选中的动画效果，此时删除的是动画效果而不是对象；也可以单击"动画"选项卡中的"删除动画"下拉按钮，在弹出的下拉列表中选择不同的选项来删除动画。

3.　在演示文稿中添加动画的基本原则

在 WPS 演示中，为对象添加动画时，需要掌握以下 3 个基本原则。

1）重复原则。在一个页面中，动画效果不能太多，一般不要超过两个。过多不同的动画效果不仅会让页面显得杂乱，还会分散观众的注意力。

2）强调原则。如果一页幻灯片内容较多，要突出强调某一点，则可以单独对这个元素添加动画，其他页面保持静止，以达到强调的效果。

3）顺序原则。在添加动画时，让内容根据逻辑顺序出现，并列关系的对象动画同时播放，层级关系的对象动画按照从左到右的顺序或从上到下的顺序播放。

4.　演示文稿的放映、打包、打印

（1）演示文稿的放映

制作幻灯片的目的是向观众放映幻灯片。WPS PowerPoint 提供了演示文稿的多种放映方式，在演示幻灯片时用户可以根据不同的情况选择合适的演示方式，并对演示进行控制。

（2）重新安排幻灯片放映

单击"视图"选项卡中的"幻灯片浏览"按钮，或者单击状态栏右侧的"幻灯片浏览"按钮，即可切换到幻灯浏览视图。用户可以利用"视图"选项卡中的"显示比例"按钮（或者拖动窗口状态栏右侧的显示比例调节滑块）控制幻灯片显示大小，在窗口中显示更多或更少的幻灯片。

在该视图中，若要更改幻灯片的显示顺序，则可以直接把幻灯片从原来的位置拖到另一个位置。若要删除幻灯片，则单击该幻灯片并按 Delete 键即可，或者右击该幻灯片，在弹出的快捷菜单中选择"删除幻灯片"选项。

（3）隐藏幻灯片

如果放映幻灯片的时间有限，有些幻灯片将不能逐一演示，则用户可以利用隐藏幻灯片的方法，将某几张幻灯片隐藏起来，而不必将这些幻灯片删除。如果要重新显示这些幻灯片，则只需取消隐藏即可。

（4）控制幻灯片的放映过程

采用"演讲者放映（全屏幕）"方式放映演示文稿时，可以利用快捷菜单控制幻灯片放映的各环节。在放映的过程中，右击屏幕的任意位置，利用弹出的快捷菜单中的命令控制幻灯片的放映。另外，在放映过程中，屏幕的左下角会出现幻灯片放映工具栏，单击图形按钮，也会弹出快捷菜单。

使用"下一张"命令可以切换到下一张幻灯片，使用"上一张"命令可以返回上一张幻灯片；使用"定位至幻灯片"命令可以在其下拉列表中选择本演示文稿中的任意一张想要展示的幻灯片。用户在根据排练时间自动放映演示文稿时，遇到意外情况（如有观众提问等）需要暂停放映时，可使用快捷菜单中的"暂停"命令。如果要提前结束放映，则从快捷菜单中选择"结束放映"选项，或直接按 Esc 键。

在幻灯片放映时，右击，在弹出的快捷菜单中有一个"指针选项"命令，其默认的鼠标指针是箭头。

（5）设置放映时间

用户可通过两种方法设置幻灯片在屏幕上显示时间的长短：一种是人工为每张幻灯片

设置时间，再运行幻灯片放映来查看设置的时间是否合适；另一种是使用排练功能，在排练时自动记录时间。

人工设置放映时间：先选定要设置放映时间的幻灯片，再选择"切换"选项卡，在"计时"选项组中选中"设置自动换片时间"复选框，然后在右侧的文本框中输入希望幻灯片换片的秒数。如果单击"全部应用"按钮，则该换片时间对演示文稿中所有的幻灯片都起作用，否则该换片时间将只会对选中的幻灯片起作用。若不选中换片方式中的"单击鼠标时"复选框，则幻灯片在放映时单击鼠标将不会切换幻灯片。

使用排练计时：演讲者对于彩排的重要性很清楚，在每次发表演讲之前都要进行多次的演练。演示时可以在排练幻灯片放映的过程中自动记录幻灯片之间切换的时间间隔。

首先打开要使用排练计时的演示文稿，切换到"幻灯片放映"选项卡，在"设置"选项组中单击"排练计时"按钮，系统将切换到幻灯片放映视图。

在放映过程中，屏幕上会出现"录制"工具栏。当播放下一张幻灯片时，在"幻灯片放映时间"文本框中开始记录新幻灯片的时间。前一个时间是本张幻灯片放映的时间，后一个时间是该演示文稿目前共放映了多少时间。

排练放映结束后，打开的对话框中会显示幻灯片放映所需的时间。如果单击"是"按钮，则接受每张幻灯片的排练时间，该放映时间将被保存在该演示文稿中；如果单击"否"按钮，则放弃保存本次排练时间的记录。如果保存了排练时间，则在下一次放映幻灯片时，在默认设置下，演示文稿会在排练时的每一次换片时间点自动换片。

（6）演示文稿的打包

对制作完成的演示文稿进行打包，是指将演示文稿及其所链接的图片、音频、视频等文件和 PowerPoint 播放器形成一个文件夹，该文件夹可复制到其他计算机上进行输出。具体打包操作步骤如下：打开要打包的演示文稿，选择"文件"→"文件打包"选项，再选择其下方相应的选项，如图 4.3.8 所示。

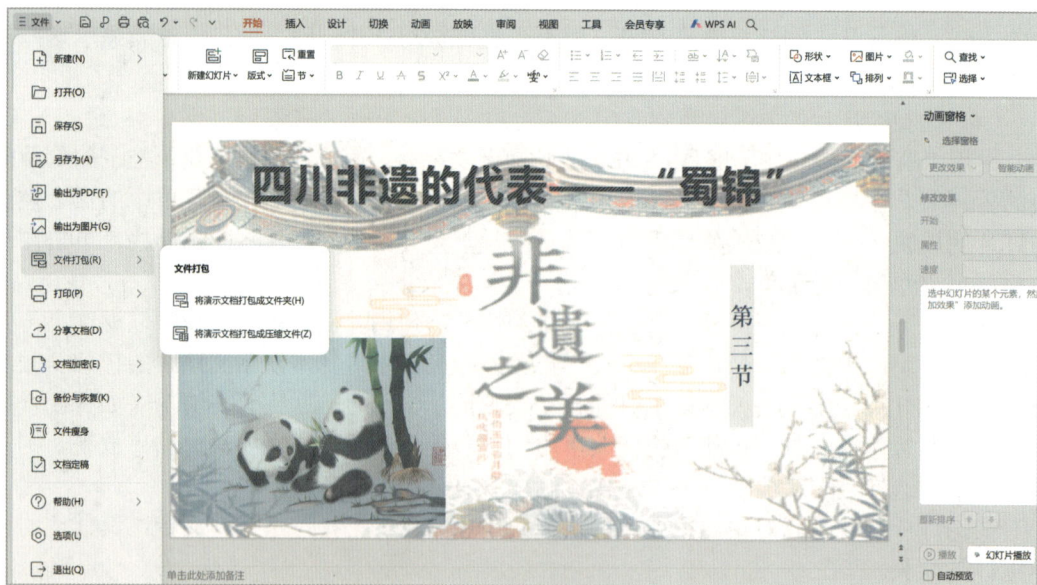

图 4.3.8　演示文稿打包

（7）演示文稿的打印

演示文稿可以打印成多种形式，其操作步骤如下。

1）打开要打印的演示文稿。

2）选择"文件"→"打印"选项。

3）在"打印机"下拉列表中选择与计算机相配的打印机。

4）在"设置"中，若选择"打印全部幻灯片"，则打印全部幻灯片；若选择"打印当前幻灯片"，则打印当前选定的一张幻灯片；若选择"自定义范围"，并在下方的文本框中输入要打印的幻灯片编号，则打印输入编号的几张幻灯片。

5）在"打印版式"下拉列表中选择打印内容，默认选择为"整页幻灯片"，也可以根据需要选择"备注页"或"大纲"。

6）在进行了打印设置之后，可以在右侧查看到打印设置后的实际打印效果，通过单击"上一页""下一页"按钮进行查看。

7）确定打印内容后，在"份数"文本框中确定打印份数，然后单击"打印"按钮开始打印。

5

项 目

数字媒体技术及应用

▌项目导读

随着信息技术的快速发展，数字媒体技术已成为当今社会不可或缺的一部分。数字媒体技术涵盖了多种知识和技能，如图像处理、影视剪辑、网页设计等。学习数字媒体技术对于个人来说具有多方面的价值和意义，不仅可以提升职业竞争力，还可以拓宽视野、增强综合素质，满足个人的兴趣和爱好。因此，掌握数字媒体技术是一项值得投入时间和精力的学习任务。本项目主要介绍数字媒体技术中图像处理技术、影视剪辑和网页设计的应用。

▌学习目标

知识目标

- 了解数字媒体技术的概念、应用和发展趋势。
- 掌握图形图像的基本概念和主要参数指标。
- 掌握短视频的基本概念、制作流程和专业术语。
- 了解多种图形图像和音视频文件的保存格式。
- 掌握 Photoshop、Premiere Pro 软件的界面组成和部分功能。
- 掌握 Photoshop、Premiere Pro 软件的基本操作方法。

能力目标

- 能根据提示完成证件照的制作。
- 能根据提示完成"美丽成都"短视频的制作。

素养目标

- 具备良好的职业精神和负责任的工作态度。
- 具备法治观念，养成遵法、学法、守法、用法的意识，谨防侵犯他人肖像权的行为。
- 传承和弘扬中华优秀传统文化，增强文化自信。
- 树立数字版权意识，提升数字化审美能力。

任务 *5.1* 制作个人证件照

微课：制作个人
证件照

☞ 任务描述

　　证件照是一种用于各种证件上证明个人身份的照片，因此证件照的制作通常有特定的要求，以确保照片能够真实反映持有者的面部特征。本任务要求利用已有素材，将已有素材的底色更换成蓝色底色，并修饰面部，制作一张能正常使用的电子版证件照。要求如下：照片大小为一寸（2.5 厘米×3.5 厘米，分辨率为 300 像素/英寸）、分辨率为 300dpi，蓝底，人物头部比例合适、五官端正、面部清晰。

☞ 任务目标

　　1）了解数字媒体技术的概念、应用和发展趋势。

　　2）掌握图形、图像的基本概念和主要参数指标。

　　3）了解多种图形、图像文件的保存格式。

　　4）掌握多种图形、图像处理软件的界面组成和部分功能。

　　5）掌握 Photoshop 软件的基本操作方法，并能根据提示完成一张证件照的制作。

　　6）具备良好的职业精神和负责任的工作态度。

　　7）具备法治观念，养成遵法、学法、守法、用法的意识，谨防侵犯他人肖像权的行为。

💻 任务实施

1. 打开文件

　　启动 Photoshop，选择"文件"→"打开"选项，在打开的对话框中打开照片原图，如图 5.1.1 所示。

2. 修图

　　对打开的照片原图进行修图，具体的修图步骤如下。

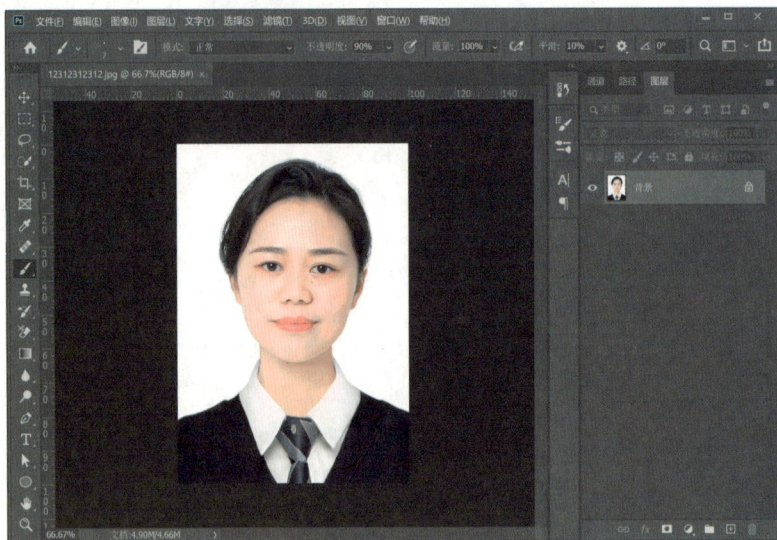

图 5.1.1　打开素材

步骤 1：在"图层"面板中选中"背景"图层，使用 Ctrl+J 组合键复制一张原图层，如图 5.1.2 所示。

步骤 2：利用图 5.1.3 所示的"污点修复画笔工具"对"图层 1"中的人物脸部进行清理，去除多余的污点或痘痘等，起到美化皮肤的作用。去除的方式是单击或涂抹污点即可。图片去除污点前后的对比如图 5.1.4 所示。

图 5.1.2　复制图层

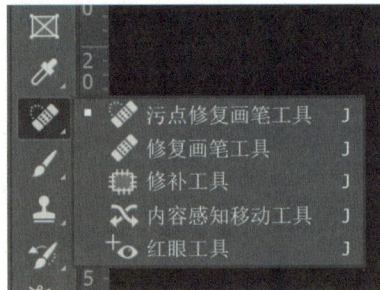

图 5.1.3　污点修复画笔工具

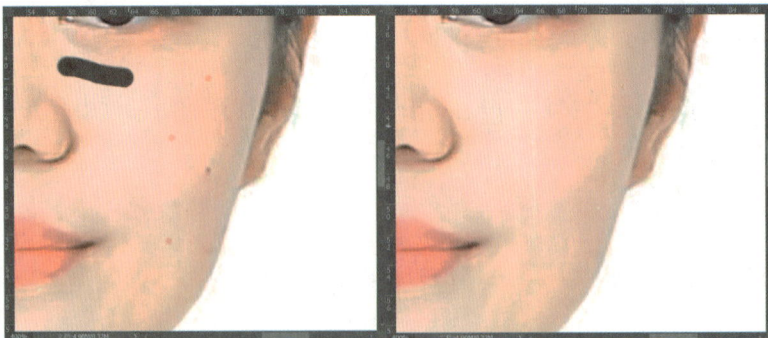

图 5.1.4　图片去除污点前后的对比

3. 抠图

对修图后的"图层 1"进行抠图，达到去除白色背景的目的，具体的操作步骤如下。

步骤 1：选中"图层 1"，单击"图层"面板下方的第 3 个"创建新的填充和调整图层"按钮，在弹出的下拉列表中选择"纯色"选项，创建一个填充图层"颜色填充 1"，并在打开的"拾色器（纯色）"对话框中将填充图层的颜色改为蓝色，如图 5.1.5 所示。

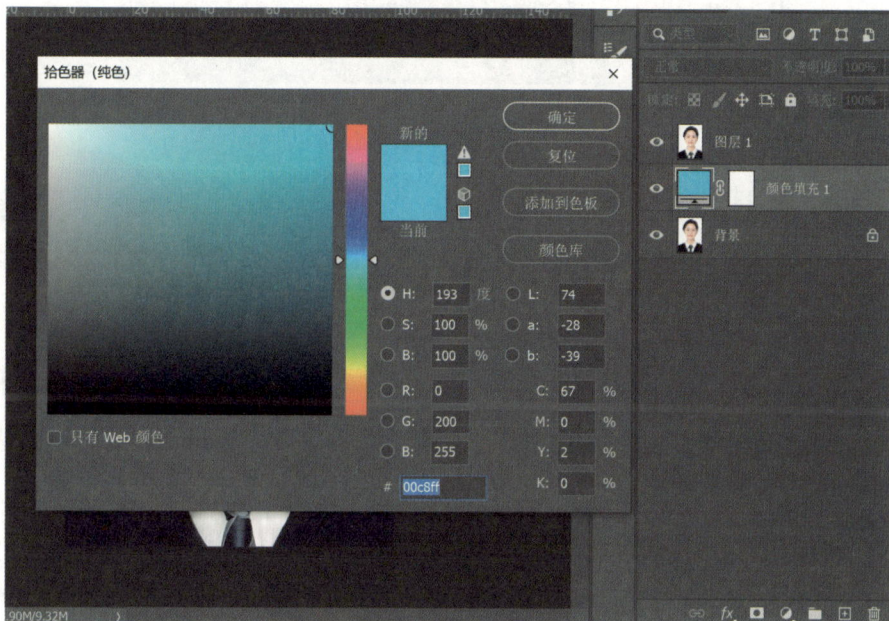

图 5.1.5　创建一个蓝色的纯色填充

步骤 2：选中修图后的"图层 1"图层，在工具箱中选择"背景橡皮擦工具"（如图 5.1.6 所示，长按"橡皮擦工具"，即可弹出如图 5.1.6 所示的下拉列表）。在上方的工具栏中设置"背景橡皮擦工具"的容差值（去除颜色的范围，具体参数视情况而定），本任务可将容差值设为 50%，如图 5.1.7 所示。选中"保护前景色"复选框（不去除的颜色），并设置颜色值。使用如图 5.1.8 所示的工具箱中的工具设置前景色颜色，在选取颜色的过程中，鼠标指针会变为一个"吸管"，这时只需要移动"吸管"吸取头发的颜色作为前景色，如图 5.1.9 所示。

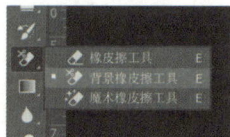

图 5.1.6　背景橡皮擦
工具

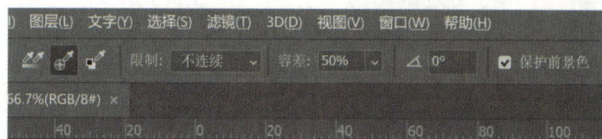

图 5.1.7　设置"背景橡皮擦工具"的参数

图 5.1.8　选中
前景色

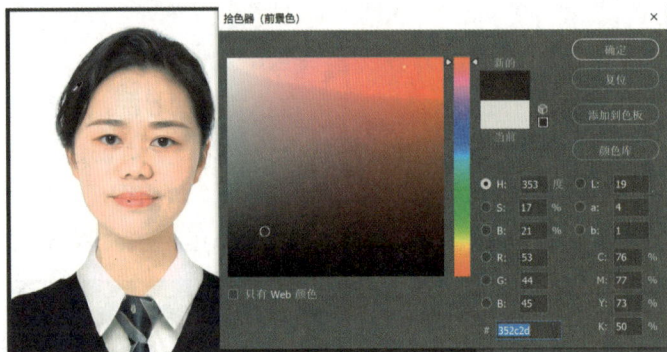

图 5.1.9　吸取头发的颜色

步骤 3：利用设置好的"背景橡皮擦工具"对人物轮廓外边缘部分进行细致的涂抹，即可实现去除白色背景的目的，去除白色背景的过程如图 5.1.10 所示。

4. 裁剪

对抠掉白色背景的"图层 1"进行裁剪，使图片符合一寸照片的比例，具体的操作步骤如下：选择工具箱中的裁剪工具，在上方的工具栏中设置"宽×高×分辨率"的裁剪模式，以

图 5.1.10　去除白色背景的过程

及将裁剪大小参数设置为标准一寸证件大小，拖动裁剪的白色指示框即可对画布进行裁剪，如图 5.1.11 所示。在裁剪的过程中一定要注意人物脸部的位置和比例。比例设置无误后，单击裁剪参数设置工具栏中的"√"按钮，确定当前编辑，即可得到一张裁剪后的标准蓝底一寸证件照。

5. 输出

当所有操作完成并检查照片无误后，即可将照片输出。选择"文件"→"存储为"选项，在打开的"另存为"对话框中设置保存路径并将保存格式设置为.jpg 格式，如图 5.1.12 所示。设置完成后单击"确定"按钮，就可以得到一张电子版的标准蓝底一寸证件照。

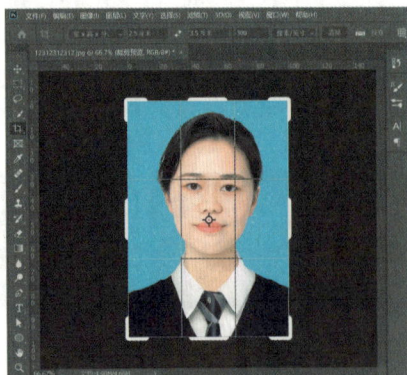

图 5.1.11　对图片进行裁剪

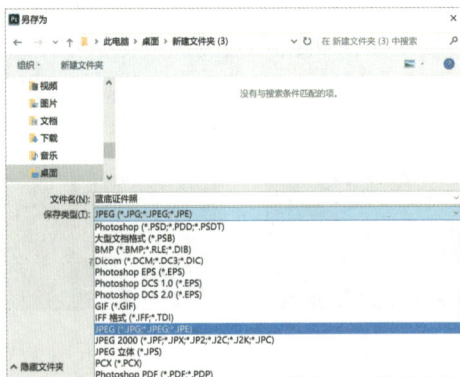

图 5.1.12　设置保存路径和格式

📖 **相关知识** ━━●

1. 数字媒体技术概述

（1）数字媒体技术的概念和特征

数字媒体技术是指通过将抽象的现实信息（如音视频、文字、图像和用户操作等）进行数字化处理，借助互联网高效、便捷的特点，实现信息大量传递、操作与展示的技术。

由于计算科学技术、通信技术和媒体技术各具特色，所以结合三者优势的数字媒体技术在实际应用中往往具有时效性高、容量大、交互性与差异性强、创造性与互联性突出、成本低廉、可复制性强等特征。

（2）数字媒体技术的应用

1）教育。随着时代的发展，数字媒体技术在教育领域的应用由最初的计算机、投影仪和演示文稿等单向应用形式，逐渐演变为 3D 投影、虚拟现实（virtual reality，VR）和增强现实（augmented reality，AR）等双向交互形式。

2）影音。数字媒体技术对影音作品的影响体现在作品的创作端与消费端。数字媒体技术的应用使创作者能够创作出更优质、更深刻的作品，使消费者能够更加透彻地理解基于数字媒体技术的影音作品。因此，数字媒体技术成为推进影音行业发展的一个重要因素。

3）传媒。随着互联网技术的发展，大量虚拟空间的出现为新型传媒的发展提供了动力，同时媒体信息附带的广告市场也在不断扩大。市场主体不仅包括新兴的互联网媒体，还包括利用数字媒体技术进行转型的传统媒体和灵活、受众小的自媒体。这三者共同推进了传媒行业在信息化、数字化方向上的转型和演变。

（3）数字媒体技术的发展趋势

数字媒体技术在世界范围内的发展历史较长，在互联网与现实领域均得到了广泛应用，成为推动社会发展的重要工具。相比之下，虽然我国在数字媒体技术的研发和应用方面起步较晚，但已受到政府的高度重视和人民群众的大力支持。政府部门设立了专项资金以支持数字媒体技术的发展，并制定了相关政策，积极推动技术人员的培养和技术研发。

此外，许多单位和企业开始尝试将数字媒体技术融入日常办公，以提高工作效率。现阶段，我国大致划分了数字媒体的应用市场，包括面向文娱消费的市场、广播电视行业，以及以影音信息流为主题的关键技术和现代传媒信息综合内容平台。同时，还确立了数字影音、数字出版等重点发展行业。

2. 图形、图像的基本概念

计算机中含有两种形式的图片：图形和图像。在计算机科学中，图形和图像这两个概念是有区别的。

图形是一种矢量图。矢量图是指用一系列的计算机指令来描述和记录一幅图形的内容，即用数学的方式来描述一幅图形，它的基本元素是图元，即图形的指令。矢量图形的描述包括形状、色彩、位置等。矢量图形本身就用数字化形式来表示，其特点是存储量小，且图形在放大或缩小时不失真。但是，对于一幅复杂的彩色照片，是很难用数学的方式来描述的，因此也难以用矢量图来表示。

图像是一种位图。位图是指用像素点来描述一幅图像，它的基本元素是像素，即像素阵列。位图图像的描述包括图像分辨率和颜色深度（灰度）。由于位图图像文件一般没有经过压缩，因此它的存储量大，适合于表现含有大量细节的画面。与矢量图形相比，位图放大时会放大其中的每一个像素点，所以有时看到的是失真的模糊图片。Windows 系统中的画图软件生成的 BMP 文件就是一种位图图像格式的文件。

3. 图像的主要参数指标

图像的主要参数为分辨率、色彩模式和颜色深度。

1）图像分辨率是指图像在水平与垂直方向上的像素个数，即组成一幅图像的横向和纵向的像素的个数。例如，1024×768 的图像是指该图像在水平方向上有 1024 个像素，在垂直方向上有 768 个像素。

2）色彩模式是指图像所使用的色彩描述方法，如 RGB（红、绿、蓝）色彩模式、CMYK（青、品红、黄、黑）色彩模式等。

3）颜色深度是指图像中每个像素点的颜色信息由若干数据位来表示，这些数据位的数量称为图像的颜色深度。

4. 图形、图像的文件格式

常见的图形、图像文件格式有 BMP、GIF、JPG、JPEG、TIFF、PSD、PNG 等，如表 5.1.1 所示。

表 5.1.1　常见的图形、图像文件格式

格式	扩展名	说明
BMP	.bmp	Windows 操作系统中的图片格式。无损压缩，图像画质优秀；占用存储空间大
GIF	.gif	表情包常用的格式。支持动态和静态展示，图片存储空间小，加载速度快，支持透明背景；有损压缩，会降低图片的质量
JPG、JPEG	.jpg、.jpeg	最常用的图片格式。占用存储空间很小，色彩信息保留完好，适用于互联网传播；有损压缩，会降低图片的质量
TIFF	..tiff	打印文档常用的图片格式。保留丰富的图像层次和细节，画面质量无损；占用存储空间大
PSD	.psd	Photoshop 源文件格式。保留透明底、图层、路径、通道等源文件信息；需要用 Photoshop 软件打开，占用空间大
PNG	.png	透明背景图片格式。支持高级别无损压缩，支持透明背景；对低版本的浏览器和软件兼容性较差

5. 图形图像处理软件

（1）Adobe Photoshop

Adobe Photoshop，简称 PS，是由 Adobe 公司开发和发行的一款功能强大的图像处理软件。Photoshop 主要处理像素构成的数字图像，广泛应用于数码照片处理、广告摄影、视

觉创意和平面设计等领域。用户可以使用 Photoshop 进行照片的合成、修复、上色等操作，以及进行艺术处理和创意发挥。

（2）Adobe Illustrator

Adobe Illustrator，简称 AI，是一种应用于出版、多媒体和在线图像的工业标准矢量插画软件。该软件主要应用于印刷出版、海报书籍排版、专业插画、多媒体图像处理和网页制作等领域。

（3）CorelDRAW

CorelDRAW Graphics Suite 是由加拿大 Corel 公司出品的平面设计软件。该软件提供了矢量动画、页面设计、网站制作、位图编辑和网页动画等多种功能。该软件广泛应用于工业设计、产品包装造型设计、网页制作、建筑施工与效果图绘制等领域。

任务 5.2　设计制作"美丽成都"短视频

微课：制作"美丽成都"短视频

☞ 任务描述

成都，一座历史悠久、文化丰富的城市，以其独特的魅力吸引着无数游客。这里既有古朴的街巷、典雅的庭院，又有繁华的商业区、现代化的建筑。人们在这里享受生活，品味文化，感受这座城市的温暖与活力。现需要制作一个短视频，达到宣传成都的目的。具体要求如下：视频分辨率为 1080P，视频帧率为 25f/s，视频时长为 15s，镜头表达准确，音效搭配合理。

☞ 任务目标

1）掌握短视频的基本概念和制作流程。

2）掌握视频制作的专业术语、音视频文件格式。

3）了解多种视频剪辑软件的概念。

4）掌握 Premiere Pro 软件的基本操作方法。

5）能根据提示完成"美丽成都"短视频的制作。

6）传承和弘扬中华优秀传统文化，增强文化自信。

7）树立数字版权意识，提升数字化审美能力。

📃 **任务实施**

1. 启动 Premiere Pro 软件、新建项目

步骤 1：如图 5.2.1 所示，Premiere Pro 软件启动后，会在界面中央区域出现一个"主页"界面，这时需要选择新建一个项目还是打开已有的项目。

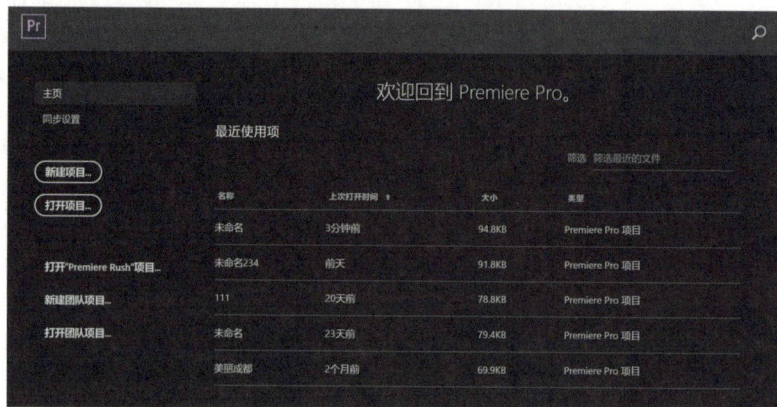

图 5.2.1　启动 Premiere Pro

步骤 2：单击"新建项目"按钮，在打开的"新建项目"对话框中设置项目的名称、保存位置，其他保持默认设置，如图 5.2.2 所示。设置完成后，单击"确定"按钮，即可进入 Premiere Pro 软件的编辑界面。

图 5.2.2　新建项目

2. 导入素材和创建序列

步骤 1：进入编辑界面后，双击"项目：美丽成都"面板的中间空白区域（文字"导入媒体以开始"的位置），在打开的"导入"对话框中选择需要进行剪辑的素材，包括视频和音频等，如图 5.2.3 所示。

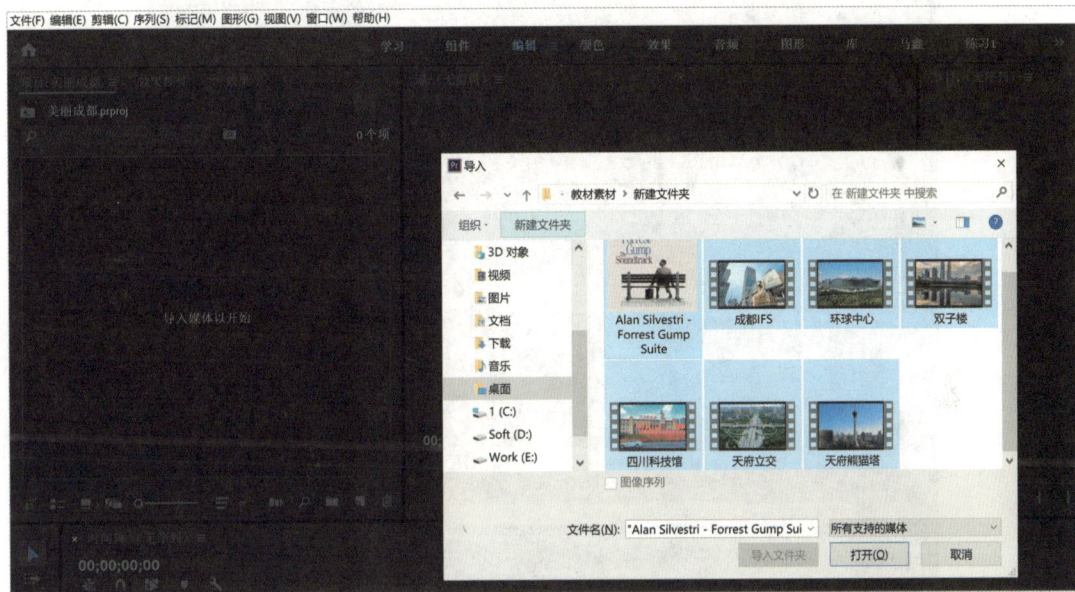

图 5.2.3 导入素材

步骤 2：导入素材后，单击"项目：美丽成都"面板的下方"新建项"（倒数第二个）按钮，在弹出的下拉列表中选择"序列"选项，如图 5.2.4 所示。在打开的"新建序列"对话框中设置如图 5.2.5 所示的参数，即可创建一个用来存放剪辑片段的序列。

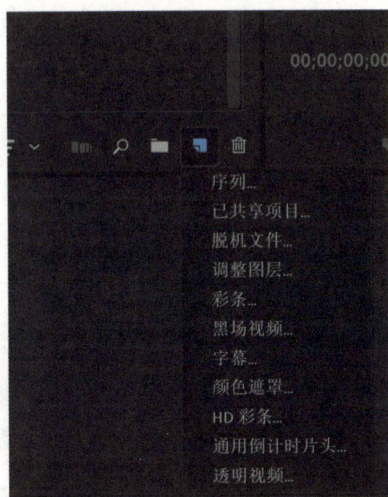

图 5.2.4 "新建项"下拉列表

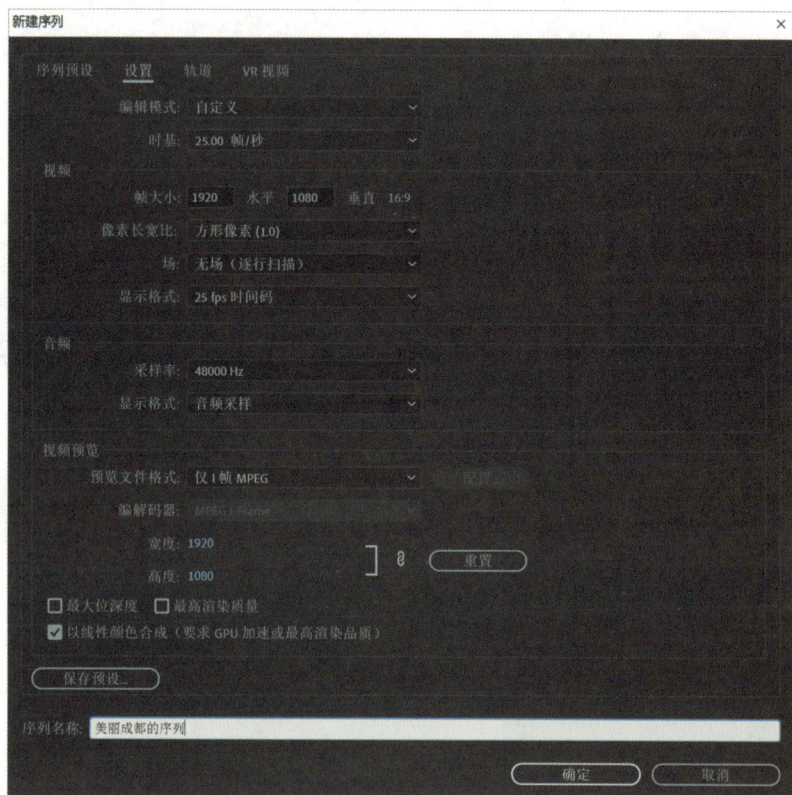

图 5.2.5　新建序列

3. 对素材进行剪辑

步骤 1：序列创建完毕后，双击需要剪辑的素材，即可打开源监视器面板，拖动源监视器面板中的时间指示滑块，查看需要使用的镜头。找到需要使用的镜头后，切换到镜头片段的起始位置，单击"标记入点"按钮，再切换到镜头片段的结束位置，单击"标记出点"按钮，如图 5.2.6 所示。经过以上操作后，该素材可用的内容片段就剪好了。

图 5.2.6　标记入点和出点

步骤 2：将源监视器面板中标记好的原素材拖动至"美丽成都的序列"面板中任意轨道位置，如图 5.2.7 所示。利用此方法，对多个素材（包括音频）进行相同的操作，即可实现多个剪辑的组合。所有素材粗剪完成后，即可利用工具栏中的多种工具进行二次精剪，反复调整达到满意的效果即可。

图 5.2.7　使用多个剪辑构建完整序列

4. 设置转场特效

如图 5.2.8 所示，在"效果"面板中找到合适的转场特效或预设，将它拖动到需要添加转场的两个剪辑片段相连接的位置，即可实现转场特效的添加。

图 5.2.8　为剪辑添加转场

5. 渲染输出

反复预览"节目：美丽成都的序列"面板中的视频画面和音频效果，满意后，就可以进行渲染输出了。选择需要导出的序列"美丽成都的序列"，选择"文件"→"导出"→"媒体"选项，打开"导出设置"对话框。在对话框中设置导出格式、预设、名称和路径，其他参数保持默认设置，如图 5.2.9 所示。设置完成后，单击下方的"导出"按钮，进入渲染。渲染完成后，"美丽成都"的短视频就制作完成了。

图 5.2.9　导出设置

相关知识

1. 短视频概述

（1）短视频的概念及特征

随着移动互联网提速、智能手机轻便化及流量资费的降低，以时长较短、内容精练、题材垂直为特点的短视频逐渐取代图文成为社会的主流表达方式。据 2024 年中国移动互联网半年报告显示，我国移动互联网线上娱乐需求旺盛，短视频月活跃用户数已经达到 9.89 亿，甚至涌现了众多以短视频为主的衍生职业。

短视频是指视频长度以"秒"为单位，主要依托于移动智能终端实现快速拍摄和编辑，可以在社交媒体平台实时分享与无缝对接的一种新型视频形式。随着短视频行业的不断发展，目前短视频通常具有时长短、更新频率快、拍摄剪辑便捷、制作门槛低、题材内容丰富、呈现"碎垂娱"化、社交属性强、受众范围广等特征。

（2）短视频的制作流程

短视频的制作流程主要包括以下步骤。

1）确定目标和主题。在开始制作之前，需要明确短视频的目标和主题，如宣传产品、推广服务、展示风景等。一个清晰的目标和主题有助于后续的策划和制作。

2）策划和脚本。在确定了目标和主题之后，进行策划并构思短视频的内容和故事情节。接着，根据这些内容写出详细的脚本，这将是拍摄和剪辑的基础。

3）拍摄和录制。按照脚本的要求，利用手机或专业的静态摄像机进行拍摄，录制所需的视频素材。

4）搜集并制作音频。通过第三方音频网站或软件，搜集合适的背景音乐、配乐、配音等音频素材。音频是短视频中不可或缺的一部分，能够增强视频的情感表达和观感体验。

5）剪辑和编辑。在准备好视频和音频素材之后，使用视频编辑软件对素材进行剪辑、修剪、调色、添加字幕等特效制作。这一步是短视频制作中的关键环节，通过巧妙的剪辑和编辑，可以让故事更加生动有趣。

6）发布和推广。完成短视频的编辑和制作后，将其发布到相应的平台，如抖音、新浪微博、快手等。同时，通过分享、点赞等方式进行推广，以提高视频的曝光率。

（3）短视频制作注意事项

1）定位：找到一个细分且自己擅长的领域，并对自己有一个清晰的人设定位。

2）学习剪辑技巧：掌握基本的剪辑技巧，如跳切、过渡效果等，使作品更具吸引力。

3）光影把控：合理运用光线，利用自然光或灯光设备，突出画面的重点。

4）角度创意：尝试不同的拍摄角度，如低角度、高角度、俯视角度等，为作品注入新鲜感。

5）配乐与音效：选择合适的背景音乐和捕捉现场的自然音效，提升视频的质感。

2. 视频术语解释

1）帧：视频的基础单位，可以理解为一张静态图片。

2）关键帧：在视频编辑中，用于标记特定帧进行特殊编辑或操作的点，以控制动画的流、回放等特性。

3）帧速率：每秒播放的帧数，通常以 f/s（帧/秒）表示。帧速率越高，视频越流畅。

4）帧尺寸：视频的宽和高，用像素数量表示。帧尺寸越大，视频画面也就越大，像素数也越多。

3. 音频和视频文件格式

（1）音频文件格式

常见的音频文件格式主要有 WAV、VOC、MP3、MIDI 等，如表 5.2.1 所示。

表 5.2.1　常见的音频文件格式

文件格式	扩展名	说明
WAV	.wav	微软公司开发的用于保存 Windows 平台的音频信息资源，被 Windows 平台及其应用程序所支持
VOC	.voc	Creative 公司波形音频文件格式，也是声霸卡（sound blaster）使用的音频文件格式
MP3	.mp3	利用 MPEG Audio Layer 3 技术，将音乐以 1∶10 甚至 1∶12 的压缩率压缩成容量较小的文件，是用户最多的有损压缩数字音频格式
MIDI	.mid	由全球的数字电子乐器制造商建立起来的一个通信标准，用于规定计算机音乐程序、电子合成器和其他电子设备之间交换信息与控制信号的方法。按照 MIDI 标准，可用音序器软件编写或由电子乐器生成 MIDI 文件

（2）视频文件格式

常见的视频文件格式主要有 AVI、MPEG、MOV、RM、ASF、WMV 等，如表 5.2.2 所示。

表 5.2.2　常见的视频文件格式

文件格式	扩展名	说明
AVI	.avi	一种音视频交叉记录的数字视频文件格式，采用帧内有损压缩，可以用一般的视频编辑软件（如 Adobe Premiere Pro）进行再编辑和处理。这种文件格式的优点是图像质量好、可以跨平台使用，缺点是文件体积较大
MPEG	.mpeg、.mpg、.dat	家用设备 VCD、SVCD 和 DVD 使用的就是 MPEG 格式文件
MOV	.mov	苹果公司开发的一种视频文件格式，默认的播放器是 Quick Time Player，具有较高的压缩比和较好的视频清晰度，并且可以跨平台使用
RM	.rm	RealNetworks 公司开发的一种流媒体文件格式，是目前主流的网络视频文件格式，使用的播放器为 RealPlayer
ASF	.asf	微软公司前期的流媒体格式，采用 MPEG-4 压缩算法
WMV	.wmv	微软公司推出的采用独立编码方式的视频文件格式，是目前应用较广泛的流媒体视频格式之一

4. 视频剪辑软件

（1）Adobe Premiere Pro

Adobe Premiere Pro，简称 Pr，是由 Adobe 公司开发的一款基于非线性编辑设备的视音频编辑软件，广泛应用于电视台、广告制作、电影剪辑等领域。它是一款相当专业的桌面视频（desktop video，DV）编辑软件，专业人员可以利用它制作出广播级的视频作品。

Premiere Pro 支持从采集、剪辑、美化音频、字幕添加到输出、DVD 刻录的完整视频制作流程。它和其他 Adobe 软件高效集成，可以帮助用户应对编辑、制作、工作流中的各种挑战，满足高质量作品的创作要求。

（2）剪映

剪映是抖音官方推出的一款手机视频编辑剪辑应用，提供了丰富的剪辑功能，如视频切割、变速、倒放、画布设置、转场效果、贴纸、字体样式、语音转字幕、抖音音乐收藏等。它不仅支持不同操作系统的移动端和桌面端，还支持一键分享和跨端草稿互通，让创作更加便捷和高效。

　　剪映专业版提供了更加直观易用的创作面板，包含智能字幕、曲线变速、智能抠像、文本朗读等高级功能，以及海量的素材库支持，可满足各类创作需求。此外，剪映与抖音平台联动，支持用户通过有趣的内容玩法制作品牌同款模板，从而提升品牌知名度，为广告主和创作者打造商业闭环。

参 考 文 献

程远东，2022．信息技术基础（Windows 10+WPS Office 2019）（微课版）[M]．北京：人民邮电出版社．

程远东，王坤，2023．信息技术基础（Windows 10+WPS Office）（微课版）[M]．2 版．北京：人民邮电出版社．

李琴，王德才，李莹，2023．信息技术模块化教程[M]．北京：科学出版社．

刘志东，陶丽，谢亮，2021．高职信息技术应用项目化教程[M]．北京：科学出版社．

赵丽敏，杨琴，2019．计算机应用基础教程[M]．北京：清华大学出版社．